CONSTRUCTION LAW

건설법 入門

김종보 저

fides 도서출판

PREFACE

민법이나 형법을 배운 법률가들 입장에서 보면 건축법, 국토계획법처럼 기술적인 법률은 일종의 메뉴얼 같은 것이라 "특별한 법리(法理)는 없는 것 아닌가?" 이렇게 생각하기 쉽습니다. 그런데 어쩐 일인지 건축사, 감정평가사, 법무사, 엔지니어, 담당공무원 등 건설분야의 다른 전문가들도 사실은 건축법이나 재건축 · 재개발사업에 대단한 법리가 있다고 생각하지 않습니다. 그래서 이들도 실무에서 법적인 문제가 생겼을 때 법률가들에게 대단한 기대를 하지는 않지요.

건설법은 건축법, 국토계획법, 재건축 · 재개발, 도시개발 등 다양한 법률과 사업들로 구성되는데, 일반인의 인식과 달리 이들은 복잡한 구조로 서로 얽혀 있어서 쉽게 이해하기 어렵습니다. 그래서 건설법을 이해하려면 건축법과 국토계획법의 관계, 건축허가의 법적 성질, 건축허용성, 관리처분계획의 처분성 등 다양한 개념과 법리를 공부해야 합니다. 오히려 그 공부의 양과 깊이가 너무 방대하고 깊어서 본격적으로 공부를 시작하면 그 때부터 높은 벽을 실감하게 되는 것이 건설법의 특징입니다.

건설법을 해설하기 위해 이미 『건설법의 이해』를 출간하여 20년 넘게 교육과 연구용으로 사용해 왔습니다만, 책이 어려워서 건설법을 조금 더 쉽게 이해하고 싶은 전문가들의 수요와 잘 맞지 않았던 것 같습니다. 건설법의 기초적인 내용들로 구성된 입문책이 변호사와 판사 등 법률가와 건설분야의 전문가에게 도움이 되기를 바라면서, 오랜 소망이던 『건설법입문』을 세상에 내 놓습니다. 혹시 책을 읽는 중에 조금 더 설명이 필요하거나 구체적인 사안을 보고 싶은 분들은 건설법의 이해를 참고하시길 바랍니다.

자신이 알고 있는 지식을 쉽게 글로 전달하는 것은 글을 쓰는 사람들이 하는 일 중 가장 어려운 일입니다. 건설법입문도 처음에는 쉽고 간이하게 내용을 설명할 목적으로 집필되었지만 교정을 위해 책의 내용을 다시 읽어보니 역시 어렵다는 느낌을 떨칠 수가 없네요. 혹시 다음 개정판을 낼 수 있다면 조금 더 쉽게 만들 수 있지 않을까하는 어리석은 미련을 남긴 채 탈고하게 되었습니다. 독자 여러분의 너그러운 이해를 청합니다.

건설법입문은 건축법, 국토계획법을 절반 정도로 꾸미고 나머지는 재건축 · 재개발로 구성했습니다. 이론상의 중요도는 건축법과 국토계획법이 더 높습니다만 실무상으로는 재건축 · 재개발사업에 대한 이해가 더 긴요할 것 같습니다. 가급적 순서대로 건설법을 이해하길 권하지만 필요한 분들은 재건축 · 재개발부터 먼저 읽어도 별 문제가 되지는 않을 것이라 생각합니다.

이 책의 교정을 위해 수고해 주신 강신은, 최종권, 허지인 박사, 그리고 박건우, 김은정 변호사에게 감사드립니다. 그리고 곁에서 같이 공부하고 연구하는 건설법연구회 회원 모든 분들의 학업에 큰 성취가 있기를 기원합니다. 항상 책의 출간을 든든히 지원해 주시는 피데스의 신창동 사장님과 관계자분들께도 감사드립니다.

2021. 1.

눈 덮인 관악에서

P/R/E/F/A/C/E

CONTENTS

C/O/N/T/E/N/T/S

제01장 건축법

제1강 건설법 개관

>> 도입사례

갑은 경매절차에서 지목이 임야인 토지를 낙찰 받았고 이 토지를 이용해서 건축물을 짓고자 한다. 그러나 구청에서는 당해 토지는 지목이 임야이기 때문에 건축허가를 받을 수 없다고 하는 입장이다. 갑은 어떤 요건을 충족해야 건축허가를 받을 수 있을까?

1. 도시와 건설법

현재 한국의 인구는 서울, 부산 등 대도시와 중소도시에 집중되어 대부분의 경제활동이 도시를 중심으로 이루어진다. 도시의 물리적 시설들은 그 설계나 시공을 담당하는 설계자, 엔지니어링회사, 건설사들에 의해 만들어지지만, 그들에 못지않게 중요한 것이 바로 법과 제도이다. 설계를 할 수 있는 자, 시공을 할 수 있는 자, 공동주택을 건설할 수 있는 토지 등이 법과 제도를 통해 정해져 있으므로 법이 정한 요건을 갖추는 것이 도시를 건설하기 위한 전제이다.

건설법은 부동산시장, 건설시장의 주요 골격을 이루는 법제의 총체로서 하나의 체계에 의해 구축되어 있다. 뉴욕과 베를린, 상하이와 도쿄에서 모두 주택과 고층빌딩이 지어지는 것은 그 배후에 이를 규율하는 건설법이 존재하고 있다는 증거이다. 다만 각국의 도시가 유사한 외관으로 건설되고 있다고 해서 그 배후의 규범들도 모두 동일하게 작동하는 것은 아니다. 각국의 도시를 시계에 비유하면 시계들은 모두 그럴 듯하게 작동하고 있지만 그 뒤를 열어보면 톱니바퀴의 크기나 개수가 나라마다 천차만별이다. 시계가 작동할 정도로 충분한 개수의 톱니바퀴를 체계적으로 갖춘 나라가 있는가 하면 톱니바퀴가 몇 개 없고 그들의 역할도 불분명한 나라도 있을 수 있다. 법제가 체계적이지 않고 불명확한 나라에서 잘 보이지 않는 톱니바퀴들은, 그러나 시계를 움직이는 나름대로의 중요한 역할을 한다.

한국의 건설법은 다양한 톱니바퀴들에 의해 작동되지만 생각보다 보이지 않는 톱니바퀴도 많고, 또 톱니바퀴들 상호간 체계적인 관계가 잘 설정되어 있지도 않다. 한국의 건설법이 작동되는 논리체계를 잘 이해하려면 보이지 않는 톱니바퀴들을 찾고 이들이 어떻게 작동하는지 이해하는 데서 출발해야 한다. 이렇게 한국의 건설법을 잘 이해하는 것은 또 세계의 각국의 도시와 그 나라의 건설법을 이해하는 출발점이 된다.

2. 건설법의 의의

건설법의 뜻

건설법은 '도시의 물리적 공간형성에 간여하는 공법규정의 총체'를 말하는데, 구체적으로는 건축물의 건축, 도시계획, 택지조성, 아파트건설, 재건축·재개발, 공원·도로 건설 등에 관한 법제를 말한다. 건설법은 원칙적으로 건축물에 대한 건축규제를 주된 내용으로 하며 지역적으로는 건축물이 가장 밀집되어 있는 도시가 건설법의 연구대상이다.

건설법의 연구대상

건설법은 입체적인 건축물을 규율한다는 관점에서 '일반적인 건축물'의 허가요건 및 허가절차에 관한 법규를 연구의 대상으로 하는데(「건축법 · 국토의 계획 및 이용에 관한 법률」: 이하 국토계획법), 특수한 건축물로서 '아파트'를 건설하기 위한 규정(「주택법」) 및 재건축 · 재개발과 관련된 공법규정(「도시 및 주거환경정비법」: 이하 도시정비법) 등이 이에 속한다. 건설법은 여기에서 더 나아가 건축물의 건축을 위한 택지조성사업과 관련된 법률도 연구의 대상으로 한다(「택지개발촉진법」·「도시개발법」 등).

국토계획법의 관점

도시와 건축물의 관계라는 관점에서 본다면 건축물은 도시를 구성하는 가장 기초적인 단위이다. 건축물들로 구성된 도시는 경제적 · 사회적으로 건축물이 들어서기에 좋은 조건을 제공하지만, 다른 한편 집약적으로 토지가 사용되고 있다는 점 때문에 건축물에 대한 제약조건이 되기도 한다. 도시와 건축물이 유기적인 관계를 맺고 있다는 전제하에 도시전체의 관점에서 건축물을 통제하는 공법규정들이 마련되어 있다. 이러한 유형의 법률들은 '도시계획'이라는 기준을 통하여 건축물에 대해 토지의 합리적 이용이라는 도시 전체의 관점을 반영시킨다. 이 때문에 건축물은 도시 내의 어떤 위치에서 건축되는가에 따라 상이한 건축허가요건을 적용받게 된다. 건설법 중에서도 이러한 영역의 법들은 크게 국토계획법제의 영역에 속한다.

건축법과 위험방지

이와 함께 건설법을 이루는 것으로는 건축경찰법이 있다. 건축경찰법은 건축물로부터 발생하는 위험을 방지하기 위해 발전된 것이며, 토지의 합리적 이용을 위한 국토계획법제와 그 추구하는 공익에서 본질적인 차이를 보인다. 다만 건축경찰법도 건축물이 밀집된 도시에서 가장 많은 적용사례를 발견하게 되므로 도시와 긴밀한 관련을 맺는다. 건축경찰법은 그 역사가 깊어 대도시의 문제가 출현하기 이전, 즉 국토계획법제가 탄생하기 전부터 이미 건축물에 대해 공법적인 규제를 해왔던 것이다. 한국에서는 건축법이 건축물을 통제하는 일반적인 법률로 받아들여지고 있는 반면, 국토계획법도 건축물을 통제하는 법률이라는 사실은 잘 알려져 있지 않다.

건축물을 보는 맥락

생물학자가 연구하는 인체의 세포는, 질병의 치료를 목적으로 하는 의료인에게도 역시 연구의 대상이 될 수 있다. 다만 의료인이 연구하는 인체의 세포는 연구목표가 다르기 때문에 같은 대상이라 해도 생물학자가 보는 세포와 상당한 차이를 보일 것이다. 마찬가지로 건축법은 (위험방지를 위해)건축물 자체를 규율하는 것이지만, 국토계획법은 도시 문제상황의 해결 또는 예방이라는 관점에서 건축물을 통제하는 법률이다. 따라서 건축물을 규제대상으로 하는 공통점에도 불구하고 두 법률은 건축물을 규제하는 목적과 방식이 다르고 이는 건축행위의 개념, 허가요건 등의 차이로 나타난다.

택지의 조성

도시에 건축물이 등장하기 위한 전제로서 택지는 단순히 한 개의 건축물을 위해 조성되는 것만은 아니다. 오히려 분당, 일산, 판교 등의 신도시처럼 넓은 면적에 걸쳐 택지를 조성하는 사업이 먼저 진행된 후 그 지상에 아파트 또는 단독주택, 업무시설이 건설되는 경우도 많다. 하나의 건축물을 위한 대지의 조성을 포함해서, 신도시의 택지를 조성하기 위한 법령들도 건설법의 관심사이며, 이러한 의미에서 건설법은 도시의 발생 및 개발과정도 연구의 대상으로 한다.

재건축 · 재개발

도시가 새롭게 형성되고 나면 그 순간부터 도시는 퇴락하기 시작한다. 만약 도시 전체가 자유로운 시장질서에 의해 유기적으로 개량된다면 특별한 법적 규제는 필요하지 않을 것이다. 그러나 현실은 그렇지 못하고 도시의 일정지역이 퇴락해서 도시기능에 지장을 초래하는 경우가 생겨나게 마련이다. 이렇게 되면 행정주체가 개입해서 이를 정비해야 할 필요가 생기게 되는데 이를 위한 제도가 재건축 · 재개발이며 이 또한 건설법의 한 분야이다.

3. 건설법의 체계

1) 건설법의 구성요소

건설법은 개별적인 건축물에서 발생할 수 있는 위험을 방지하기 위한 건축경찰법과 토지의 합리적 이용을 위한 국토계획법, 도시내의 퇴락한 지역을 정비하거나 신도시를 건설하기 위한 개발사업법의 3자로 구성된다.

(1) 건축경찰법

건축경찰법의 뜻

건축경찰법은 '건축물로부터 발생하는 위험'을 막기 위해 위험방지요건을 정하고 건축물을 건축하는 단계에서 이를 강제하는 법을 말한다. 건축경찰법 때문에 토지소유자는 비록 자신의 땅이라 해도 건축물을 마음대로 짓지 못하고 토지사용권을 제약 당한다. 다만 건축경찰법이라는 용어는 실정법상의 개념이 아니라 이 책에서 사용하는 학문상의 개념이며, 이 기능을 주로 담당하는 실정법은 건축법이다. 다만 실정법으로서 건축법은 위험방지를 위한 건축경찰법 조항들로만 구성되는 것은 아니고, 국토계획법적 성격의 조항들도 포함하고 있다.

(2) 국토계획법

국토계획법의 뜻

국토계획법은 '토지의 합리적 이용'을 목적으로 건축물과 토지의 이용권을 통제하는 법률이다. 산업화와 도시화과정에서 인류는 그 전에는 경험할 수 없었던 새로운 사회문제와 직면하게 되었는데, 거의 대부분의 대도시들에서 주택과 공장처럼 서로 조화되기 어려운 용도의 건축물들이 좁은 장소에 혼재하거나, 교통이 정체되고, 주택은 수요에 비해 항상 부족한 현상이 일반화되었다. 이는 도시의 토지를 마구잡이로 개발한 결과였다는 반성을 낳고, 도시에서 토지를 합리적이고 또 계획적으로 이용하는 것이 매우 중요하다는 공감대가 형성되었다. 도시내 토지를 계획적으로 이용하는 것을 제도화하기 위해 제정된 법률이 국토계획법인데 이 법은 대도시의 출현과 더불어 등장한 것이므로 건축경찰법보다 역사가 짧다.

국토계획법의 목적

이런 역사적 배경을 가지고 있는 국토계획법은 좁은 도시공간에서 건축물을 적절하게 배치해서 그 안에서 거주하고 활동하는 사람들에게 쾌적한 환경을 제공하는 것을 목적으로 한다. 이 목적을 위해 국토계획법은 토지소유권을 제한하면서, '토지의 합리적 이용'이라는 이상에 부합하는 건축물에 한하여 건축을 허용한다. 그러나 어떤 건축물이 도시내 토지의 합리적 이용관계에 적합한가를 판단하는 것은, 건축물이 위험한가 여부를 판단하는 것과는 달리 상당한 노력이 필요한 작업이다. 이를 해결하기 위해 국토계획법은 그 판단의 기준을 좀 더 구체화하기 위한 수단으로서 '도시계획'이라는 수단을 사용한다. 도시계획은 보통 도시내 공간을 구획하여 용도지역을 정하고 이를 기초로 건축물의 용도나 형태를 규제하는 '지도(地圖)의 일종'이다. 행정법에서는 이를 '행정계획'이라고 부르기도 한다.

국토계획법과 건축허가요건

도시계획이 도시의 일정한 면적을 구획해서 주거지역 · 상업지역 등 용도지역을 지정하면 건축물의 용도와 형태에 관한 허가요건이 구체적으로 정해진다(국토계획법 제76조 이하). 이처럼 국토계획법에 의한 건축허가요건은 건폐율, 용적률, 건축물의 높이 등 형태를 제한하는 요건(형태제한)과 주택, 상가, 공장과 같이 건축물의 허용-용도를 제한하는 요건(용도제한)으로 구성된다. 그리고 이러한 허가요건이 충족되는 건축물은 시장 · 군수의 허가를 받을 수 있다(국토계획법 제56조).

국토계획법의 구성

이렇게 보면 국토계획법을 구성하는 법조항은 크게 도시계획의 종류 및 그 수립절차에 관한 규정 및 그에 의한 허가요건을 정하고 있는 규정, 그리고 건축과 형질변경허가 등을 포함하는 개발행위허가의 절차조항들로 구성된다. 단 도시계획을 통해 결정되는 건축허가요건은 건축법의 건축허가절차에서 동시에 심사된다(건축법 제11조 제5항 제3호).

(3) 개발사업법

개발사업법의 개념

도시개발법, 도시정비법 등 개발사업법은 도시내 토지의 합리적 이용을 추구한다는 점에서 국토계획법과 동일한 계열의 법률이지만, 공법적 수단과 절차를 통해 도시의 질서에 '적극적으로 개입'할 것을 정하고 있다는 점에서 국토계획법과 차이를 보인다. 국토계획법은 도시계획을 통해 도시를 규율하지만, 소극적으로 건축허용성과 건축허가요건만을 통제할 뿐 건축을 할 것인가에 대한 선택권은 여전히 개별 토지소유자에게 있다. 이에 반해 개발사업법은 기존의 질서에 전면적으로 개입하여 사업시행자를 만들어내며, 이들에게 토지를 수용하거나, 주택을 철거할 권능을 부여한다. 또 이를 통해 확보된 토지상에 사업시행자가 공동주택 등을 건설할 수 있도록 허용함으로써 개발사업법은 도시를 적극적으로 형성하는 기능을 담당한다.

개발사업법의 주요법률

이렇게 도시의 적극적 건설 또는 개발을 위한 목적으로 제정된 법률로는 도시정비법, 도시개발법(구토지구획정리사업법), 택지개발촉진법, 주택법 및 국토계획법 중 도시계획시설설치에 관한 규정(국토계획법 제43조 이하) 등이 있다.

개발사업법의 다단계성

국토계획법은 건축허가요건만을 규율하므로 대체로 한 번의 계획입안과 결정고시로 절차가 완료된다. 이에 비하여 개발사업법은 '구역지정과 개발계획'의 결정 · 고시 이후에도 다시 구체적으로 '실시계획'이 작성되거나, 장래 건설될 택지나 주택을 배분하기 위한 '권리배분계획'이 수립되는 등 다단계의 행정계획이 필요하다. 이렇게 수립되는 각종의 행정계획은 개발사업의 대상지 전체를 포괄하는 강력한 효력을 갖는다. 특히 행정계획을 수립하고 다단계로 이루어지는 사업을 주도적으로 끌고 나가는 '사업시행자'는 개발사업의 중심이다.

2) 건축법과 국토계획법의 관계

두 법률의 관계

현재 건축물을 규율하고 있는 법제는 건축법과 국토계획법을 양대 축으로 구성되고 운영된다.[1] 건축법은 지역과 무관하게 모든 건축물을 통제의 대상으로 하지만, 국토계획법은 도시관리에 관심을 집중하고 건축물도 도시지역을 중심으로 규율하려는 경향을 띤다(국토계획법 제56조). 다만 이러한 차이에도 불구하고 두 법은 모두 건축물 통제를 최종적인 목적으로 한다는 점에서는 차이를 보이지 않는다.

건축물의 통제

건축법과 국토계획법은 건축물의 허가요건을 정하는 법이고, 어떤 건축물도 국토계획법상의 요건과 건축법상의 요건에 반하여 건축될 수 없다. 따라서 건축물을 건축하려는 사람은 건축법이 정하고 있는 요건과 국토계획법이 정하고 있는 요건이 무엇인가를 알아야 하고, 이 요건에 맞게 설계된 건축물만이

1) 이 양자의 관계에 대하여 자세히는 김종보, 건축법과 도시계획법의 관계, 공법연구, 1998. 6. 333면 이하 참조.

건축허가를 받을 수 있다. 이처럼 건축법과 국토계획법이 공히 건축물을 통제하고 있지만, 앞서 설명한 바와 같이 두 법률은 서로 다른 목적과 역사적 배경을 가지고 있다. 이는 양법의 관심대상과 건물에 대한 통제방식의 차이 등으로 이어진다.

3) 국토계획법과 개발사업법의 관계

도시계획과 개발사업

도시계획과 개발사업은 서로 중첩되거나 또는 시간적 선후관계에 놓이게 된다. 예컨대 기성시가지에서 재개발사업이 시행되는 곳은 이미 도시계획에 의해 주거지역으로 지정되어 있는 지역일 가능성이 높고, 당해 지역에 다시 정비구역이 지정되므로 두 개의 도시계획이 혼재하게 된다. 신도시를 건설할 때 작성되는 토지이용계획은 도시계획의 지위를 부여받아 도시의 골격을 형성하지만, 다른 한편 택지조성사업이 준공되고 나서도 여전히 지구단위계획으로 그 도시위에 남아 도시를 관리한다.

기존도시의 정비

도심의 일부가 퇴락하여 더 이상 건축물에 대한 허가요건을 설정하는 것만으로는 도시의 기능이 회복되기 어려운 경우가 있다. 이렇게 도심의 일정지역이 퇴락하면, 도시를 관통하는 도로망이 원활하게 연결되기 어렵고, 인접지역과 유기적인 역할분담도 불가능해진다. 이 때 도시(관리)계획이라는 소극적 수단만으로는 토지의 합리적 이용이라는 목표를 달성할 수 없어 행정주체가 적극적으로 개입하게 되는데, 그 지역의 토지를 모두 수용하여 도시전체와의 관련성을 고려한 재개발사업 등이 시행된다.

신도시의 건설

다른 한편 인구집중으로 인한 도시의 주거부족 문제를 해결하기 위해 새로운 주거단지의 건설이 불가피해졌고, 이를 법적으로 규율하고 있는 법이 택지개발촉진법이나 도시개발법이다. 이 법률들에 의해 규율되는 택지조성사업은 기존의 도심을 개량하는 재개발사업 등과는 대상지를 달리 하지만 도시의 건설을 위해 적극적 수단을 담고 있다는 점에서 유사성을 띠고 있다. 택지조성을 위한 법률들도 역시 부족한 주거수요를 충족시키고, 도시기능을 원활하게 하기 위한 것이라는 점에서 토지의 합리적 이용에 기여한다.

개발사업의 근거법인 '개발사업법'

이처럼 도시내 토지의 합리적 이용을 위해, 도시의 정비나 개발을 위한 적극적 수단을 규정하고 있는 법들을 이 책에서는 '개발사업법'이라 부른다. 개발사업법은 국토계획법을 자신의 근간으로 삼고 있는 동시에, 그에서 한 걸음 더 나아가 수용, 택지조성, 아파트 건설 등 적극적인 수단을 사용한다. 개발사업법에 관해서는 뒤에서 자세히 검토한다.

4. 건설법의 법원(法源)

건설법은 건축물로부터 발생하는 위험을 방지하기 위한 목적의 건축경찰법과 토지의 합리적 이용을 목적으로 하는 국토계획법제로 구성된다. 국토계획법제는 다시 소극적으로 건축물에 대한 허가요건만을 규제하는가, 행정주체가 적극적으로 개발사업을 주도하는가에 따라 국토계획법과 개발사업법으로 나뉜다.

이와 같은 건설법의 개념을 기초로 그 법원을 대략 살펴보면 다음과 같다.

i) 건축경찰법: 건축법(같은 법시행령, 같은 법시행규칙), 건축물의 설비기준 등에 관한 규칙(국토부령, 이하 설비규칙), 건축물의 구조기준 등에 관한 규칙(국토부령, 이하 구조규칙), 건축물의 피난방화구조 등의 기준에 관한 규칙(국토부령, 이하 피난규칙), 건축물대장의 기재 및 관리 등에 관한 규칙(국토부령, 이하 건축물대장규칙).

ii) 국토계획법: 국토계획법, 개발제한구역의 지정 및 관리에 관한 특별조치법(이하 개발제한구역법), 자연공원법, 도시공원 및 녹지 등에 관한 법률(이하 도시공원법) 등.

iii) 개발사업법: 도시정비법, 빈집 및 소규모주택 정비에 관한 특례법, 도시재정비 촉진을 위한 특별법(이하 재정비촉진법), 도시개발법(구 토지구획정리사업법), 택지개발촉진법, 주택법, 도시재정비 촉진을 위한 특별법(이하 재정비촉진법), 산업입지 및 개발에 관한 법률(이하 산업입지법), 산업집적활성화 및 공장설립에 관한 법률, 국토계획법 중 도시계획시설 설치에 관한 규정(국토계획법 제43조 이하) 등.

도입사례의 해결

갑의 토지는 지목이 임야이므로 산지관리법의 적용을 받는 토지이며, 산지관리법상 산지전용허가를 받아 공사를 하고 지목을 대지로 바꾸는 절차를 먼저 진행해야 한다. 산지전용허가는 재량행위이지만, 만약 요건을 충족해서 허가를 받고 지목을 대지로 바꿀 수만 있다면 건축허가를 신청해서 건축물을 건축할 수 있다. 현행 법령에 의하면 도시지역인 경우 건축허가를 신청하면서 산지전용허가도 동시에 신청할 수 있다.

제2강 건축물의 개념

도입사례

갑은 2층짜리 건물의 소유자이며 건물에서 까페를 운영하고 있다. 까페의 홍보를 위해 고장난 경비행기를 옥상에 올려놓으려고 하자, 구청에서 불법이라고 허용하지 않고 있다. 경비행기는 건축물도 아니고 그 안에 사람이 머물 수 있는 구조도 아니어서 갑은 허가 없이 할 수 있는 행위라고 믿고 있다. 갑의 행위는 과연 건축법에 저촉되는 것일까?

1. 전통적인 건축물개념

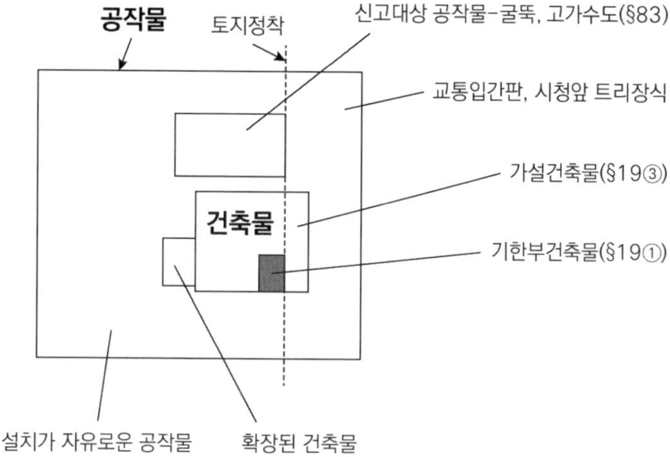

〈그림 1 건축물과 공작물의 관계〉

건축법의 통제대상

건축법은 건축물에서 발생하는 위험으로부터 인간의 생명 · 신체 등을 보호하기 위한 경찰법이므로, '위험'을 발생시키는 대상과 행위를 특정해서 통제해야 한다. 건축법은 건축물을 만들어 내는 행위로 인해 주된 위험상황이 발생한다는 전제하에, '건축물의 건축'을 건축허가의 대상으로 정하고 있다(동법 제11조 제1항). 건축물을 건축하는 과정의 위험방지도 중요하지만 건축이 이루어진 후 건축물을 이용할 때 발생하는 위험의 방지가 더 중요한 목적이다. '건축물(建築物)'과 '건축(建築)'이라는 두 개념요소로 인해 허가를 받아야 하는 경우와 그럴 필요가 없는 경우로 나뉘므로 건축법상 건축물과 건축의 개념을 확정하는 것은 매우 중요한 의미를 갖는다.

건축물의 개념

건축물에 대하여 건축법은 "토지에 정착하는 공작물 중 지붕과 기둥 또는 벽이 있는 것"을 원칙으로 하면서 기타 이에 준하는 것을 포함시키고 있다(동법 제2조 제1항 제2호)[2]. 건축법에 의해 정의된 건축물의 개념요소는 ① 일정한 공작물로서 토지에 정착할 것,[3] ② 지붕과 기둥 또는 벽이 있을 것[4]이다.

---

2) 이하 제1장에서 괄호속의 건축법은 '법', 건축법시행령은 '영'이라고 함.

건축법에 명시적으로 표현되어 있지는 않지만, 건축물로 인정하기 위해 해석에 의해 추가적으로 필요한 요건은 ③ 독립성을 가질 것, ④ 사람이 머물 수 있는 구조일 것 등이다. 이러한 요건 중에 하나라도 결여되면 건축물로 인정될 수 없으므로 건축허가의 대상이 아니다. 이때 건축허가의 대상이 아니라는 것은 건축허가를 받지 않고 시설물을 설치해도 처벌할 수 없다는 의미이다.

2. 확장된 건축물개념

확장된 건축물개념의 필요성

건축법이 말하는 건축물의 개념은 우리가 통상 사용하는 집 또는 건물이라는 개념과 유사한 것이지만, 반드시 이에 국한되는 것은 아니다. 사회의 발전과 건축기술의 발전 등으로 종래 전통적 의미의 건축물개념만으로 포섭할 수 없는 건축물들이 등장했기 때문이다. 건축물의 개념을 정의하고 있는 건축법의 규정 중 후단의 문장, 즉 "지하나 고가의 공작물에 설치하는 사무소, 공연장, 점포, 차고, 창고 그밖에 대통령령이 정하는 것"은 바로 건축물의 개념을 넓히기 위해서이다. 이 규정은 1962년 건축법 제정당시에는 없었고, 1970년의 부분개정을 거치면서(1970. 1. 1. 법률 제2188호, 건축법 중 개정법률) 지금과 유사한 형태를 갖추게 되었다.

지하 또는 고가(高架)의 공작물

여기서 말하는 지하 또는 고가의 공작물이란 육교, 지하철도, 지하도로 등 건축물의 형태적 요소를 갖추지 못한 공작물을 말하며, 건축법의 특별규정은 이러한 공작물에 부속해서 설치되는 사무소(예컨대 지하철 역무실), 점포(지하도로에 개설된 상점들) 등을 건축물로 포섭하기 위한 정의 규정이다. 지하 또는 지상의 공작물에 부속해서 설치된 점포 등은 우선 기존의 통상적인 건축물개

---

3) 대법원 1991. 6. 11. 선고 91도945 판결.

4) 대법원 1986. 11. 11. 선고 86누173 판결, "건물이라고 함은 최소한 기둥과 지붕 그리고 주벽이 이루어지면 이를 법률상 건물이라고 할 것이다." 같은 취지 대법원 1977. 4. 26. 선고 76다1677 판결 등.

념과 잘 맞지 않는다. 건축물로서의 독립성이 없고, 그 부분만을 덮는 지붕구조가 잘 파악되지 않으며, 공작물에 부속되어 있을 뿐 과연 토지에 정착하고 있는 것인가에 대한 의문도 제기될 수 있기 때문이다.

3. 건축물과 가설건축물(假設建築物)의 구별

가설건축물의 뜻

건축물은 토지에 정착하는 공작물 중 기둥과 벽, 지붕이 있는 것이거나 이에 준하는 것이다. 앞서 지적한 바와 같이 건축물이 되려면, 기둥 · 벽 · 지붕이 있을 것, 토지에 정착할 것, 사람이 머물 수 있는 구조일 것 등의 요건을 충족해야 한다. 건축물의 성립요건 중 토지에 정착이라는 요소를 결하고 있는 시설이 있는데, 건축법은 이를 가설건축물로 분류해 신고대상으로 규율하고 있다(법 제20조 제3항). 가설건축물이란 그 말뜻 그대로 '임시(假)로 설치(設)'한 건축물이며, 다른 요소들은 건축물과 동일하지만, 토지에 정착이라는 요소만을 갖추지 못한 것을 말한다.[5)]

가설건축물 신고

이처럼 토지에 정착하지 않는 가설건축물은 건축물이 아니기 때문에 '건축물의 건축'을 통제하는 건축허가(법 제11조)나 건축신고(동법 제14조)의 대상은 아니다. 다만 건축법은 일정한 가설건축물에 대해서는 건축물에 준하여 위험을 통제해야 할 필요가 있다고 보고, 별도의 조항을 두어 신고(申告)의 대상으로 삼고 있다. 건축법이 정하고 있는 가설건축물은 원래 건축법상 통제대상이 아니고 예외적으로 별도의 조항에 의해 규율되는 것이므로 이 조항에도 해당되지 않는 가설건축물은 신고대상도 되지 않는 것이 원칙이다.

4. 도시계획시설부지내 가설건축물 – 기한부건축물 (期限附建築物)

5) 정식의 건축물과 가설건축물을 구별하는 기준을 '토지에 정착'으로 할 것인가 '존치기간'으로 삼을 것인가에 대해서는 논란의 여지가 있다. 자세히는 김종보, 가설건축물의 개념과 법적 성격, 행정법연구 제12호, 2004. 10, 343면 이하.

건축법의 규정

건축법은 일반 가설건축물에 대해서는 신고대상으로 정하면서도 도시계획시설부지[6] 또는 예정지내 3층 이하의 가설건축물에 대해서는 '허가'를 받도록 규정하고 있다(법 제20조 제1항, 제2항). 그리고 이러한 가설건축물의 요건을 대통령령에서 정하고 있는데 철근콘크리트조가 아닐 것, 존치기간이 3년 이내일 것, 전기 · 수도 등 새로운 간선공급설비의 설치를 요하지 않을 것, 공동주택 · 판매 및 운수시설 등으로 분양을 목적으로 하지 않을 것 등이다(영 제15조 제1항).

건축법이 이러한 건축물에 대해 명시적으로 가설건축물이라고 이름 붙이고 있지만, 이는 가설건축물이 되기 위한 징표로서 '임시로 설치'된다고 하는 요소가 없다. 즉, 토지에 정착하는 것을 전제로 그 허가요건을 정하고 있는 것이라는 뜻이다. 이렇게 보면 건축법 제20조 제1항이 말하는 가설건축물은 토지에 정착하고, 기둥 · 벽 · 지붕이 있는 공작물로서 사람이 머물 수 있는 구조라는 건축물의 개념요소를 모두 충족시킨다.

건축물인 기한부건축물

건축법이 건축물의 개념을 정의하고, 그러한 개념요소를 충족하는 공작물은 모두 건축허가를 받거나 건축신고를 하도록 정하고 있으므로 도시계획시설부지내 가설건축물은 '건축물'로서 이론상으로는 제11조에 의한 건축허가를 받아야 하는 건축물이다. 즉 도시계획시설부지내 가설건축물은 그 실질(實質)이 가설건축물이 아니고, 존치기간이 정해진 특수한 건축물이다. 이하에서는 이를 일반건축물 및 가설건축물과 구별하기 위해 '기한부건축물(期限附建築物)'이라 부르는데, 기한부건축물도 건축물이라는 점에서 진정한 의미의 가설건축물(법 제20조 제3항)과 구별되어야 한다.

가설건축물과 기한부건축물의 관계

축조신고만으로 사용승인절차까지 면제되는 가설건축물과는 달리 기한부

---

6) 도시계획시설부지란 국토계획법 제30조에 의한 도시계획시설결정이 고시되어 도시계획사업이 시행될 것이 확정된 일단의 토지를 말한다. 도시계획시설결정이 내려지면, 장차 도시계획시설을 설치함에 있어 방해가 되는 행위가 일반적으로 금지된다. 예컨대 도로, 학교 등이 이러한 도시계획시설의 대표적인 예이다.

건축물은 착공신고와 사용승인의 절차를 거쳐야 한다(법 제21조 제1항, 제22조 제1항). 따라서 기한부건축물과 순수한 의미의 가설건축물(법 제20조 제3항)은 서로 다른 개념이라 보아야 한다. 전자는 건축물이고 후자는 가설건축물이므로 역시 토지에 정착이라는 요소가 양자를 구별하는 결정적인 기준이 된다.

기한부건축물과 형사처벌

형사처벌과 관련해서 보면 건축법상 도시지역 안의 불법건축행위는 3년 이하의 징역(법 제108조), 기한부건축물을 건축허가 없이 건축하면 2년 이하의 징역(법 제110조 제3호), 신고해야 하는 가설건축물을 신고 없이 설치하면 200만 원 이하의 벌금(동법 제111조 제1호)이 부과되므로 행위유형별로 처벌조항이 각각 다르다. 그러므로 어떠한 형벌이 부과되는가의 문제는 건축물과 기한부건축물, 또 가설건축물의 구별에 의해 결정된다.

건축물과 가설건축물은 토지의 정착여부를 기준으로 판단하며, 건축물과 기한부건축물은 도시계획시설구역 내인가, 3층 이하인가 등에 의해 그 요건이 충족되면 기한부건축물로 본다. 다만 형사처벌이 문제될 때는 건축허가를 받지 않은 불법건축이므로 존치기간에 대한 요건은 판단할 필요가 없다. 존치기간은 건축허가에 대한 당사자의 신청을 통해 비로소 드러나는 것이기 때문이다.

5. 신고대상인 공작물

공작물의 예외적 통제

건축법은 건축물로부터 발생하는 위험을 방지하기 위하여 국민의 토지사용권을 제한하기 위한 법이다. 그러므로 '건축물'의 건축이 아닌 '공작물'의 설치는 제한할 수 없는 것이 원칙이다. 따라서 건축법상 건축허가를 받아야 하는 것은 건축물에 한하고, 건축물로서 요건을 충족하지 못하는 공작물은 건축허가의 대상이 아니다. 그러나 건축물이 아닌 공작물임에도 불구하고, 공공의 안전을 위해 통제할 필요성이 있는 공작물이 있을 수 있다. 이러한 공작물에 대해 건축법은 건축물에 준하여 신고의 대상으로 정하고, 건축물에 대한 허가요건규정 중의 일부를 준용하고 있다(법 제83조).

신고대상인 공작물

건축법이 신고대상으로 정하고 있는 공작물은 ① 높이가 6미터를 넘는 굴뚝, ② 높이 6미터를 넘는 장식탑·기념탑 기타 이와 유사한 것, ③ 높이 4미터를 넘는 광고탑·광고판 기타 이와 유사한 것, ④ 높이 8미터를 넘는 고가수조 기타 이와 유사한 것, ⑤ 높이 2미터를 넘는 옹벽 또는 담장, ⑥ 바닥면적 30제곱미터를 넘는 지하대피호, ⑦ 높이 6미터를 넘는 골프연습장 등의 운동시설을 위한 철탑과 주거지역 및 상업지역 안에 설치하는 통신용 철탑 기타 이와 유사한 것, ⑧ 높이 8미터 이하의 기계식 주차장 및 철골조립식 주차장으로서 외벽이 없는 것, ⑨ 건축조례가 정하는 제조시설·저장시설·유희시설 기타 이와 유사한 것, ⑩ 건축물의 구조에 심대한 영향을 줄 수 있는 중량물로서 건축조례가 정하는 것을 말한다(영 제118조 제1항).

신고반려와 취소소송

신고대상인 공작물의 경우 건축물의 허가요건규정 중 일부의 규정이 준용된다. 따라서 이러한 요건이 충족되지 못하는 공작물의 축조신고는 수리를 거부할 수 있지만, 요건이 충족되는 공작물의 축조신고에 대하여는 신고를 거부할 수 없는 것이 원칙이다. 또한 신고의 수리거부에 대해 행정소송(취소소송)을 제기할 수 있다.

도입사례의 해결

갑이 올려놓으려는 경비행기는 건축물의 내부공간을 형성하지 않아서 도시계획법적으로는 증축에 해당한다고 보기 어렵지만, 건축법상 건축물의 중량을 증가시켜 위험을 높이는 행위이므로 증축행위에 해당하고 이는 건축허가의 대상이라고 보는 것이 옳다. 허가 없이 경비행기를 올려놓으면 건축법 위반으로 3년 이하의 징역에 처해질 수 있다.

제3강 위험방지와 위생요건

>> 도입사례

갑은 백화점에 방문해서 층을 이동하려고 하는 중 에스컬레이터를 찾지 못해 상당한 시간을 보내게 되었다. 갑자기 백화점에서 불이 나거나 지진이 발생하면 건물 밖으로 대피하는 것이 불가능할 수도 있다고 생각한 갑은 그날부터 생명의 위협을 느껴 백화점에 가는 것이 꺼려진다. 갑의 불안감은 정당한 것인가?

1. 서 론

위험방지요건과 위생요건

건축법상 위험방지요건은 주로 직접적인 재난에 대비하기 위한 요건이다. 또 건축물의 위생 및 기능을 확보하여 장기적으로 사람의 건강에 위해를 주지 않기 위한 위생요건도 전통적인 경찰법의 영역에 속하는 것이라 보아도 좋다.

건축법과 하위법령

건축법이 만들어진 가장 주된 이유는 건축물로부터 발생하는 위험을 방지하기 위한 것이므로 이곳에서 설명되는 건축허가요건은 건축법의 가장 핵심적인 부뷰이다 건축법은 위험방지요건에 대해 너무 간략하게 조문을 두고 하위법령에 너무 많은 요건들을 위임하는 구조를 취하고 있다. 건축법에 위험방지에 대한 조항이 너무 개괄적으로 담겨져 있다는 점은 건축법의 위험방지 기능을 저하시키는 실질적 이유가 된다.

다른 한편, 건축법상 위험방지를 위한 기술적 기준들은 시대와 건축기술에 따라 변화의 속도가 빠르고, 그 기술적 측면 때문에 건축법 자체에서 모두 규정하는 것에는 한계가 있다. 이러한 이유로 건축법은 시행령, 시행규칙이라는 일련의 법령체계 이외에 또 다시 부속법령을 제정하여 재난방지와 관련된 건축허가요건을 자세하게 정하고 있다. 설비규칙, 피난규칙 등이 그것인데 이하에서는 동 법령들을 포함한 건축법령상의 위험방지요건을 개괄적으로 살펴본다.

2. 구조안전

건축물은 사람이 머무는 구조를 전제하는 것이므로, 건축물의 붕괴를 막기 위해 구조상의 안전이 보장되어야 한다. 건축물이 평상시 또는 지진 등에 의해 무너지지 않아야 한다는 것은 건축물을 안전하게 사용하기 위한 가장 기본이다. 따라서 건축법은 건축물이 각종 하중(荷重)이나 지진・풍압(風壓) 및 충격 등에 대하여 안전한 구조를 가져야 하도록 정하고 있다(법 제48조 제1항).

구조안전에 관한 이 조항은 단순히 추상적인 원칙을 선언한 것에 그치는 것은 아니고, 불확정적인 개념을 사용한 건축허가요건이다. 따라서 구조안전과 관련된 법령상의 요건이 충족된 경우에도 안전한 구조가 확보되지 않는 것으로 판단할 특별한 사정이 있으면 행정청이 건축허가를 거부할 수 있다. 이러한 의미에서 이 조문은 구조안전에 관한 건축허가요건의 일반조항이다.

3. 방화요건

방화와 내화구조

방화요건으로서 내화구조는 건축물이 일정한 시간 동안 화재를 버텨낼 수 있는 구조를 의미하며 이러한 구조는 화재가 났을 때 안전하게 피난할 수 있는 가능성을 높여준다. 따라서 내화구조의 문제는 피난의 문제와 함께 설명될 수도 있는 것이다. 화재에 대비한 각종의 건축허가요건 중에 건축물이 불을 이겨내어 지탱할 수 있도록 요구하고 있는 것들은 모두 방화요건으로 검토한다.

내화구조의 뜻

내화구조란 화재에 견딜 수 있는 성능을 가진 것으로서 국토부령이 정하는 것을 말한다(영 제2조 제1항 제7호). 건축물의 사용과 관련하여 가장 빈번하게 발생하는 재난이 바로 화재사고이며, 화재사고를 미연에 방지하거나 또는 일정수준 이하의 화재를 이겨낼 수 있는 건축물의 구조를 확보하기 위해 건축법령은 세밀한 주의를 기울이고 있다.

방화구획

방화구획은 건축물에 화재가 발생한 경우, 건축물을 구획하여 화재의 진행을 차단하면 화재의 진압을 위한 소방활동이 수월해지므로, 화재에 대해 매우 효율적인 대처방안이다. 또한 건축물에 방화구획을 하는 것은 화재가 발생했을 때 효율적으로 피난하기 위해서도 매우 유용하다.[7)] 건축법은 이러한 점에 주목하여 일정 규모 이상의 건축물에 대해서는 방화구획의 설치를 의무화하고 있다.

내부마감재료

건축물이 화재에 잘 버틸 수 있는 내화구조를 갖추고 방화구획이 잘 되어 있는 경우에도 건축물의 내장재료가 불에 약한 것이면 위험이 높아질 수 있다. 이런 의미에서 건축법은 내부마감재료의 내화기준을 정하고, 특정한 용도로 일정면적 이상 사용되는 건축물에 이를 의무화하고 있다(법 제52조, 영 제61조, 피난규칙 제24조).

4. 피난요건

피난요건과 방화요건의 구별

건축법이 정하는 피난요건은 직통계단, 옥외피난계단, 비상용승강기, 출구 관련 요건 등 매우 다양한 형태를 취하고 있다. 통상적으로 피난요건이 검토되는 주된 취지는 화재가 발생할 경우를 대비하는 것이나, 피난계단의 구조 등을 내화구조로 하도록 정하고 있는 조문 등에서 이를 확인할 수 있다. 그러나 건축물과 관련된 재난상황은 반드시 화재에 국한되는 것은 아니다. 예컨대, 지진이나 홍수 등으로 건축물이 붕괴되는 경우, 폭탄테러의 위협이 있거나 가스가 폭발하는 경우 등 건축물에서 사람이 대피해야 하는 위험상황은 화재라는 상황 이외에도 얼마든지 발생할 수 있다.

---

7) 건축법은 이러한 방화구획을 피난의 관점에서 규율하고 있지만(법 제49조 제2항), 이는 건축물이 화재를 버텨낼 수 있다고 하는 강점을 갖는 것으로 방화와 관련된 곳에서 설명하는 것이 더 타당하다.

피난요건의 구성

피난과 관련된 건축허가요건은 다시 총론적인 성격을 갖는 것, 대피용통로를 확보하기 위한 것, 건축물로부터 외부로 탈출하기 위한 출구에 관한 것으로 크게 대별된다. 대피용통로라는 표현은 건축법령의 '직통계단', '피난계단', '특별피난계단', '옥외피난계단' 등을 포괄하는 개념이다. 이에서 더 나아가 계단이나 복도처럼 반드시 비상통로로 만들어지는 것은 아니지만, 재난상황에서 중요한 대피용통로의 기능을 하는 복도 등 통행로의 설치기준도 대피용통로의 일종으로 이해한다. 통로 이외에 재난상황에서 건축물 자체로부터 탈출을 돕기 위한 여러 규정들은 출구관련 요건으로 구별하여 볼 수 있다.

5. 대지의 안전

건축물을 건축하기 위한 토지로서의 대지는 그 자체가 함몰되거나, 침수되는 등의 위험성이 없어야 한다. 엄격히 본다면 이는 건축물 자체의 위험성과는 구별되는 것이지만, 건축물이 토지상에 건축되는 것이라는 점에서 보면 건축물의 위험상황과 불가분적으로 결합되어 있다. 건축법은 이러한 점을 감안하여 건축물의 안전을 위한 전제로서 대지의 안전을 위한 조문을 두고 있다(법 제40조). 우선 대지는 이와 인접하는 도로면보다 높아야 하며, 필요한 하수관·하수구 등이 설치되어야 하며(동조 제1항, 제3항), 만약 대지가 습한 토지 등이면 성토, 지반의 개량 기타 필요한 조치를 취해야 한다(동조 제2항). 손괴의 우려가 있는 토지를 대지로 조성하려면 '옹벽' 등을 설치해야 한다(동조 제4항).

6. 설비와 위생요건

1) 의의

건축허가요건 중 앞서 설명한 위험방지요건과는 약간 달리 건축물의 기능 및 위생을 확보하기 위한 건축허가요건이 있다. 건축물의 기능은 건축물이 제대로 활용되기 위한 각종 설비의 기준을 정함으로써 확보되며, 위생은 통풍·채광 등 건강한 생활을 보장하기 위한 요건들을 통해 보장된다.

건축물이 제대로 기능하고, 그 위생을 보장하는 것이 좁은 의미의 위험방지는 아니라 해도, 넓게 보면 건축물로 인한 생명 · 신체의 위해방지라는 목적의 건축경찰법적 규정에 해당된다. 건축경찰법은 본질적으로 위험방지라는 목표를 위해 생겨난 것이지만, 건축물에 머무는 사람들의 위생과 건강한 삶을 확보하는 것도 생명 · 신체에 대한 위해의 발생을 막는 것과 차원을 같이 하는 것이다. 따라서 건축물의 기능을 위해 마련된 건축설비에 관한 조문이 위험방지와 직결되기도 하고(승강기 등), 위생과 관련된 요건이 화재상황을 고려하는(반자높이 등) 등 이곳에서 설명되는 요건들은 위험방지요건과 상당한 정도 겹칠 수도 있다.

2) 건축설비

"건축설비"란 건축물에 설치하는 전기 · 전화 설비, 초고속 정보통신 설비, 지능형 홈네트워크 설비, 가스 · 급수 · 배수(配水) · 배수(排水) · 환기 · 난방 · 소화(消火) · 배연(排煙) 및 오물처리의 설비, 굴뚝, 승강기, 피뢰침, 국기 게양대, 공동시청 안테나, 유선방송 수신시설, 우편함, 저수조(貯水槽), 방범시설 그 밖에 국토부령으로 정하는 설비를 말한다(법 제2조 제1항 제4호). 건축법에 명시적으로 건축설비로 규정되는 경우에 건축설계도에 그 설비에 관한 사항이 포함되는 것이 원칙이다.

3) 위생요건

건축법상 위생요건은 건축물에 습기를 막고, 위생적인 음용수를 확보하는 것, 채광을 확보하는 것, 수세식 화장실을 설치하는 것 등을 위해 건축법령이 마련한 건축허가요건을 말한다. 이러한 허가요건에 관하여 건축법이 체계적으로 규율하지 못하고 있으며, 한편으로 설비규칙 · 구조규칙에서, 다른 한편으로는 건축법상의 정의규정 등에서 산발적으로 규정하고 있다.

도입사례의 해결

갑이 생각하는 것과는 달리 건축법상 각 건축물은 각층에서 지상으로 통하는 피난층까지 직통계단으로 연결되도록 정해져 있다. 그러므로 백화점의 경우에도 각 층의 모서리 지점에 직통계단이 설치되어 있어서 비상시에는 이를 이용할 수 있다. 다만 평상시 쇼핑할 때에는 내부의 동선을 복잡하게 설계해서 고객들이 매장내 머무는 시간을 늘이는 것이다.

제4강 도로와 건축물

도입사례

甲은 주택가의 막다른 도로의 끝에 놓인 주택에서 살고 있다. 막다른 도로의 폭은 4미터이고 큰 길까지 이르는 도로의 양 옆에는 도로를 따라 각각 두 채의 집들이 자리 잡고 있다. 최근 막다른 도로의 입구에 있는 대지의 소유자 을(乙)이 건물을 헐고 다시 짓기 위해 구청에 건축허가를 신청하였다. 도로라고 믿고 있던 폭 4미터의 막다른 도로 중 을의 대지에 접하는 폭 2미터에 해당하는 부분이 을의 소유라는 것이 밝혀지고, 을은 4미터 도로 중 자신의 소유인 토지에 건축물을 돌출시켜 건물을 짓기로 계획하고 있다. 그 계획대로 건물이 지어지면 막다른 도로의 입구는 폭이 2미터로 좁아지게 될 상황이다. 갑은 을의 건축을 막을 수 있을까?

1. 서 론 - 건설법과 도로

도로의 의의

도로는 도시의 발달과 그 운명을 같이 해왔다. 역사상 모든 시가지가 먼저 도로의 위치를 잡는 것에서 출발했다는 점을 보면 도로와 도시는 불가분적 관계에 있다는 것을 알 수 있다.[8] 이러한 관점에서 도로는 도시의 골격과 같은 것이고, 그 골격을 기반으로 개별적인 건축과 건설행위가 진행된다. 도로는 토지의 사용관계와 밀접하게 관련되므로 민사적 관점[9]이나 국유재산법적 측면에서도 많은 쟁점을 제공한다. 도로는 또 개발사업법상 공공시설 무상귀속 및 무상양도, 토지보상과 자산평가기준 등과도 연결되어 있다. 따라서 도로를 이해하는 것은 건설법의 방대한 분야에 걸치는 매우 어려운 작업이며, 만약 도로를 정확하게 이해할 수 있다면 건설법제의 절반 이상을 이해한 것이라 평가해도 좋다.

도로와 건축허가

도로는 한편으로는 건축물을 짓기 위한 기반을 마련하는 것이면서, 다른 한편으로는 건축물의 건축을 제약하는 요소이기도 하다. 건축하고자 하는 토지가 도로에 접할 것을 건축허가요건으로 정하는 규정(법 제44조)과 도로상에 건축할 수 없도록 하는 건축선제도(법 제47조), 도로로 구획된 가로구역별로 건축물의 높이를 제한하는 제도(법 제60조) 등이 바로 이러한 도로와 건축허가의 관계를 잘 보여준다.

2. 건축법상 도로의 개념

도로에 관한 법규정

현행법상 도시의 내부에 존재하는 도로는 국토계획법상 도시계획시설(국토계획법 제2조 제6호 가목)이기도 하고,[10] 다른 한편 건축법에 있어서는 건축이 허용되기 위한 중요한 요소이기도 하다(법 제2조 11호, 제44조－제47조). 이로써 도로는 국토계획법과 건축법이 교착하는 매우 복잡한 영역을 형성한다.[11]

---

8) 손정목, 일제강점기 도시계획연구, 1994, 일지사, 43면 이하: 권용우 외, 도시의 이해, 1998, 24면의 필라델피아의 도시계획도면(1682년) 등 참조.

9) 대법원 1999. 6. 11. 선고 99다6746 판결(공유물분할과 도로현황).

10) 국계획법상의 도로지정은 도시계획의 수립주체가 하도록 되어 있고 도로로서의 실체가 갖추어져 있지 않은 경우에도 도로가 되는 등 차이가 있지만, 원칙에 있어 건축법상의 도로로서 기능하도록 되어 있다. 정태용, 도로의 용례, 법제 1994. 1, 52면 참조.

11) 법원 1992. 5. 26. 선고 91누10091 판결.

건축법상 도로개념

건축법은 건축허가와 관련된 건축법의 적용에 도로라는 개념이 반드시 필요하기 때문에 도로의 개념을 정하고 있다. 건축법이 정하는 도로는 형태적 요소와 의사적 요소를 공히 충족할 것을 요한다(법 제2조 제1항 제11호). 형태적(形態的) 요소는 일반공중의 이용에 제공될 수 있는 물리적인 구조를 말하고, 의사적(意思的) 요소는 도로로 제공하겠다는 행정주체의 공적 견해표명을 뜻한다.

도로의 형태적 요건

도로가 갖추어야 할 형태적 요소로서 도로는 원칙적으로는 4미터의 폭을 확보하여야 한다(법 제2조 제1항 제11호). 이에 더하여 도로는 구조상 보행과 자동차통행이 공히 가능해야 한다.[12] 다만 시장 · 군수 · 구청장이 지형적 조건으로 인하여 차량 통행을 위한 도로의 설치가 곤란하다고 인정하여 그 위치를 지정 · 공고하는 구간의 도로는 너비 3미터 이상이면 된다(법 제2조 제1항 11호 본문괄호, 영 제3조의3 제1호).

막다른 도로의 형태적 요건

'막다른 도로[13]'는 그 길이에 따라 도로로 인정되기 위한 폭이 다르게 정해져 있다(영 제3조의3 제2호).

막다른 도로의 길이	도로의 너비
10미터 미만	2미터
10미터 이상 – 35미터 미만	3미터
35미터 이상	6미터(읍면지역 4미터)

막다른 도로란 건축법이 사용하는 실정법상의 명칭으로서, 도로의 한쪽 끝이 막혀있는 도로를 의미한다. 도로의 한쪽 끝이 막혀있다는 특성에 착안하여 법령이 도로의 길이에 따라 갖추어야 할 도로폭을 정하는 '막다른 도로'는 도로의 형태적 요소를 정하기 위한 규정이다. 이러한 요건을 갖춘 도로에 다시 의사적 요소에 의한 도로지정이 이루어지면 막다른 도로도 법률상 도로로서의

12) 대법원 1992. 9. 14. 선고 91누8319 판결.

13) 법률상의 '막다른 도로'에 대응하여 일반도로를 관행상 '통과도로'라고 칭하고 있다.

요건을 갖추게 된다. 다만 건축법에서 말하는 도로의 형태로서 막다른 도로는 건축과정에서 우발적으로 발생한 사실상의 도로 또는 현황도로를 규율하기 위해 만들어진 개념이라는 점에서 도로가 반드시 막다른 곳에서 끝날 것을 요구할 필요는 없다. 그러므로 막다른 도로와 막다른 도로, 막다른 도로와 도시계획도로를 이어주는 통과도로나 막다른 도로에 연결된 추가적인(지선과 유사한) 막다른 도로 등도 모두 이에 포함되는 개념으로 해석해야 한다.

도로의 의사적 요건

건축법상 도로가 갖추어야 할 의사적 요소로서 도로지정행위는 다시 두 가지로 구별된다. 도시내 일정한 도로의 확보라고 하는 일반적 목적에 의한 도로의 지정이 있고(법 제2조 제1항 제11호 가목), 다른 한편 개별적인 건축허가와 관련하여 건축허가요건을 확보하기 위해 건축법에 근거한 도로의 지정이 있다(동호 나목, 건축법 제45조). 정식의 절차에 의해 도로가 건설되는 경우는 국토계획법, 도로법 등이 원칙적으로 개입하며, 그로 인한 토지수용과 손실보상에 관한 조문이 나름대로 잘 갖추어져 있다. 정식의 도로는 보통 건축허가 이전에 이미 존재하므로 건축허가시 당해 도로가 존재하고 있는가를 검토하는 것으로 충분하다.[14]

법률상 도로와 사실상 도로의 구별

도로가 갖추어야 할 의사적 요건과 형태적 요건을 모두 충족한 도로를 법률상의 도로라고 부르는데 이는 사실상의 도로와 대비된다.[15] 사실상의 도로란 도로로서 형태적 요건을 갖추었으나 의사적 요소를 결여한 도로를 말한다. 사실상의 도로는 건축법이 말하는 도로에 해당되지는 않는데, 건축법에서 말하는 도로는 의사적 요소까지 포함된 것이기 때문이다(법 제2조 제1항 11호). 이러한 의미에서 법률상 도로와 사실상 도로의 구별실익이 있다. 예컨대 법적인 도로는 건축선이 되므로 그 지상에 건축할 수 없지만, 사실상의 도로는 건축선을 구성하지 않으므로 건축이 금지되지 않는다.[16] 안암동, 신촌, 신림동 등 기성시가지에는 인접한 택지 상호간에 도로가 존재하지 않아 주택의 건축

14) 대법원 2000. 4. 25. 선고 2000다348 판결; 대법원 1995. 9. 5. 선고 93다44395 판결 등.

15) 대법원 1999. 12. 7. 선고 97누12556 판결.

16) 대법원 1987. 3. 10. 선고 86누574 판결.

과정에서 자연발생적으로 생겨난 사실상 도로들이 현재까지도 상당히 많고, 이를 둘러싼 문제상황이 여전히 현재 진행형이다.

	의사적 요소	형체적 요소
법률상 도로	○	○
사실상 도로	×	○

※ 의사적 요소: 도로법, 국토계획법상 도로지정, 건축법상 도로지정

〈그림 2 도로의 성립요건과 사실상 도로〉

3. 건축법상 도로지정

건축법에 의해 지정되는 도로

도로법상의 도로 등 정식의 도로가 아직 존재하지 않으면 대지는 맹지가 되므로 이를 해결하기 위해 건축법에 의한 도로지정이 필요하다(법 제45조). 건축법상 도로지정은 기성시가지에서 우발적으로 발생해서 형태적 요소만을 겨우 구비한 사실상의 도로를 대상으로 한다. 건축법에 의해 지정되는 도로는 정식의 도로지정에 비해 절차가 간이하며 그만큼 정식의 도로와 법적 지위에서도 상당한 차이가 있다. 정식의 도로가 건축물을 압도하는 지위에서 건축물을 철거할 수 있는 권능까지 보유하는 반면, 건축법상의 도로지정은 오히려 개별적인 건축물의 건축허가에 종속되는 지위에 머문다.

시장 · 군수가 개별적으로 건축허가를 발급하면서, 당해 건축허가를 발급하기 위하여 도로를 지정하는 경우에 이를 건축법에 의한 도로지정이라 한다. 이를 소방도로라고 부르기도 하는데,[17] 소방도로는 사실상의 명칭으로서 실무상 반드시 건축법에 의해 지정된 도로만을 소방도로라고 부르는 것은 아니다. 이러한 도로의 개별적인 지정행위도 공용지정 또는 도로지정의 한 형태이므

17) 정태용, 도로의 용례, 법제 1994. 1, 56면; 정태용, 건축법해설, 한국법제연구원, 2006, 290면 각주 5).

로, 도로로 지정될 수 있는 것은 실제 도로로서의 효용을 다할 수 있는 정도의 구조형태를 갖추어야 한다. 다만 기성시가지에서 건축법상 도로가 지정되는 경우에는 이해관계인이 사후에 개축을 하면서 후퇴할 것을 약속하는 경우가 일반적이므로, 형태적 요소가 상당한 기간이 지난 후에 갖추어질 수도 있다.

도로지정과 동의

건축법에 의해 도로가 지정되면 도로에 제공되는 토지의 소유자가 그 토지상(도로상)에 건축을 할 수 없게 되므로 인접주민간의 이해관계를 조절할 필요성이 매우 높다. 그러므로 이러한 경우에는 이해관계인, 즉 도로로 지정되는 토지의 소유자에게 개별적으로 동의를 얻어야 하는데(법 제45조 제1항), 이는 사실상의 동의에 한정된다. 따라서 판결에 의한 주위토지통행권도 동의요건을 충족하지 못한다.[18] 예외적으로 이해관계인이 해외에 거주하는 등 이해관계인의 동의를 얻기가 곤란하다고 허가권자가 인정하는 경우 또는 주민이 장기간 통행로로 이용하고 있는 사실상의 도로로서 당해 자치단체의 조례가 정하는 도로인 경우에는 건축위원회의 심의를 거쳐 동의를 생략하고 도로를 지정할 수 있다(법 제45조 제1항 각 호).

건축법상 도로지정제도의 한계

건축법은 막다른 도로 내부에서 새로운 건축허가가 신청될 때 '도로의 초입부터 당해 대지까지' 건축법상 도로를 지정할 수 있도록 정하고 있다. 건축법상의 도로지정제도는 막다른 도로 안쪽의 토지소유자가 건축허가(통상은 개축허가)를 받을 때 막다른 도로의 부지를 제공하는 토지소유자들에게 동의를 받고 개인적으로 보상하도록 정하는 매우 소극적인 것이다. 따라서 막다른 도로 내부에서 건축허가 신청이 없을 때, 또 막다른 도로 초입에서 건축허가가 신청될 때에는 막다른 도로 전체에 대한 도로지정이 불가능하다. 이 문제는 허가권자에게 직권으로 막다른 도로 전체에 대해 도로를 지정할 수 있는 권한을 부여하고 그에 따른 손실보상조항을 마련하지 않는 한 해결될 수 없다.

---

18) 대법원 1993. 5. 25. 선고 91누3758 판결.

4. 건축선

건축선의 뜻

건축법이 말하는 건축선은 도로와 접한 부분에 있어서 건축물을 건축할 수 있는 한계선을 의미하며, 건축선은 원칙적으로 대지와 '도로'의 경계선이 된다(법 제46조 제1항). 이때 도로는 '법률상의 도로'로서 형태적 요소와 의사적 요소를 모두 갖춘 엄격한 의미의 도로를 말한다.[19] 통상적으로 국토계획법이나 도로법 등에 의해 설치된 도로 또는 설치될 것으로 정해진 예정도로를 말하는 것으로 이해하면 된다. 물론 건축법상 도로지정을 받는 도로도 건축선을 구성하는 도로로 해석되지만, 사실상의 도로는 이에 해당되지 않는다.

건축선의 법적 효과

건축법 제46조는 건축선을 정의하면서, 동법 제47조에서 "건축물 및 담장은 건축선의 수직면을 넘어서는 안된다"고 규정하고 있다. 이 건축법의 규정에 따라 건축선이 확정되고, 그 건축선을 넘는 어떠한 건축물도 허용될 수 없으므로[20] 건축선은 건축허가요건의 해석에 있어 매우 중요한 역할을 한다.[21] 도로 모퉁이에서 건축선은 도로폭과 교차각에 따라 대통령령에서 정하고 있다(법 제46조 제1항 단서 후단, 영 제31조).

5. 접도요건과(接道要件) 사선제한

접도요건이란 건축물이 건축되는 대지가 도로와 폭 2미터 이상을 접할 것을 요구하고 있는 건축법상의 건축허가요건을 말한다(법 제44조). 모든 건축물은 건축허가요건으로서 그 대지가 도로와 접하고 있어야 하는데,[22] 이러한 요건이 충족되지 않는 대지를 '맹지(盲地)'라 부르고 맹지상의 건축은 금지된다.[23] 건축법상 접도요건을 충족시키는 도로는 폭 4미터 이상의 통과도로이거나

19) 대법원 1999. 2. 9. 선고 98두12802 판결.

20) 대법원 2002. 11. 8. 선고 2001두1512 판결(건축선위반부분에 대한 철거명령).

21) 대법원 2007. 3. 16. 선고 2006도8935 판결.

22) 대법원 2003. 3. 11. 선고 2002다35928 판결.

23) 대법원 2003. 12. 26. 선고 2003두6382 판결.

건축법상 도로지정에 의해 장차 법률상의 폭을 확보할 수 있는 막다른 도로 등이다. 다만 도로 중에서도 차량의 통행이 불가능하거나 자동차만의 통행에 사용되는 도로는 접도요건을 충족시키는 도로가 될 수 없다. 건축물의 연면적의 합계가 2,000 제곱미터 이상인 건축물의 대지는 예외적으로 너비 6미터 이상의 도로에 4미터 이상 접하도록 함으로써(영 제28조 제2항) 건축법은 대규모 건축물에 대해 접도요건을 강화하고 있다.

사선제한과 최고높이제한

구 건축법상으로는 전면도로 폭의 일정 비율이하로 높이를 제한하는 사선제한제도가 원칙을 이루고, 시장 · 군수 등 허가권자가 특별히 조례로 정하는 경우가 예외를 이루었다.[24] 그러나 이러한 구법상의 사선제한제도는 산정방법이 복잡하고, 하천 · 공원 · 2 이상의 도로 · 막다른 도로 등 예외적용 사항이 많아[25] 무분별한 스카이라인이 형성되는 원인을 제공하기도 했다. 이런 점을 고려해서 현행 건축법은 가로구역별 높이를 허가권자가 따로 정하는 것을 원칙으로 하고(법 제60조 제1항), 특별시장 또는 광역시장이 이를 보충하여 조례를 제정할 수 있도록 개정되었다(동조 제2항). 그에 따라 오랜 기간 도로폭을 통해 건축물의 높이를 제한하던 사선제한에 관한 조항은 사라졌다.

도입사례의 해결

법적으로 엄밀하게 말하면 을의 건축은 저지하기 어렵다. 다만 오랜 기간 동안 사실상의 도로로 사용되어 온 도로이고, 행정청이 을의 건축이 건축선을 침범하는 것으로 (잘못)해석할 가능성이 높아 건축허가 자체가 발급되지 않을 가능성이 높다. 만약 건축허가가 거부된다면 거부처분 취소소송이 제기될 것인데, 이 소송에서 을의 승소가능성은 높지 않다. 사실상의 도로는 이론상 법적인 도로가 아니지만 관행상 강력한 규범력을 갖고 법률상 도로에 준하는 지위를 누린다.

---

24) 1998년 건축법 제51조 제1항 "건축물 각 부분의 높이는 그 부분으로부터 전면도로의 반대쪽 경계선까지의 수평거리의 1.5배를 초과할 수 없다." 동조 제2항은 대통령령이 정하는 기준에 따라 조례로 예외적인 경우를 정할 수 있도록 규정하고 있었다.

25) 대법원 2000. 7. 6. 선고 98두8292 판결.

제5강 일조권[26)]

>> 도입사례

아파트에 월세로 살고 있는 갑은 최근 완공된 주변의 아파트에 의해 햇빛을 거의 못 보는 상황에 놓여있다. 집주인 을에게 항의하자 을은 이미 같은 단지 아파트주민들이 손해배상소송을 준비하고 있다고 알려주면서 손해배상은 집주인이 받을 수 있을 뿐 세입자는 배상을 받을 수 없으므로 소송에 참여해도 소용이 없을 것이라고 알려주었다. 햇빛을 못 받아 괴로운 사람은 갑인데, 왜 집주인이 손해를 배상받는다는 것일까?

1. 일조권의 의의

일조권개념의 등장

최근 도시내 주거환경에 대한 높은 관심은 내 집 마련만이 지상의 과제였던 종래의 전통적 관념이 변화하고 있음을 시사한다. 비교적 최근까지도 한국에서 건축물을 바라보는 주된 시각은 주택을 중심으로 한 것이었고, 그것도 주택의 공급과 관련된 것들이었다. 그러나 대도시내 절박한 주거난이 어느 정도 해소되는 시점에 이르자, 건축물들 상호간의 토지이용조절이라는 주제가 부각되고 있다.[27)]

건축허가요건인 일조권

건축법에 의해 보장되는 일조권은 일반적으로 생각하는 것과는 달리 일조를 보장받고자 원하는 건축물 사용자의 권리로 규정되지 않고 신축건축물의 건축허가요건으로 규정되어 있다. 이는 건축법상의 일조관련 규정이 건축주의 의무로 규정될 수밖에 없다는 기술적인 한계에 기인한 것이다. 이 때문에 형식적으로 보면 건축법상 일조권은 이웃주민의 권리라기보다는, 행정청이 건축허가를 행정청이 거부할 수 있는 사유에 불과하다는 점에서 소극적인 형태를 띠게 된다.

---

26) 더 상세한 사항은 김종보, 건축법상 일조권, 환경법연구 제23권 제2호, 2001. 12, 185-210면 참조.

27) 대법원 2007. 6. 28. 선고 2004다54282 판결(조망권).

일조권개념의 상대성

일조권이란 건축물에서 생활하면서 타인의 건축물로 인해 태양의 광선을 차단당하지 않을 권리이다. 그러나 토지의 집약적 사용이 일반화된 대도시에서 타인의 건축물로 태양광선이 전혀 차단되지 않고 생활한다는 것은 사실상 불가능하다. 이 때문에 일조권이라는 개념은 완전하고, 순수한 개념일 수 없으며 토지의 사용관계에 의존하는 상대적인 것이다. 특히 건축법에서 일조권은 주거 내에서 보호받는 일조권이라는 점에서 주택이나 주거지역을 제외한 곳에서의 일조는 사실상 보호대상이 아니다.

2. 일조권소송의 다양성

법체계와 일조소송

우리 사회에서 일조권이 침해된 소유자가 권리를 구제받기 위해 사용하는 수단은 매우 다양하다. 일조권이라는 개념이 헌법, 행정법, 민사법의 모든 영역에서 독자적으로 발전하면서 전체 법질서를 관통하는 일조권 관념이 아직 정립되어 있지 못하기 때문이다. 현재 일조와 관련된 분쟁의 형태는 민사법과 행정법의 영역에 공히 걸쳐 있다. 또한 아직 활용되고 있지 않지만, 일조관련 분쟁이 헌법재판소의 헌법소원의 문제로 발전될 수 있는 가능성도 무시할 수는 없다.

민사상 손해배상소송

현재 일조분쟁의 가장 중심에 있는 것은 일조침해에 대한 민사상 손해배상소송이다. 최근 고층의 아파트를 중심으로 사업시행자인 건설회사를 피고로 하는 손해배상소송이 상당한 성공을 거두고 있고, 이에 대해 대법원의 판례들도 다수 누적되어 있다.[28] 손해배상소송은 건설회사나 건축주들에 대해 향후 건축행위를 할 때 타인의 일조권을 침해하지 못하도록 하는 강력한 예방적 기능을 한다. 또한 일조를 침해당한 토지 또는 건축물의 소유자는 자신이 입은

28) 대법원 2011. 4. 28. 선고 2009다98652 판결(비닐하우스); 대법원 2004. 10. 28. 선고 2002다63565 판결(일반상업지역); 대법원 2004. 9. 13. 선고 2004다24212 판결(주거환경개선사업지구내 일조침해); 대법원 2000. 5. 16. 선고 98다56997 판결; 대법원 1999. 1. 26. 선고 98다23850 판결 등.

피해를 금전으로나마 배상받음으로써 인접지 토지소유자간의 토지사용가치의 조절이 이루어진다. 그러나 손해배상소송에서 일조권이 침해된 이웃주민의 권리구제는 현재 '진행되고 있는 침해'에 대한 구제로는 미흡하고, 원칙적으로는 침해행위가 완성된 단계에서의 구제수단이라는 점에서 사후적이라는 한계를 갖는다.

건축을 저지하기 위한 소송

현재 진행중인 일조권침해, 즉 건축물의 신축을 막기 위한 수단은 다시 민사상 소유권에 기한 방해배제청구소송을 본안으로 하는 공사중지가처분과 건축허가취소소송이라는 취소소송을 본안으로 하는 집행정지신청으로 나뉜다. 우선 일반적으로 채택되는 일조권침해에 대한 구제수단이 민사소송으로 진행되는 것과 행정소송으로 진행되는 경우에 그 달성하려고 하는 궁극적인 목적이 동일하다는 점에 주목할 필요가 있다. 물론 기술적으로는 건축허가의 발급단계에서부터 취소소송을 제기할 수 있다는 점 등에서 행정소송이 시기적으로 유리한 경우도 있지만, 일반적으로 민사소송이 더 선호되고 있음에 미루어 행정소송보다는 민사소송이 원고에게 더 유리한 것이라는 추측이 가능하다.

3. 건축을 저지하는 위법성과 손해배상으로 충분한 위법성

건축법과 민법의 괴리

민사상 일조권은 행정법상 일조규정과 동전의 앞뒤를 구성한다. 따라서 항상 민사상 일조권의 범위와 행정법상 일조권이 동일한 것은 아니라 하여도 대체적인 골격에서 합치되도록 해석하는 것이 타당하다. 대법원은 건축허가 또는 아파트사업계획승인이 모든 건축 관계법령에 따라 적법하게 발급된 것이라 하여도 그로 인한 일조권의 침해가 사회적 수인한도를 넘는 한 불법행위를 구성하는 것으로 판단하고 있다.[29] 이를 통해 이미 건축법(또는 행정법)상의 일조권 규정과 민사상 일조권의 범위가 일치하지 않는다는 점이 명백해졌다.

---

29) 대법원 2000. 5. 16. 선고 98다56997 판결; "구체적인 경우에 있어서는 어떠한 건물 신축이 건축 당시의 공법적 규제에 형식적으로 적합하다고 하더라도 현실적인 일조방해의 정도가 현저하게 커 사회통념상 수인한도를 넘은 경우에는 위법행위로 평가될 수 있다."

민사판결 상호간의 문제

법원이 일조권침해소송에서 불법행위를 인정하는 취지가 가치를 보장하기 위한 것이라는 견해를 일관한다면, 역시 민사소송에서 일조침해를 이유로 한 방해배제소송이나 공사중지가처분을 용인해서는 안 될 것이다.[30] 가치가 손상된 부분은 손해배상으로 전보 받으면 족하고 건축물이 신축 자체를 저지할 근거가 되지 못하기 때문이다. 따라서 방해배제소송에 있어서 건축을 금지하기 위한 정도의 위법은 손해배상소송에 있어 위법과 다른 기준에 의해 판단되어야 한다.[31]

건축을 저지할 수 없는 일조침해

결론적으로 본다면 건축법에 의해 건축허가요건으로 설정된 일조기준은 공동체의 질서를 유지하기 위한 공법적 결단으로서 이를 위반하는 건축행위는 소송을 통해 저지될 수 있다. 그러나 건축법이 설정한 한계를 넘지 않는 건축물은 그것이 위법하다고 하더라도 약한 위법성에 그쳐 그것이 비록 민사상 손해배상의 원인이 될 수 있을 뿐, 건축행위 자체를 저지할 이유가 될 수는 없다.

4. 손해배상액의 귀속문제

일조침해의 피해자

일조침해를 이유로 하는 민사상 손해배상소송에서 과연 침해된 것이 재산권으로서의 일조권인가, 환경권으로서의 일조권인가 하는 문제를 잠시 생각해 보아야 한다. 재산권으로서의 일조권이라면 이러한 재산권은 원칙적으로 일신에 전속되는 것은 아니라고 보아야 한다. 통상 토지소유권의 한 내용으로 인정

30) 서울민사지법에서는 일조권침해를 이유로 한 공사중지가처분을 받아들인 것으로 알려졌다(2001. 4. 20. 민사합의50부 판결).

31) 대법원은 손해배상소송에서는 동지날 오전 8시에서 오후 4시 사이의 총일조시간이 4시간, 오전 9시에서 오후 3시까지의 연속일조시간이 2시간이 되지 않는 경우 수인한도를 넘는 일조방해가 존재한다고 보는 반면(대법원 2004. 9. 13. 선고 2003다64602 판결), 공사금지를 구하는 가처분 사건에서는 일조의 침해를 받는 건물의 총일조시간이 1시간 미만이고 연속일조시간이 30분 미만인 경우에 수인한도를 넘는다고 보고 있다(대법원 2007. 10. 24.자 2007마742, 743). 대법원도 두 기준을 구별하기 위해 노력하고 있음을 알 수 있다.

되는 일조권은 역시 토지소유권의 이전으로 같이 이전되는 것으로 보아야 하기 때문이다. 손해배상소송에서 당사자들의 주장과 같이 일조권침해로 건축물 등의 재산가치가 하락하였고, 이를 배상하라고 하는 주장은 재산권으로서의 일조권이라는 측면에 입각한 것이다.

환경권의 일신전속성

그러나 헌법이 말하는 일조권은 단순히 토지나 건축물의 소유자에게만 보장되는 것은 아닐 것이다. 만약 인접 건축물의 건축으로 피해를 받는 사람이 있다면, 그는 그 집에 살고 있다는 사실에 의해 일조침해를 받는 것이지, 그 건축물을 소유하고 있다는 사실만으로 일조침해를 받는 것은 아니기 때문이다. 이러한 관점에서 본다면 경우에 따라서는 전세입자들의 일조침해문제도 역시 제기될 수 있다. 일조침해의 손해배상액을 청구하면서 위자료를 추가적으로 요구하는 경우라면, 이러한 주장은 반드시 재산권의 침해에 대한 것이라기보다는 헌법이 보장하고 있는 환경권에 대한 침해주장일 수 있음에 주목하여야 한다. 환경권침해에 대한 손해배상은 대물적 성격보다는 대인적 성격이 강하다고 하는 점에서 재산권침해와는 그 속성을 달리한다.

도입사례의 해결

일조권이 환경권이라면 거주하는 자들의 생활상 일조침해에 대한 손해배상이 맞고, 재산권이라면 집주인에 대해 집값하락에 대한 대가로서 주어지는 것이다. 이론상으로나 실무상 집주인과 세입자가 공히 배상을 받을 수 있는 것으로 해석되고 있다. 다만 세입자에 대한 보상은 새로운 세입자가 들어올 때에도 반복해서 배상을 할 것인가 하는 문제를 남긴다.

제6강 건축허가

>> 도입사례

용인시에서 지목이 전(田)인 100평 정도의 토지를 가지고 있는 갑은 지상에 건축물을 건축하고자 계획하고 있다. 먼저 지목을 대지로 바꾸기 위해 지적과에 지목변경신청을 문의하니 단순한 지목변경은 어렵고 건축허가를 받아 준공을 받으면 변경해준다는 안내를 받았다. 건축과에 건축허가 신청서를 제출하니 지목 변경을 위한 형질변경허가신청서를 추가로 제출할 것을 요청받았다. 추가로 서류를 제출하자 건축과에서 토지의 경사도가 너무 심해 건축이 불가능하다고 하는 취지로 건축허가 거부처분을 받았다. 갑은 거부처분 취소소송에서 승소할 수 있을까?

1. 건축허가의 의의와 법적 성질

1) 원칙적인 기속행위(羈束行爲)

강학상 허가에 속하는 건축허가

건축법은 기본적으로 경찰법으로서의 성격을 가지고 있으며, 경찰법상의 허가제로서 대표적인 것이 바로 건축법상의 건축허가이다. 경찰법상의 허가제는 헌법적 관점에서 국민에게 허용되는 행위를 공익목적으로 잠시 묶어 놓고 경찰법규가 정하는 요건이 충족되면 그 금지를 풀어 주는 제도이다.[32] 그러므로 건축허가요건을 충족하는 건축물의 경우에는 위험하지 않으므로 금지를 풀어 줘야 할 법적 의무가 행정청에 발생하고, 이러한 성격의 처분을 행정법학에서는 강학상 허가로 부른다.

강학상 허가에 해당하는 전형적인 행위로서 건축허가는 법률이 정하는 요건을 충족하는 한 반드시 발급되어야 하는 기속행위이다.[33] 기속행위란 재량행

---

32) 예컨대 김동희, 행정법 I, 282면; 김철용, 행정법, 160면 등.

33) 대법원 2004. 6. 24. 선고 2002두3263 판결; 대법원 2003. 4. 25. 선고 2002두3201 판결; 대법원 1996. 3. 8. 선고 95누7451 판결; 대법원 1995. 6. 13. 선고 94다56883 판결; 대법원 1995. 12. 12. 선고 95누9051 판결; 대법원 1992. 6. 9. 선고 91누11766 판결 등 대법원의

위에 대응하는 개념으로서 행정청이 그 발급여부에 선택권을 갖지 않는 행정행위를 말한다.[34] 마찬가지로 건축법이 정하는 허가요건을 충족하지 못하는 건축허가는 행정청에 의해 거부되어야 한다.

2) 예외: 재량행위인 건축허가들

대규모 건축물과 건축허가

건축허가는 기속행위라는 판례의 법리는 1970년대 단독주택을 지으려는 건축주의 건축허가를 자의적으로 거부하는 행정청을 통제하기 위한 것이었다. 그러나 세월이 지나면서 주상복합건물 또는 백화점과 같은 대규모 시설이 건축되면서 도시계획적 상황 전체에 영향을 주는 건축물이 건축되는 경우가 빈번히 발생하게 되었다. 이러한 사안에서는 건축법상 건축허가 속에는 당해 시설물에 대한 도시계획적 판단이 당연히 포함되어야 하고 법적으로는 건축허가 속에 그 재량이 포함되는 것으로 해석된다.

개발행위를 포함하는 건축허가

또한 건축법상 건축허가가 기속행위라는 대법원의 일관된 견해는 건축허가 속에 여타의 처분들이 의제되지 않던 시절에 타당했던 것이다. 건축법상의 건축허가가 위험방지의 건축허가요건만을 심사하던 시절에는 그 요건이 충족되는 한, 행정청이 허가를 반드시 발급해야 한다고 말하는 것이 원칙적으로 옳았다. 그러나 건축허가 속에 무수히 많은 재량행위들이 의제되고 있는 현행법의 해석상 재량행위, 특히 형질변경허가를 포함하는 건축허가는 더 이상 기속행위일 수 없다.[35] 대법원도 같은 입장이다.[36]

일관된 견해이다. 이에 비해 주택법상의 사업승인은 재량행위로 해석된다. 대법원 1997. 9. 5. 선고 96누10256 판결 등.

34) 기속행위와 재량행위에 대해서는 김동희, 행정법 I, 249면; 김철용, 행정법, 155면 등 참조; 기속행위에는 부관을 붙일 수 없는 것이 원칙이다. 대법원 2000. 2. 11. 선고 98누7527 판결.

35) 이에 대해서 자세히는 김종보, 건축허가에 존재하는 재량문제, 행정법연구 제3호, 1998. 10, 158면 이하 참조; 건축허가에 개발행위허가가 의제되기 시작한 시점은 2000년 전문개정된 도시계획법부터였다.

36) 대법원 2010. 2. 25. 선고 2009두19960 판결, 대법원 2005. 7. 14. 선고 2004두6181 판결.

건축법 제11조 제4항과 건축허가의 재량성

건축법이 2000년대 초에 개정되면서 허가권자가 교육환경 등 주변환경을 고려하여 건축허가를 발급하지 않을 수 있게 되었다(법 제11조 제4항).[37] 건축법상의 건축허가를 거부하기 위해서는 법령에 명시적인 근거가 있어야 한다는 종래의 대법원 판례를 의식하고 만들어진 조항이다.[38] 다만 이 조문은 국토계획법적 성격을 갖는 것이라는 점에서 법체계적인 문제를 가지고 있다.[39]

개발제한구역과 건축허가

국토계획법상 건축이 금지되는 영역에서 건축허가는 예외적으로 승인되는 것이며, 이때 건축허가는 기속행위로 보기 어렵다. 예컨대 개발제한구역내 건축허가, 도시계획시설부지내 건축허가 등이 좋은 예이다.[40] 또한 건축허가를 사후에 신청하는 사후허가의 경우에도 역시 건축허가를 발급할 것인가에 대해 행정청이 재량을 갖는 것으로 해석하는 것이 옳다.

2. 특수한 건축허가

1) 고층건축물의 허가

특별시장 또는 광역시장의 허가대상

건축허가대상 중 허가권이 특별시장 및 광역시장에게 부여되는 건축물이 있다. 이는 21층 이상이거나 연면적 10만 제곱미터 이상으로서, 서울시 또는 광역시 내에 건축되는 건축물이다(법 제11조 제1항 단서 및 영 제8조 제1항). 이에 대해서는 구청장의 건축허가권은 배제된다. 그러므로 이 경우 건축주는 광역시장 등에게 건축허가를 직접 신청하고 건축허가가 거부되는 경우에 광역시장

37) 대법원 2005. 11. 25. 선고 2004두6822 판결(지구단위계획과 숙박시설), 대법원 2000. 3. 14. 선고 98두4658 판결.

38) 최근 대법원도 건축허가가 기속행위라는 엄격한 입장에서 한 걸음 물러나는 듯한 판결을 내고 있다. 대법원 1999. 8. 19. 선고 98두1857 판결 등.

39) 이 조문은 건축물의 위험방지의 문제가 아니라 토지의 합리적 이용이라는 관점에서 마련된 것이므로, 국토계획법에 규정되어야 할 조문이며 그 위치도 건축허가절차를 규정하는 곳이 아니라, 건축허가요건의 총칙부분에 자리잡아야 한다.

40) 대법원 2001. 2. 9. 선고 98두17593 판결(용도변경).

등을 피고로 소송을 제기해야 한다.

도지사의 사전승인

그러나 경기도 등 광역시에 해당하지 않는 광역자치단체의 경우에는 21층 이상 대규모 건축물도 여전히 시장 · 군수가 허가권자이다. 다만 대규모 건축물은 절차상 시장 · 군수가 미리 도지사에게 일정한 서류를 갖추어 사전승인을 신청하여야 한다는 제약을 받는다. 이러한 사전승인은 행정내부적인 승인에 불과한 것이며, 건축주에게 별도의 법적 효력을 갖지 않는 것으로 엄격하게 해석하여야 한다. 그 승인행위의 주체가 도지사이고, 상대방이 시장 · 군수이므로 통상적인 처분의 구조가 아니며, 건축주에게 별도로 통지될 것을 요하지도 않기 때문이다.

2) 사전결정

건축허가 대상 건축물을 건축하려는 자는 건축허가를 신청하기 전에 허가권자에게 그 건축물을 해당 대지에 건축하는 것이 건축법이나 다른 법령에서 허용되는지에 대한 사전결정을 신청할 수 있다(법 제10조 제1항). 건축허가에 대한 사전결정제도는 건축법의 개정과정에서 여러 차례의 부침을 겪은 바 있다. 건축허가에 대한 사전결정은 행정법상 예비결정으로 해석되며 취소소송의 대상이 된다.

건축물을 건축하는 행위는 당해 토지에서 건축을 할 수 있다는 판단을 전제로 한다.[41] 한국의 도시계획은 개별 필지단위의 건축허용성을 모두 판단하지 못하는 한계를 갖는 것이기 때문에, 개별 건축물의 건축단계에서 각 필지의 건축허용성이 판단되는 구조를 취한다. 사전결정제도는 바로 건축허가의 전단계에서 건축허용성을 결정하는 기능을 담당하기 위해 신설된 제도이다(2008년). 건축법상 사전결정을 받으면 국토계획법상 개발행위허가를 받은 것으로 본다(제10조 제6항 제1호). 사전결정제도는 건축허가권자가 건축허용성을 결정할 수 있도록 함으로써 국토계획법상 개발행위허가의 권한과 충돌을 일으킨다.

41) 대법원 1997. 4. 8. 선고 96누7670 판결.

3) 기존건축물의 특례

법령의 변화와 증개축의 금지

건축법령 및 국토계획법에 의한 도시계획 등은 건축물의 허가요건에 영향을 주지만, 이들은 급격한 도시화로 인해 인구가 밀집되는 한국의 특성상 잦은 개정을 겪을 수밖에 없다. 이처럼 도시계획이 변경되어 건축허가요건이 변하게 되면 구 법령에 의해 건축허가를 받은 건축물 및 대지가 새로운 법령상의 기준에 부적합한 상태가 될 수 있다. 이러한 건축물을 현황대로 이용하는 것은 특별한 지장이 없지만(건축물의 실질적 불법),[42] 이 건축물을 이용하여 개축·증축 등을 하고자 하는 경우에는 현행법에 적합하지 않아 새로운 건축허가가 발급될 수 없다.

건축법상 기존 건축물의 특례

건축법은 이러한 경우에 대비하여 특별한 조문을 마련하고 있다. 기존건축물의 특례로서 건축허가를 받을 수 있도록 하는 건축법 제6조가 그것이다. 법령의 제정·개정이나 그 밖에 대통령령으로 정하는 사유로 대지나 건축물이 건축법에 맞지 아니하게 된 경우에는 기존건축물을 재축하거나, 화장실 등을 일정한 요건 하에서 증축하는 등 대통령령으로 정하는 범위에서 건축을 허가할 수 있다. 이러한 건축물은 이 조항을 통해 개축·증축 등에 있어 건축허가의 특례를 인정받을 수 있다.

4) 사후허가(事後許可) – 불법건축물에 대한 건축허가

사후허가의 필요성

어떠한 건축물이 비록 건축허가 없이 건축되었으나 건축법이 정하고 있는 건축허가요건을 모두 충족하고 있는 경우라면 그 건축행위는 사전적인 허가의무에 위반된 것일 뿐 건축법이 사실상 출현을 막으려고 했던 건축물이라 할 수 없다. 만약 사전에 건축허가를 신청했더라면 행정청이 건축허가의 발급을

42) 건축물의 실질적 불법이란 건축물이 건축법 등 관계법규에서 정하는 건축허가요건을 충족하지 못하는 경우를 말한다. 실질적 불법은 신구법령이 정하는 허가요건 중 한 번이라도 충족했던 경우에는 인정되지 않는다. 실질적 불법의 개념과 그 필요성에 대해서 자세히는 김종보, 건축의 개념과 불법건축, 공법연구, 2000. 11. 509면 이하 참조.

거절하기 어려웠을 것이기 때문이다.

실무에서는 이러한 건축물에 대한 건축허가를 '추인허가(追認許可)'라 부르면서, 형사처벌과 이행강제금의 부과를 전제로 이를 부분적으로 허용하고 있다.[43] 이러한 허가는 일종의 사후적 건축허가로서 그 심사의 시점이 건축물이 완성된 이후이고, 그 적법성 판단의 시점도 심사시점이라는 점에서 '사후허가(事後許可)'로 부르는 것이 정당하다. 적법성 판단의 시점이 사후허가의 판단시점이므로, 건축물의 건축 당시 존재하던 구법령상 건축허가요건을 충족한 건축물이라 해도, 현행법상의 허가요건을 충족하지 못하면 사후허가를 발급할 수 없다.[44]

3. 건축허가와 의제조항

1) 의제조항의 뜻과 유형

의제조항의 의의

건축법은 그 목적이 앞서 설명한 바와 같이 위험을 방지하기 위한 경찰법이다. 그리고 건축허가도 그러한 목적에서 위험방지요건을 통제하기 위한 제도로 성립되었던 것이다. 그러나 오랜 세월 동안 건축물에 대한 규율을 담당하는 과정에서 여러 개의 다른 법률들이 건축행위에 대한 통제의 기본법으로 건축법을 활용하게 되었다. 또한 이와 함께 절차간소화의 차원에서, 건축법상의 건축허가절차 속에 개별법들이 통제해야 하는 처분들이 통합되는 일련의 과정이 진행되어 왔다.

이를 통해 현재 건축법상의 건축허가를 받으면, 다른 법률에서 정하는 처분

---

43) 그러나 명칭 면에서 이러한 허가를 추인허가라고 하는 것은 타당하지 않다. 법률상 '추인'이라는 용어는 통상적으로 법률행위를 그 대상으로 하며, '법률행위'의 요건이 결여된 경우 그 요건을 사후에 보충하여 법률행위의 효력을 완성시킬 때 사용하는 것이다(예컨대 미성년자의 거래행위 추인 등). 그러나 이러한 행정청의 허가는 법률행위를 그 대상으로 하는 것이 아니라 불법건축이라는 '사실행위'를 대상으로 하며, 판단의 기준시점이 과거가 아니라 현재라는 점에서 추인과 차이를 보인다.

44) 이러한 점에서 건축허가 없는 불법건축물은 실질적 불법성 판단에서 건축허가를 받은 건축물보다 불리하게 된다. 건축허가를 받은 건축물은 구법상 요건을 충족한 경우 법령의 개정으로 실질적 불법성을 띠지 않기 때문이다.

들이 같이 발급된 것으로 보는 의제조항이 마련되었다(법 제11조 제5항). 이 조문에 의해 건축법상의 건축허가를 발급받으면, 국토계획법상의 개발행위허가, 산지관리법상의 산림형질변경허가, 농지법상의 농지전용허가[45] 등이 폭넓게 의제된다.

의제조항의 두 유형

현행 실정법상 의제조항은 크게 절차간소화를 위한 것과 필수적 요소를 의제하는 두 가지의 유형으로 분류될 수 있다. 전자는 두 개 이상의 절차를 간소화하기 위해 마련된 것으로 당사자가 하나의 절차에 다른 절차상 신청서를 추가로 제출해야 하고, 추가적인 신청서가 제출되지 않는 한 의제조항은 작동되지 않는 것이 원칙이다. 이에 비해 후자, 즉 필수적 요소를 위한 의제조항은 법체계상 당해 처분에 포함되어야 하는 처분을 의제하는 것으로 당사자의 신청을 요하지 않으며, 법률의 규정에 의해 포함된 처분도 발급된 것으로 본다.

2) 건축허가 · 건축신고와 개발행위허가의 의제

2개의 건축허가

건축법과 국토계획법은 주로 건축물의 건축행위를 통제하는 기능면에서 서로 겹친다. 다만 건축법은 위험방지를 목적으로 위험방지요건을 정하는 반면, 국토계획법은 토지의 합리적 이용을 위한 건축물의 용도제한과 형태제한을 허가요건으로 정하고 있다는 점에서 차이가 있다. 이론상 양 법은 별개의 목적으로 건축허가요건과 건축허가를 정하고 있는 것이므로 도시계획이 존재하는 곳에서 건축주는 건축법상 건축허가와 국토계획법상 건축허가를 각각 별도로 받아야 한다.[46]

개발행위허가의 등장과 의제조항

그러나 건축법과 국토계획법은 서로 명확하게 분화되지 못해 2000년까지는 건축법에 국토계획법상 허가요건이 같이 규정되어 있었다. 그래서 건축법상

45) 대법원 2000. 3. 24. 선고 98두8766 판결

46) 이에 대해 자세히는 김종보, 건축법과 도시계획법의 관계, 공법연구, 한국공법학회, 1998. 6. 333-357면 참조.

건축허가를 받았을 때 국토계획법상의 건축허가도 또 받아야 하는가에 대해 논란의 여지가 있었다. 이 문제는 2000년 도시계획법이 전문개정되면서 건축물의 건축, 토지의 형질변경허가를 포괄하는 개념으로 개발행위허가를 정하고(동법 제46조) 또 건축법상 건축허가를 발급받으면 개발행위허가가 의제되는 것으로 건축법이 개정되면서(당시 건축법 제8조 제5항) 일단 해소된 것으로 받아들여졌다. 이렇게 개편된 제도는 단지 조문의 위치만이 변경되었을 뿐 현행법에서도 그대로 유지되고 있다(국토계획법 제56조 및 건축법 제11조 제5항).

건축허가와 형질변경허가의 차이

건축허가나 건축신고에 의해 의제되는 국토계획법의 개발행위 속에는 두 개의 이질적인 요소가 들어있다. 하나는 건축허가로서 이는 앞서 설명한 필수적 의제사항에 가깝다. 따라서 건축법상 건축허가를 신청할 때 국토계획법상의 건폐율, 용적률, 허용용도 등 건축물에 대한 내용이 같이 포함되어야 하며 이는 건축주의 의사와 무관하게 의제조항에 의해 의제된다. 그리고 국토계획법상의 건축허가는 건축법과 분리해서 별도의 절차로 발급될 수 없다고 보아야 한다.

이에 비해 토지형질변경 등 대지의 건축허용성과 관련된 개발행위는 건축법상 건축허가에 당연히 포함되는 처분은 아니다. 건축법상 건축허가에 의해 의제되는 형질변경허가는 전형적으로 절차간소화 의제조항으로 토지형질변경허가를 먼저 받고자 하면 그 절차를 먼저 진행하고 건축허가를 신청할 수도 있고, 건축허가와 동시에 관련 서류를 제출해서 의제를 받을 수도 있다. 그러므로 이 경우는 건축주가 건축허가에 의해 개발행위허가를 의제받을 것인가를 선택할 수 있다. 다만 지목이 대지가 아닌 토지에서 건축허가를 받고자 한다면 순서상 개발행위허가가 선행해야 한다는 제약은 존재한다.

건축신고의 처분성 대한 대법원 판례

최근 대법원이 건축신고를 두 유형으로 나누어 의제를 수반하는 건축신고는 수리를 요하는 것으로, 그렇지 않은 것은 자기완결적인 것으로 판단하고 있는 것[47]은 동의하기 어렵다.[48] 건축법상 건축신고에도 국토계획법상 건축허가는

47) 대법원 2011. 1. 20. 선고 2010두14954 전원합의체 판결.

항상 의제되는 것이므로 이는 모든 건축신고가 수리를 요하는 것으로 선언하는 것과 마찬가지이다. 또 건축신고에 형질변경허가가 의제되고 있는 것도 입법의 오류인데, 이러한 조항을 근거로 건축신고의 법적 성질을 나누는 것도 옳지 않다. 뒤에서 설명하는 바와 같이 건축신고는 의제여부와 무관하게 항상 수리부 신고이고 이를 반려하면 취소소송이 허용된다고 보는 것이 옳다.

4. 건축허가 취소소송

두 가지 유형의 소송

건축허가를 둘러싼 소송은 두 가지의 유형으로 대별된다. 하나는 건축주가 건축허가를 신청하였으나 건축허가의 발급이 거부된 경우이고 다른 하나는 건축허가가 이미 발급되어 이웃이 이에 대해 취소소송을 벌이는 경우이다. 여기서는 주로 이웃이 소송을 제기하는 건축허가 취소소송에 대해 설명한다.

원고적격의 뜻

취소소송은 원칙적으로 처분의 상대방 또는 그 취소를 구할 법률상 이익이 있는 자가 제기할 수 있다(행정소송법 제12조). 행정처분은 직접 상대방에 대한 효과를 전제로 발급되며, 건축허가의 경우에도 역시 건축주를 상대방으로 하여 발급된다. 그러나 일정한 행정처분 중에는 처분의 상대방에게는 수익적이지만 제3자에는 침익적인 것이 있고(복효적 행정행위), 이 경우 제3자는 취소를 구할 법률상 이익이 있는 자에 속하게 된다. 행정법에서 복효적 행정행위이론이 발전하고 처분의 상대방이 아닌 제3자에게 취소소송을 허용하게 된 최초의 계기가 바로 건축허가에 대한 취소소송이었다. 행정소송법에서 말하는 원고적격이라는 개념도 이웃이 제기하는 건축허가 취소소송을 허용할 것인가에 대한 질문에서 시작된 것이다.

도로와 원고적격

건축허가를 발급함에 있어 그 요건을 충족하기 위해 소방도로를 지정하는 행위 및 그 건축허가에 대하여는 원칙적으로 이웃이 소송을 제기할 수 있다.[49]

---

48) 이에 대해서는 제7강 건축신고의 처분성을 참조.

49) 대법원 1991. 12. 13. 선고 91누1776 판결.

또 사실상의 도로 위에 건축을 하려고 하는 경우 그 도로를 통로로 사용하고 있는 이웃에게는 건축허가의 취소를 구할 원고적격이 인정된다.[50)]

건축물의 완공과 협의의 소익

원고적격이 인정되는 건축허가 취소소송의 경우에도 소송진행 중에 건축물이 완공된 경우, 협의의 소익이 인정되지 않음을 이유로 각하되는 경우가 대부분이다.[51)] 건축물이 이미 완성되어 건축허가가 취소되어도, 당해 건축물은 철거할 단계를 지났다고 보기 때문이다.[52)] 건축물이 완성되면 원고는 권리구제를 받을 수 없게 되는 불합리한 결과가 발생하게 되는데, 이를 방지하고자 하는 제도가 집행정지제도이다.

집행정지제도의 뜻

위법한 공권력의 행사에 대하여 행정소송을 인정하는 것은 개인의 권리보호를 위한 것이며, 그러한 권리구제는 그 효과가 보장될 때 비로소 실효를 거둘 수 있다. 따라서 효과적 권리구제를 위해서는 시간적 요인이 반드시 고려되어야 하며, 집행정지제도란 일정한 시간이 경과하여 권리구제의 필요가 상실되기 이전에 권리 또는 사실상태를 잠정적으로 변동되지 않도록 유지시키기 위한 제도이다. 예컨대 건축허가에 대한 취소소송과 함께 집행정지를 신청해서 집행정지결정이 내려지면 건축물의 건축을 저지할 수 있고, 소송 도중에 건축물이 완공되어 소가 각하되는 상황을 피할 수 있다.

---

50) 대법원 1990. 2. 27. 선고 89누7016 판결. 그러나 동 사안에서는 협의의 소익이 인정되지 않아 이웃의 청구가 각하되었다.

51) 대법원 2007. 4. 26. 선고 2006두18409 판결; 심지어는 건축주가 정당한 토지의 소유자가 아니고 건축허가가 무효라고 하더라도 건축허가의 취소나 무효확인소송은 소익이 인정되지 않는다. 대법원 1981. 7. 28. 선고 81누53 판결.

52) 대법원 1994. 1. 14. 선고 93누20481 판결; 같은 취지, 조용호, 인접건물소유자의 준공처분에 대한 쟁송, 법조, 1995. 11, 162면.

도입사례의 해결

갑이 제출한 건축허가 신청서에 의해 국토계획법상 형질변경허가가 의제되는 것이며, 건축허가요건을 건축과에서 심사하는 것과는 달리 형질변경허가는 도시계획과에서 그 요건을 심사하도록 되어 있다. 도시계획과에서 형질변경허가가 불가하다는 의견이 전해지고 건축과는 그러한 취지로 건축허가를 거부한 것이다. 결국 건축허가 거부처분 취소소송에서 쟁점은 형질변경허가의 요건이 충족되었는가 여부가 되고, 이 사안에서 경사도 요건이 충족되지 않는다면 형질변경허가의 요건이 충족되지 않는 것이다. 이런 경우라면 건축허가 거부처분 취소소송에서 갑은 승소하기 어렵다.

제7강 건축신고

도입사례

갑은 관리지역에 180제곱미터 넓이의 나대지를 가지고 있다. 그 지상에 건평 30평(약 100제곱미터)의 건축물을 건축하고자 건축신고를 했지만, 행정청은 당해 토지에 접근하기 위한 도로가 없다는 이유로 건축신고를 반려했다. 갑은 건축신고를 다시 해야 하는가 아니면 건축신고를 한 것이므로 바로 공사에 착수해도 되는가?

1. 건축신고의 의의

건축신고의 의의

건축물의 건축은 원칙적으로 허가대상이지만, 예외적으로 소규모 건축물이거나 경미한 건축행위 등 통제의 필요성이 높지 않은 경우에는 건축허가가 건축신고로 대체된다(법 제14조 제1항). 이를 정하고 있는 것이 건축법 제14조이며, 이에 따라 건축허가대상이라 하여도 건축신고사항으로 규정되면 건축신고만으로 건축허가를 갈음하게 된다(동조 제1항 본문).

건축법에서 건축신고가 유명한 이유는 대법원이 오랜 기간 건축신고를 자족적 신고로 보았기 때문이다. 자족적 신고란 건축주가 행정청에게 신고만 하면 수리여부와 관계없이 건축행위를 할 수 있는 유형의 신고라는 의미이다. 이렇게 건축신고를 자족적으로 보면 건축신고의 수리를 거부한 행정청의 반려행위도 취소소송의 대상이 되지 않는 것이 원칙이다. 2010년과 2011년을 기점으로 판례의 태도는 변화하고 있다.

2. 건축신고의 대상

건축신고대상 일반

건축법이 신고대상으로 정하고 있는 건축물 또는 건축행위는 ① 바닥면적의 합계가 85제곱미터 이내의 증축[53]·개축[54] 또는 재축[55], ② 관리지역, 농림지역 또는 자연환경보전지역에서 연면적이 200제곱미터 미만이고 3층 미만인 건축물의 건축이다. 농림지역이라 해도 지구단위계획구역이거나 방재지구에서의 건축은 건축허가를 받아야 한다(법 제14조 제1항). 도시지역이라면 작은 면적의 증축만이 신고대상이지만, 농림지역 등이라면 연면적 200제곱미터까지의 상당히 큰 규모의 건축물이 포함된다. 이렇게 이원적으로 규율되고 있는 건축신고제도 하에서 도시를 제외한 지역의 주택은 대부분 건축신고의 대상이 된다는 점에 유의해야 한다.

건축허가와 건축신고의 관계

건축법이 정하는 이러한 건축물은 건축허가의 대상에서 제외되고 신고만으로 충분한 것이라 해석한다. 건축신고는 건축허가의 예외조항이므로 건축신고

---

53) "증축"이란 기존 건축물이 있는 대지에서 건축물의 건축면적, 연면적, 층수 또는 높이를 늘리는 것을 말한다(건축법 시행령 제2조 제2호).

54) "개축"이란 기존 건축물의 전부 또는 일부[내력벽·기둥·보·지붕틀(제16호에 따른 한옥의 경우에는 지붕틀의 범위에서 서까래는 제외한다) 중 셋 이상이 포함되는 경우를 말한다]를 해체하고 그 대지에 종전과 같은 규모의 범위에서 건축물을 다시 축조하는 것을 말한다(건축법시행령 제2조 제3호).

55) "재축"이란 건축물이 천재지변이나 그 밖의 재해(災害)로 멸실된 경우 그 대지에 다음 각 목의 요건을 모두 갖추어 다시 축조하는 것을 말한다(건축법 시행령 제2조 제4호).

의 대상이 아니면 건축허가의 대상이 된다는 점이 법률에서 명확하게 확인되고 있다. 건축허가대상인가 건축신고대상인가는 원칙적으로 건축법에 의해 판단되어야 하므로 개발제한구역 내에서 허가와 신고대상을 별도로 판단하고 있는 대법원 판례는 옳지 않다.[56]

소규모 증축

85제곱미터 이내의 증축 · 개축 또는 재축만이 신고대상이 되므로 85제곱미터 이내의 건축행위라도 신축(新築)에 해당하는 경우에는 신고대상이 아니다. 바닥면적의 합계가 85제곱미터 이내의 증축이라는 것이 기존의 건축물 바닥면적을 포함하여 새로 증축되는 부분까지 85제곱미터 이내라고 하는 것인지, 증축되는 면적만이 85제곱미터라는 것인지 선명하지는 않지만, 실무에서는 후자로 해석하는 것이 통상적이다.

3. 건축신고의 처분성

1) 기존의 판례 · 학설

건축신고와 처분성

1990년대 후반 대법원이 건축신고를 반려한 것이 취소소송의 대상인 처분에 해당하지 않는다는 판결[57]을 낸 이래 판례는 10년 넘게 동일한 태도를 유지했다. 학설[58]도 대체로 건축법상 건축신고가 자족적 신고이므로 신고만으로 그 의무를 다하는 것으로 보고 있었다.

자족적 신고와 수리부 신고

이러한 견해의 대립은 건축신고가 자족적 신고[59](또는 자기완결적 신고)인가

---

56) 대법원 2007. 3. 15. 선고 2006도9214 판결; "개발제한구역 내에서 행하여지는 주택의 신축행위에 대해서는, 신고에 의해 허가에 갈음할 수 있도록 규정하고 있는 건축법 제9조 제1항이 적용될 여지가 없다." 그러나 개발제한구역 내에서도 건축법에 의해 건축신고대상으로 정해진 것은 건축신고만으로 건축할 수 있다고 보아야 한다. 개발제한구역 내의 엄격한 제한은 무리한 해석을 통해 건축신고사항을 건축허가사항으로 격상시켜 관철할 것이 아니라, 개발제한구역내 건축신고에 재량을 부여함으로써 해결해야 한다.

57) 대법원 1999. 10. 22. 선고 98두18435 판결(증축); 대법원 1995. 3. 14. 선고 94누9962 판결(담장) 등.

58) 김철용, 행정법, 고시계사, 2020, 129면 등.

또는 수리를 요하는 신고(이하 수리부 신고)인가를 둘러싼 것이었다. 자족적 신고는 신고의무가 행정청에 정보를 제공하기 위한 차원에서 부여된 것을 의미하고, 수리부(受理附) 신고는 허가와 유사하게 행정청에 의해 수락되어야 하는 신고를 말한다. 자족적 신고는 신고만으로 신고의무가 해소되므로 행정청의 수리거부가 있어도 이에 대한 취소소송이 허용되지 않는다. 이에 반해 수리부 신고는 행정청이 수리하지 않는 한 신고의무가 해소되지 않으므로 수리거부처분에 대한 취소소송이 허용된다.

2) 대법원판례의 변화와 내용

판례의 입장변화

대법원은 10년 넘게 건축신고를 자족적인 것으로 보던 입장을 벗어나 최근 새로운 태도를 취하고 있다. 대법원은 2010년과 2011년 잇달아 전원합의체에 의한 판결을 내놓았는데, 두 판결은 종래의 입장을 폐기하고 건축신고의 처분성을 인정하고 있다는 점에서 주목할 만하다. 그러나 오랜 기간 건축신고를 자족적으로 판단해 오던 대법원이 입장을 전면적으로 수정하지 못한 채 매우 기교적인 판결을 내놓으면서 다시 적지 않은 행정법적 논란거리를 제공하고 있다.

처분성만을 인정한 판례

우선 2010년에 선고된 대법원 판결(제1판결)은 건축신고가 여전히 자족적이라고 전제하면서도 건축신고가 반려된 경우 공사중지, 철거명령 등을 받을 법적 불안이 있다고 보아 건축주에게 거부처분 취소소송을 허용하는 입장을 취했다.[60] 이 판결의 논리에 의하면 건축신고와 관련해서는 실체법과 소송법이 괴리되는 결과가 된다. 판례의 논리에 의할 때 실체법상으로는 건축신고를

---

59) 행정법상 신고는 '자족적 신고(자기완결적 신고)' 및 '수리부 신고(수리를 요하는 신고)'로 크게 나눌 수 있다. 자족적 신고는 신고에 대하여 행정청은 형식적인 요건만을 심사할 수 있을 뿐이며, 신고만으로 행정법상의 신고의무가 해소되는 신고를 말한다. 이에 반하여 수리부 신고는 허가제와 마찬가지로 행정청이 실질적 요건을 심사하여 이를 수리하지 않는 한 신고의무가 해소되지 않고, 신고의무의 해소를 전제로 한 금지해제효과가 발생하지 않는다.

60) 대법원 2010. 11. 18. 선고 2008두167 전원합의체 판결, "행정청의 건축신고 반려행위 또는 수리거부행위가 항고소송의 대상이 되는지 여부(적극)."

한 건축주는 행정청의 수리여부와 무관하게 신고의무가 해소되어 공사에 착수할 수 있지만, 소송법상으로는 수리가 거부된 것을 이유로 취소소송도 할 수 있게 된다.

건축신고의 이분(二分)

그 후 대법원은 다시 건축신고를 자족적 신고와 수리부 신고로 구별하는 전원합의체 판결(제2판결)을 다시 내 놓는다. 대법원은 이 판결을 통해 건축신고 중 개발행위허가 등이 의제되는 경우에 수리부 신고로 보고, 그렇지 않으면 자족적(자기완결적) 신고로 이분하면서 부분적으로 견해를 바꾸었다.[61] 이에 의해 수리부 신고로 분류되는 건축신고는 건축허가와 유사한 성격을 갖는 것으로 이해되어 행성청이 신고의 수리 여부에 대한 심사권을 갖게 된다. 만약 개발행위허가가 의제되는 건축신고라면 행정청에 재량까지 인정될 수 있다. 따라서 수리부 신고가 거부되면 신고의무가 해소되지 않으므로 건축주는 건축행위로 나아갈 수 없다.

판결의 장점과 단점

대법원이 건축신고를 반려한 것의 처분성을 부인하던 종래의 입장에서 벗어나 처분성을 인정하는 방향으로 전환한 것은 환영할 일이다. 또 부분적이라도 건축신고가 수리부 신고에 해당한다고 해석하는 것도 이론상 올바른 것이다. 그러나 대법원이 건축신고에 대한 논란의 매듭을 한칼에 베어 해결하지 않고, 기교적인 논리들에 의존하는 것은 유감스럽다. 이로 인해 건축신고에 대한 논쟁이 제3의 장소로 옮겨질 수 있기 때문이다.

실체법과 소송법의 괴리

대법원이 제1판결[62]을 통해 건축신고를 자족적으로 이해하면서 신고의 수리가 거부된 경우에는 취소소송을 할 수 있다고 해석하는 것은 실체법과 소송법의 괴리를 전제하고 있다는 점에서 우선 동의하기 어렵다. 대법원은 제2판결에서 건축허가에 포함된 의제사항을 기준으로 자족적 신고와 수리부 신고를

---

61) 대법원 2011. 1. 20. 선고 2010두14954 전원합의체 판결, "인ㆍ허가 의제효과를 수반하는 건축신고는 일반적인 건축신고와는 달리, 특별한 사정이 없는 한 행정청이 그 실체적 요건에 관한 심사를 한 후 수리하여야 하는 이른바 '수리를 요하는 신고'로 보는 것이 옳다."

62) 대법원 2010. 11. 18. 선고 2008두167 전원합의체 판결.

구별하고 있지만, 건축법상 건축허가에는 매우 다양한 인 · 허가가 의제되고, 특히 국토계획법상의 건축허가는 항상 의제되므로 의제조항에 의존해서 건축신고의 법적 성격을 다르게 보는 해석은 받아들이기 어렵다.

3) 결론 – 수리부 신고인 건축신고

수리부 신고의 논거

건축신고의 경우 신고라는 용어에만 주목해서 건축법상 요건을 충족하지 않아도 된다고 해석하는 것은 과도한 것이며, 건축법상의 각종 요건은 원칙적으로 건축신고의 수리요건이 되는 것으로 해석해야 옳다. 또 건축신고의 대상이 소규모라 해도 단독주택 등 연면적이 2층이며 200제곱미터에 가까운 건축물을 포함한다는 점에서 건축허가의 대상과 크게 다르지 않다. 건축신고의 대상도 건축물이고, 건축법이 허가요건 규정에서 건축허가를 전제하지 않고, 예컨대 "건축물은 … 안전한 구조를 가져야 한다."(법 제48조 제1항) 등의 표현을 사용하고 있으므로, 건축신고에 의한 건축물도 역시 그 요건을 충족하도록 해석하는 것이 타당하다.

건축신고의 법적 성격

따라서 건축신고는 건축법상의 허가요건을 모두 심사해야 하고 형식적 요건만을 검토하는 것이 아니므로 자족적 신고라 볼 수 없고, 의제여부와 무관하게 모두 허가제에 준하는 수리부 신고이다. 건축신고는 실정법상의 명칭에 구애됨이 없이 반드시 신고가 수리되어야 신고의무가 해소되는 것으로 보아야 하며, 행정청은 이러한 건축신고가 건축법상의 요건에 반하는 경우 이를 거부할 수 있다. 신고가 거부되는 경우 건축이 불가능하므로 건축주는 건축신고 거부처분 취소소송을 제기할 수 있다.

자족적 신고의 예

다만 건축법상 신고로서 광범위하게 건축신고로 불리지만, 건축법 제14조에 의한 건축신고가 아닌 신고제도들이 있다. 예컨대 공사관계자변경신고(법 제16조 제1항, 영 제12조 제1항 제3호)와 같은 것이 그것이다. 이러한 신고는 대체로 자족적 신고에 가까운 것이며, 행정청에 정보를 제공하는 것만으로도 그 의무가 이행되는 것으로 이해될 수 있다. 이러한 건축법상의 신고제도와 건축허가를 갈음하는 좁은 의미의 건축신고는 법적 성격이 다른 것이며, 개념상 엄격하게 구별되어야 한다.

도입사례의 해결

갑의 건축신고는 지목이 대지인 토지상에서 이루어진 것이므로 판례상 자기완결적 신고에 해당한다. 자기완결적 신고는 이론상으로는 건축신고를 한 것으로 신고의무가 해소되는 것으로 해석되므로 행정청의 수리를 요하지 않는다. 갑은 바로 건축행위에 착수할 수 있다는 것이 대법원 판례의 입장이다. 다만 건축신고의 반려처분에 대한 취소소송도 역시 판례에 의할 때 허용된다.
하지만 이러한 판례의 태도는 옳지 않으며 이 사안에서 건축신고가 반려되면 건축으로 나아갈 수 없고 건축행위를 하면 형사처벌의 대상이 된다고 보아야 한다. 물론 건축신고 반려처분에 대한 취소소송도 허용된다.

제8강 사용승인

도입사례

갑은 건축허가를 위해 지적을 측량한 결과 인접 내지와 경계를 위해 설치된 담장이 자신의 토지를 침범하였고 따라서 공부상의 경계선보다 자신에게 불리하게 되어 있다는 것을 알게 되었다. 행정청은 갑의 대지에 설치된 기존의 담장을 철거하고 공부상의 경계선(현재 담장바깥 쪽의 위치)에 새로운 담장을 설치하도록 조건을 붙여 11세대를 신축하는 다세대건물의 건축허가를 발급하였다. 갑은 건축물을 완공하였으나 행정청이 부가한 조건을 이행하지 않은 채 사용승인을 신청하였다. 행정청이 사용승인을 거부하자 갑은 사용승인 거부처분 취소소송을 제기하였다. 갑은 소송에서 이길 수 있을까?

1. 사용승인의 의의

사용승인의 의의와 기능

건축물의 건축행위는 건축허가의 대상이 되며, 행정청은 건축물의 설계도가 관계법령에 적합한가를 살펴 건축허가를 내 준다. 이렇게 건축허가를 통해 적법한 것으로 인정받은 건축설계도는 건축물이 적법한 건축물로 건축되기 위한 기초가 된다. 만약 설계도대로 건축물이 시공되지 않는다면, 건축허가를 통해 건축허가요건을 강제하려고 하는 건축법의 목적은 달성될 수 없다. 따라서 건축물이 완공되고 난 이후 건축허가 당시의 설계도대로 시공된 것인가를 통제하는 절차가 필요하게 되며, 건축법은 이 단계를 사용승인이라는 처분으로 묶고 있다.

사용승인은 건축허가대로 건축물이 시공되었는가를 확인하는 것을 주된 내용으로 하는 행정처분으로서 건축물과 설계도가 일치하면 발급해야 하는 기속행위이다.[63] 다만 이미 건축물이 사실상 완성되면 사용승인을 거부할 수 있는 사유도 상당히 제한된다.[64]

사용승인의 내용

구 건축법상 장기간 준공검사(竣工檢査)라 불리던 사용승인제도는 내용적으로 건축물의 준공을 검사한다는 측면과 그를 전제로 건축물의 사용을 허가한다는 측면으로 구성된다. 종래 준공검사가 확인적 행정행위로 이해되어 오던 것에 비하면, 사용승인은 건축물의 사용에 대한 행정청의 명시적인 허락까지 포함한다는 점에서 용어상 약간 차이를 보인다. 그러나 명칭의 변경과 상관없이 구 건축법상의 준공검사와 현행법상의 사용승인은 법적 성격면에서 크게 다르지 않다.

---

63) 대법원 1999. 3. 23. 선고 98다30285 판결(준공검사지연과 손해배상).

64) 대법원 2009. 3. 12. 선고 2008두18052 판결.

2. 사용승인의 종속성

건축허가에 종속되는 사용승인

사용승인은 건축허가와는 독립된 별개의 처분이지만, 원칙적으로는 건축허가에 종속되는 관계에 있다.[65] 사용승인은 새로운 권리의무를 부여하는 것이 아니라, 건축허가에서 포괄적으로 부여된 건축물의 생성권능을 최종시점에서 확인하는 역할을 하는 것에 불과하기 때문이다.[66] 따라서 건축허가가 유효한 것이고 허가받은 내용대로 건축물이 건축되었다면 사용승인은 발급되는 것이 원칙이다. 심지어 건축허가에 하자가 있어도 무효가 아닌 한, 건축허가 속에 존재하는 하자를 이유로 행정청이 사용승인을 거부할 수 없다.[67] 만약 이러한 문제를 행정청에서 해결하고 싶은 경우 건축허가를 직권취소하는 것이 옳다.[68]

3. 건축물대장의 작성[69]

건축물대장의 의의

건축법에 의해 건축허가를 받은 건축물은 행정감독의 대상이 되며, 그 완공과 더불어 건축물과 관련된 각종의 기록을 행정청이 관리해야 한다. 이러한 목적으로 건축물 및 그 대지에 관한 현황을 기재하는 공적 장부가 바로 건축물대장이다.[70] 건축물대장이 작성되는 시점은 사용승인서가 신청되는 시점이며, 그 근거자료도 역시 사용승인시 제출된 서류이다(법 제38조 제1항 제1호 및 건축물대장규칙 제5조 제1항). 건축물대장작성의 주된 목적은 건축법상의 각

65) 관련판례, 대법원 2004. 6. 11. 선고 2004추41 판결(보일러조례안 무효).

66) 대법원 1993. 11. 9. 선고 93누13988 판결.

67) 대법원 1994. 4. 29. 선고 93누11968 판결.

68) 다만 건축신고, 용도변경신고 등을 자족적인 신고로 해석한다면, 신고과정에서 충분한 심사가 불가능하므로 다른 결론에 이를 수 있다. 대법원 2006. 1. 26. 선고 2005두12565 판결.

69) 건축물대장과 관련된 구체적인 사안들에 대해서는 김종보, 생활속의 건축법, 177면 이하 참조.

70) 건축물대장(1992년 이후)은 가옥대장, 건축물관리대장 등 여러 차례의 명칭변경이 있었다. 이에 대해 약간 자세히는 윤혁경, 앞의 책, Ⅰ-677면 참조.

종 책임을 확정하고, 건축물에 대한 감독권을 유지하기 위한 것이다. 건축법도 이러한 점을 고려하여 허가권자에게 건축물의 소유·이용상태를 확인하거나 건축정책의 기초자료로 활용하기 위하여 건축물대장을 작성할 의무를 부과하고 있다(법 제38조 제1항 본문).

건축물대장의 작성목적

이러한 점에서 건축물대장은 민사상 권리를 입증하는 등기부나 조세의 목적으로 작성되는 각종의 공부와 그 작성목적이 다르다.[71] 따라서 구체적인 사안마다 다른 해석이 가능하게 된다는 점에 유의해야 한다.[72] 건축물대장의 작성과 관련하여 의문이 있는 경우 원칙적으로 건축감독의 목적을 기준으로 불법건축물을 통제하기 위한 사항의 기재를 우선해야 하며, 건축물대장이 과도하게 민사적 법률관계에 간여하지 않도록 경계해야 한다. 사용승인을 받지 않으면 건축물대장이 작성되지 않고 건축물대장이 없으면 보존등기가 어렵기 때문에 일반적인 건축물, 특히 분양목적의 건축물은 사용승인이 사실상 강제된다.

도입사례의 해결

갑에게 부가된 조건은 부담의 일종으로 해석하는 것이 옳다. 건축허가의 요건 중 토지소유권의 존부도 형식적 심사요건에 해당하고, 이 사안에서는 새롭게 다세대주택을 분양받을 자들이 다수로 예상되므로 대지경계선을 명확하게 하도록 요구하는 부담은 위법하지 않다고 보아야 한다. 만약 부담을 이행하지 않은 채 사용승인을 신청하면 행정청은 이를 거부할 수 있고 취소소송에서 갑이 승소하기 어렵다.

71) 대법원 2002. 4. 26. 선고 2000다16350 판결.

72) 대법원 1999. 8. 20. 선고 99두3379 판결; 같은 취지 대법원 1995. 3. 17. 선고 94누8549 판결; 대법원 1993. 8. 24. 선고 92누15994 판결.

제9강 용도변경

>> 도입사례

갑은 서울의 주택가에서 단독주택을 전세 내어 친구들 두 명과 함께 설계사무소로 이용하고 있다. 주택의 구조변경은 거의 없이 설계사무소를 운영하던 중 행정청으로부터 불법용도변경이라는 이유로 시정명령을 받았다. 갑은 주택에서 가끔 잠도 자고 밥도 지어 먹으면서 이 정도면 집(주택)으로도 사용하는 것이 아닌가 하는 믿음을 가지고 있었다. 갑과 행정청 중 누구의 생각이 옳은가?

1. 건축물의 용도

건축법상 건축물의 용도는 매우 중요한 의미를 갖는다. 건축물의 용도란 말 그대로 건축물이 어떠한 목적으로 사용되는가 하는 것인데, 이러한 의미의 건축물 용도는 건축물의 정체를 결정하는 매우 중요한 요소가 된다. 건축물의 용도는 그 건축물의 쓰임새를 실질적으로 판단해서 정해져야 한다.[73]

건축법은 건축물의 용도를 "건축물의 종류를 유사한 구조, 이용 목적 및 형태별로 묶어 분류한 것"으로 정의하면서(법 제2조 제1항 제3호) 이를 다음과 같이 구분하고 있다(동조 제2항).

73) 대법원 2005. 4. 28. 선고 2004두14960 판결(양도소득세 부과처분).

1. 단독주택	15. 숙박시설
2. 공동주택	16. 위락(慰樂)시설
3. 제1종 근린생활시설	17. 공장
4. 제2종 근린생활시설	18. 창고시설
5. 문화 및 집회시설	19. 위험물 저장 및 처리 시설
6. 종교시설	20. 자동차 관련 시설
7. 판매시설	21. 동물 및 식물 관련 시설
8. 운수시설	22. 분뇨 및 쓰레기 처리시설
9. 의료시설	23. 교정(矯正) 및 군사 시설
10. 교육연구시설	24. 방송통신시설
11. 노유자(老幼者)시설	25. 발전시설
12. 수련시설	26. 묘지 관련 시설
13. 운동시설	27. 관광 휴게시설
14. 업무시설	28. 그 밖에 대통령령으로 정하는 시설

건축법시행령 별표에 용도별 건축물들이 나열되어 있지만, 각 용도에 대한 개념정의가 있는 것은 아니므로 그 용도에 속한 건축물의 특성에 비추어 용도별로 개념을 유추하는 수밖에 없다.

2. 용도변경의 개념

용도변경의 뜻

용도변경이란 건축허가 및 사용승인을 받은 건축물을 전제로, 건축물대장상 그 건축물의 기존 용도를 포기하고, 새로운 용도의 건축물로 변경하는 행위를 말한다. 용도변경은 용도만을 변경하는 것이라는 점에서 건축물을 건축하는 행위에 포섭할 수는 없지만, 기존 건축물이 가지고 있는 중요한 요소(용도)를 변경시키는 것이므로 건축법적 관점에서 통제해야 할 필요성이 높은 행위이다. 따라서 건축법은 용도변경을 건축허가와는 별도의 조문에서 규율하면서, 허가를 받거나 신고를 해야 하는 것으로 정하고 있다. 용도변경행위는 반드시 유형적인 변경을 수반해야 하는 것만은 아니지만,[74] 유형적 변경이

필요한 용도변경은 그 변경행위가 있어야 처벌할 수 있다.[75]

용도변경과 건축행위

건축물의 용도변경은 건축법이 말하는 건축행위의 개념에 해당되지는 않지만, 기존건축물의 중요한 요소를 변경하는 것이며, 실제로는 '새로운 용도'의 건축물을 만들어 내는 기능을 한다. 건축허가가 기속행위라는 점을 고려하면 용도변경도 원칙적으로 기속행위라 해석하는 것이 옳다.[76] 또한 일정한 건축허가요건은 건축물의 용도에 따라 다르게 정해지므로, 용도가 변경되는 경우 기존건축물이 허가받을 당시의 요건들과는 다른, 추가적인 허가요건들이 필요해질 수 있다.[77] 따라서 용도변경을 허용하는 절차에서는 마치 새로운 용도의 건축물을 처음 건축(신축)하는 것처럼, 새로운 용도를 기준으로 모든 허가요건이 다시 심사되어야 한다(법 제19조 제1항).

용도변경은 기존 건축물을 전제로 한다는 점에서 신축과 구별되고 증·개축과 유사하지만, 기존건축물의 외관에 변화를 가져오지 않는다는 점에서는 증축이나 개축과도 다르다.[78] 또한 용도변경은 대지상 새로운 용도의 건축물을 출현시킨다는 점에서는 신축과 유사하다.

용도변경 규제완화와 건축법체계의 붕괴

구 건축법상 규제완화의 일환으로 용도변경이 신고대상 이하로 격하되면서 심지어는 아무런 신고의무도 없는 자유로운 용도변경이 가능했던 적도 있다.[79] 최근 건축법이 개정되어 용도변경에 대한 통제가 강화되면서 이러한 문제가 어느 정도 해소되었지만, 용도변경이 갖는 의미를 정확하게 인식하지 못하는 한 이런 문제들은 지속적으로 발생할 우려가 있다. 규제개혁이라는 미명하에 용도변경을 모두 신고제 또는 신고도 필요 없는 것으로 규정하고 있던 구 건축법은 자신이 정하는 건축허가제도를 스스로 부정하는 것이다.

---

74) 대법원 1992. 9. 22. 선고 92도1647 판결.

75) 대법원 2002. 12. 24. 선고 2002도5396 판결.

76) 대법원 2007. 6. 1. 선고 2005두17201 판결.

77) 대법원 2005. 2. 18. 선고 2004도7807 판결(독서실과 고시원).

78) 이에 따라 건축허가에 비해 용도변경은 이해관계를 갖는 제3자의 범위가 더 좁아질 수 있다. 대법원 2007. 3. 16. 선고 2006도8935 판결 참조.

79) 대법원 2001. 6. 29. 선고 2000도2530 판결.

건축허가 신청시에 건축허가요건이 엄격하지 않은 용도로 쉽게 건축허가를 받고, 완공 후 용도변경을 통해 자신이 원하는 건축물로 사용할 수 있다면, 건축물의 용도별로 건축허가요건을 달리 정하고 있는 건축허가제도가 무력화되기 때문이다.

3. 용도변경허가와 용도변경신고

사용승인을 받은 건축물에 대해 용도변경을 하고자 하는 경우 원칙적으로 허가를 받거나 신고를 해야 한다(법 제19조 제2항). 하위시설군에서 상위시설군(번호가 낮은 시설군: 최상위 1호 자동차 관련 시설군)으로 이전하는 경우 허가대상이고, 상위시설군에서 하위시설군으로 변경하는 경우는 신고대상이며, 동일시설군간의 용도변경은 대장변경신청만 하면 된다.

건축법은 용도변경의 기준이 되는 9개 시설군의 범위와 순서를 다음과 같이 정하고 있다(법 제19조 제4항).

1. 자동차 관련 시설군
2. 산업 등의 시설군
3. 전기통신시설군
4. 문화 및 집회시설군
5. 영업시설군
6. 교육 및 복지시설군
7. 근린생활시설군
8. 주거업무시설군
9. 그 밖의 시설군

번호가 낮은 시설군이 상위시설군으로 더 위험한 것이고, 번호가 높은 시설군이 하위시설군으로 상대적으로 위험요소가 많지 않은 것으로 보면 된다.

4. 기재내용 변경신청을 요하는 용도변경

기재내용 변경신청의 대상

시설군 중 같은 시설군 안에서 용도를 변경하려는 자는 국토교통부령으로 정하는 바에 따라 허가권자에게 건축물대장 기재내용의 변경을 신청하여야 한다(법 제19조 제3항). 신고대상인 용도변경보다도 더 경미한 용도변경이라 생각하고 신고보다 한 등급 더 낮춘 행정처분으로 용도변경을 허용하고자 규정한 것이다. 명칭은 사실행위에 가깝게 보이지만 이 또한 행정처분이라는 점에 유의해야 한다.

용도변경허가와 기재내용 변경신청 위반

건축법은 용도변경에 대하여 정하고 있는 제19조에서 허가대상, 신고대상, 건축물대장 기재내용변경을 위해서 신청을 해야 하는 경우를 나누고 있다. 허가나 신고대상에 대해서는 형사처벌이 마련되어 있고(동법 제108조, 제110조) 기재내용변경신청에 대해서는 과태료가 부과된다(동법 제113조 제1항 제1호). 건축법은 종래 신고와 기재내용을 구별하지 않고 2년 이하의 징역에 처하던 것을 2014년 개정으로 변경했다.

도입사례의 해결

갑이 한 행위는 건축물의 물리적 변경을 초래하지 않는 용도변경인데, 주택에서 근린생활시설(제2종)으로의 용도변경이다. 일시적 거주를 하더라도 전체적으로 사무실 용도로 사용하고 있다면 용도변경허가의 대상이다(건축법 제19조 제2항). 이를 위반하면 형사처벌의 대상도 될 수 있다.

제10강 공용건축물의 특례

도입사례

법무부장관은 교도소를 증축하기 위해 갑시장과 협의하였으나 갑시장이 그에 응하지 않아 협의가 결렬되었다. 법무부장관이 교도소의 증축을 위해 취소소송을 제기하는 것이 좋은가 아니면 행정내부적으로 문제를 해결하는 것이 옳은가?

공용건축물 특례의 뜻

국가 또는 자치단체가 건축을 하고자 하는 경우에는 당해 건축물의 공공성에 의해 일반건축물에 비해 건축의 절차가 간이화된다. 이를 공용건축물의 특례라고 하는데,[80] 이 특례는 건축의 절차에서 주로 인정되지만 단순히 그에 그치는 것은 아니고 건축물 자체의 실체법상 지위도 일반 건축물과 차이를 보일 수 있다. 2011년 건축법개정으로 건축물뿐 아니라 가설건축물, 공작물 등에 대해서도 특례가 적용되도록 범위가 확대되었다.

절차의 특례

우선 건축허가에 대한 특례로서, 국가 또는 자치단체는 제11조나 제14조에 따라 건축물을 건축하거나 대수선하려고 하는 경우에는 대통령령이 정하는 바에 의하여 미리 건축물의 소재지를 관할하는 시장 · 군수 · 구청장과 '협의'하여야 한다(법 제29조 제1항). 이러한 협의를 위해 그 공사의 착수전에 건축허가권자에게 설계도서 및 국토부령이 정하는 관계서류를 제출하여야 한다(영 제22조). 그리고 이와 같은 협의가 성립된 경우에는 건축물에 대하여 건축허가를 받았거나 신고의무를 이행한 것으로 본다(법 제29조 제2항). 공용건축물은 건축허가절차에서만 특례를 인정받는 것이 아니라, 사용승인절차를 면제받게 되며 단지 공사의 완료에 대한 통지의무만을 지게 된다(법 제29조 제3항).

협의와 건축허가

현상적으로 판단하면 일반건축물이나 공용건축물 모두 건축물의 외관을 갖는 것이므로 건축허가와 협의는 법적으로 동일한 성격을 갖는 것으로 해석될 여지가 높다. 그러나 공용건축물은 국가의 건축의도를 전제로 건축된다는 점, 완성된 후 행정재산으로 분류되고 관리된다는 점 등에서 국가권력의 행사에 가깝고 일반건축물과 건축감독권의 관계로 환원되기 어려운 측면이 있다. 그러므로 건축허가를 정하고 있는 건축법 제11조와 공용건축물에 협의의무를 부과하고 있는 건축법 제29조의 관계는 단순한 원칙조항과 예외조항의 관계가 아니다.

국가가 건축행위에 착수하기에 앞서 허가권자와 협의를 한다하더라도 그

---

80) 개발사업법과 공용건축물의 관계에 대해 자세히는 김종보, 공용건축물의 법적 지위, 행정법연구, 제15호, 2006. 5. 229-244면 참조.

협의가 건축허가처럼 상대방의 행위를 행정법적으로 승인한다는 의미를 갖는 것은 아니다. 오히려 공용건축물의 협의는 국가 기관간의 의사소통을 제도화하는 정도의 의미를 갖는 것이고, 협의는 정보제공적 의미의 통지에 가깝게 해석되어야 한다.

협의거부와 취소소송

국가나 지방자치단체가 허가권자와 협의과정에서 협의가 결렬되었을 때 이를 취소소송 등으로 다투는 경우가 있다. 앞서 본 바와 같이 공용건축물에 대한 협의는 건축허가와 다르고 이에 대해 취소소송을 허용하는 것은 현명한 방법이 아니다. 이에 대해서는 국가가 내부적으로 행정주체 간의 견해를 조율하는 방법을 사용하는 것이 옳기 때문이다. 그러나 대법원은 협의거부의 처분성을 인정하고 본안에서도 원고를 승소시키는 판결들을 내고 있다.[81] 대법원이 취소판결을 내린 후 상당한 기간이 지나도 역시 이 사건 건축물들이 건축되지 않고 있다는 점을 고려하면 이러한 유형의 분쟁이 취소소송을 통해 해결되기 어렵다는 것을 보여준다.

도입사례의 해결

법무부장관은 건축협의가 거부된 것을 건축허가 거부처분과 유사한 것으로 보고 갑시장을 상대로 취소소송을 제기할 수 있고, 이 사안에서 대법원은 처분성을 인정하고 있다. 다만 건축협의는 행정내부적인 것에 가까우므로 총리실 등에 의해 조정하는 것이 더 바람직하고 소송으로 이를 관철하는 것은 좋은 방법이라 보기 어렵다.

81) 대법원 2014. 3. 13. 선고 2013두15934 판결(법무부와 안양시 간의 안양교도소 증축), 대법원 2014. 2. 27. 선고 2012두22980 판결(서울시와 양양시 간의 휴양시설협의)

제11강 불법건축의 통제수단

>> 도입사례

갑은 개발제한구역내에서 연접한 기존의 두 필지상에 각각 존재하던 두 채의 1층짜리 단독주택을 매입하였다. 갑은 이 두 채의 주택을 헐고 그 전체면적과 동일한 범위에서 1층의 단독주택을 지었다. 행정청 을은 갑의 건축물이 불법건축물이라 보고 철거명령을 내렸다. 철거명령 취소소송에서 승패는 어찌되겠는가?

건축물이 위법하게 건축될 때 그 건축하는 행위 또는 그 행위의 결과를 불법건축이라 한다. 건축법이 가장 우려하는 상황이 이러한 불법건축인데 건축법은 이를 통제하기 위한 다양한 장치를 발전시켜 오고 있다. 여기서는 실무에서 가장 빈번하게 문제가 되는 철거명령[82], 이행강제금, 행정벌(형벌과 과태료)을 살펴본다.

1. 불법건축의 의의와 내용

1) 불법건축의 의의

불법건축의 뜻

불법건축이라 함은 건축관계법에 반하여 건축물을 건축하는 행위를 말한다.[83] 건축관계법으로서 대표적인 것은 건축법, 국토계획법이며, 그 외 도로법, 도시공원법 등도 당해 법률의 제정목적에 따라 건축행위를 제한한다. 이러한 유형의 법률들도 건축행위를 제한하는 공법이라는 의미에서 건설법의 영역에 속한다.

---

82) 2020년 시행된 건축물 관리법은 건축물의 철거라는 용어대신 해체라는 용어를 사용하고 있다. 건축물 관리법과 건축법, 주택법상의 철거, 멸실, 해체 등의 관계는 향후 복잡한 이론적 문제를 초래할 것이다.

83) 이에 대해 자세히는 김종보, 건축의 개념과 불법건축, 공법연구, 2000. 3. 281-302면 참조; 대법원 1999. 8. 19. 선고 98두1857 판결.

형식적 불법과 실질적 불법

건축물의 건축과 관련된 규정은 요건조항과 절차조항으로 크게 나뉘는데, 건축허가를 받아 허가받은 내용대로 건축된다면 불법건축의 문제는 발생하지 않는다.[84] 그러나 건축허가를 받지 않고 건축물을 건축하거나 또는 허가를 받았다 하여도 허가요건에 위반하여 건축하면 불법건축이 된다. 이하에서는 건축허가요건의 충족여부와 상관없이 건축허가 자체를 받지 않고 건축물을 건축하는 경우 이를 '형식적 불법'이라 부른다. 또한 일정한 건축물의 건축이 개별법의 허가요건을 충족하지 못하면[85] 당해 법률이 실제로 금지하는 것이라는 점에서 '실질적 불법'이라 부른다.

2) 형식적 불법

형식적 불법의 뜻

형식적 불법은 건축허가를 받지 않고 건축물을 건축하는 행위로서, 법이 정하고 있는 허가요건에 반하는 건축물(실질적 불법)이 출현하는 계기가 되므로 당연히 금지되어야 한다.[86] 개별법들은 형식적 불법을 막기 위해 소극적·사후적으로 형사처벌 등 행정벌을 규정함과 함께 적극적·사전적으로 불이익처분을 발할 수 있는 근거규정들을 두고 있다.

형식적 불법과 형사처벌

형식적 불법에 대해서는 우선 의무위반에 대한 사후적 제재로서 행정형벌이 마련되어 있다. 건축법상으로는 건축허가 없이 건축행위를 한 자를 2년 또는 3년 이하의 징역 등에 처할 수 있도록 정하고 있는 규정이 있고(법 제108조, 제110조), 국토계획법(동법 제140조)·도시공원법(동법 제33조) 등에도 이와 동일한 취지의 규정이 있다. 형식적 불법으로 인한 행정형벌은 건축물의 완공여부와 상관없이 부과될 수 있으며, 이러한 점에서 행정형벌은 후술하는 불이익처분권과 구별된다. 또한 행정형벌은 형식적 불법을 규제하고자 마련된 것이

---

84) 대법원 1980. 10. 14. 선고 80누351 판결.

85) 대법원 1999. 1. 26. 선고 98두15283 판결; 대법원 1996. 12. 20. 선고 95누12705 판결; 대법원 1994. 4. 29. 선고 94도44 판결 등.

86) 대법원 1993. 6. 25. 선고 93누2346 판결, "건축법이 건축을 할 때에 미리 시장, 군수의 허가를 받도록 한 것은… 불법건물의 발생을 예방코자 한 것이다."

므로 실질적 불법여부와는 상관없이 결정된다.

3) 실질적 불법

실질적 불법의 뜻

형식적 불법은 단순히 건축허가만을 받지 않은 경우이므로, 이것만으로는 당해 법률이 실제로 금지하고 있는 건축물이 나타났는가 여부가 아직 확정되지 않는다. 건축행위가 건축허가를 받았는가의 형식적인 기준과는 별도로 당해 건축물이 건축허가요건을 충족하지 못하는 경우 이를 실질적 불법이라고 한다.

실질적 불법과 철거명령

어떠한 건축물이 실질적 불법인가를 판단하는 것은 원칙적으로 건축허가요건의 해석문제이지만, 개별적인 경우에 이를 판단하는 것은 쉽지 않다. 우리 대법원은 실질적 불법이라는 개념을 명시적으로 사용하고 있지는 않지만, 일반적으로 철거명령이나 대집행계고의 요건으로서 '건축물의 방치가 심히 공익을 해할 것'을 요구하고 있다.[87] 이는 행정대집행법상 대집행 요건(행정대집행법 제2조)의 문구를 차용하고 있는 것인데, 이처럼 대법원이 심히 공익을 해친다고 하거나, 건축감독권을 무력화시킨다거나 하는 경우는 건축물이 실질적 불법성을 띠는 경우이다.

건축물이 실질적 불법성을 띠고 있는 것으로 판단되면, 이를 이유로 증축허가, 대수선허가, 용도변경허가 등을 거부할 수 있다.[88] 그러나 실질적 불법의 가장 중요한 법적 의미는 철거명령이나 이행강제금 등 실질적 불법을 제거하기 위한 적극적 수단과 관련되어 있다.

---

87) 대법원 1995. 6. 29. 선고 94누11354 · 11361 판결; 대법원 1995. 2. 17. 선고 94누13350 판결; 대법원 1993. 9. 14. 선고 92누16690 판결; 대법원 1991. 3. 8. 선고 90누9643 판결; 대법원 1989. 10. 10. 선고 88누11230 판결 등.

88) 대법원 1994. 4. 26. 선고 93누11326 판결.

2. 철거명령의 의의와 요건

철거명령의 의의

철거명령이란 법령이 금지하고 있는 용도와 형태의 건축물, 즉 법령이 정하고 있는 허가요건에 반하는 건축물에 대해 그 책임자에게 자진해서 철거할 것을 명하는 행정처분이다. 철거명령은 건축법 등 관계법령에서 정하고 만약 책임자가 이를 자진해서 이행하지 아니하면 대집행 또는 이행강제금의 절차로 연결된다.

철거명령과 실질적 불법

실질적 불법은 건축법, 국토계획법 등에 근거를 둔 시정조치 · 철거명령 등으로 통제되며, 특히 건축물에 대하여 철거명령을 발하기 위한 요건으로서 실질적 불법개념은 매우 중요한 역할을 한다. 시정명령 또는 철거명령은 건축물 완공 전후를 불문하고 발급될 수 있다.[89] 다만 실질적 불법개념은 국민의 재산권에 대한 강력한 제한으로서 철거명령의 근거가 되므로 엄격하게 해석되어야 한다. 따라서 법령의 개정에 따라 실질적 불법이 탈락하기도 하고, 또한 경미한 사항의 위반에 그치는 경우에는 철거명령의 요건에 해당하지 않을 수도 있다.[90]

3. 이행강제금

이행강제금의 뜻

건축허가권자는 건축법상 시정명령(철거명령)을 받은 후 시정기간 내에 이를 이행하지 않은 건축주 등에 대하여 이행에 필요한 상당한 기간을 정하여 그 기간까지 시정명령을 이행하지 않은 경우에는 이행강제금을 부과할 수 있다(법 제80조 제1항).

이행강제금이란 행정법에서 말하는 집행벌로서, 현재의 의무불이행상태를 극복하기 위하여 일정한 강제금을 부과하는 의무이행확보수단의 일종이다.[91]

89) 대법원 2002. 8. 16. 선고 2002마1022 판결.

90) 대법원 1991. 8. 27. 선고 91누5136 판결; 대법원 1991. 3. 12. 선고 90누10070 판결 등.

91) 집행벌에 대해 자세히는 김철용, 행정법, 371면 이하 참조.

건축법은 불법건축행위에 대한 철거명령과 그에 대한 집행벌로서 이행강제금 제도를 마련하고 있다.[92] 이행강제금은 집행벌이므로 그 의무가 이행될 때까지 반복하여 부과될 수 있다는 점에서(법 제80조 제4항)[93] 행정형벌과 차이를 보인다. 건축법에 이행강제금 제도가 도입된 이래 최근까지 약 40여 개의 법률에서 이행강제금 제도가 도입되어 활용되고 있다

이행강제금 부과사유

이행강제금을 부과할 수 있는 경우는 크게 건폐율·용적률 등을 위반한 경우 및 건축허가를 받지 않은 경우, 기타 불법건축인 경우의 셋으로 나뉜다.[94] 법률은 이러한 경우마다 이행강제금을 부과하는 기준액을 설정하여 시가표준액의 50% 또는 10%의 금액 이하로 정하고 있다(법 제80조 제1항 각 호). 이행강제금이 도입된 배경이 바로 건축법상 허가 없는 면적의 확장행위로서(아파트베란다증축 등),[95] 이행강제금 부과의 주된 대상이 된다.

대집행과의 관계

이행강제금은 철거명령에 뒤이은 대집행절차에 대한 대체수단이다. 따라서 이행강제금과 대집행절차는 동시에 진행될 수 없고, 행정청은 두 가지의 강제수단 중의 하나를 택할 수 있다고 보아야 한다. 헌법재판소는 대집행과 이행강제금을 선택적으로 활용할 수 있고, 합리적인 재량에 의해 선택하여 활용하는 이상 중첩적인 제재가 아니라고 보고 있다.[96] 그러나 이행강제금의 절차를 개시하여 2, 3회 정도의 이행강제금 부과후에는 특별한 사정이 없는 한 대집행절차로 변경할 수 없다고 보아야 한다.

형식적 불법과 이행강제금

이행강제금은 건축물의 실질적 불법을 통제하기 위한 개념이다. 따라서 건축법이 건축허가를 받지 않은 형식적 불법행위 만에 대해 이행강제금을 부과하도록 규정한 것은 논리적으로 모순이다. 이행강제금은 적법한 철거명령이

---

92) 대법원 2007. 7. 13. 자 2007마637 결정(시정행위와 이행강제금).

93) 대법원 2005. 8. 19. 자 2005마30 결정(이중처벌 및 과잉금지 등).

94) 대법원 1998. 12. 23. 선고 98마2866 판결(용도변경과 이행강제금).

95) 이행강제금의 도입배경에 대해 약간 자세히는 윤혁경, 앞의 책, Ⅰ-1350면 이하 참조.

96) 헌법재판소 2004. 2. 26. 자 2002헌바26 결정; 헌법재판소 2004. 2. 26. 자 2001헌바80 결정.

그 부과의 전제요건이기 때문이다. 따라서 실질적 불법이 없는 건축물에 대해서도 형식적 불법만으로 이행강제금을 부과할 수 있다고 보는 대법원의 견해[97]에는 동의하기 어렵다.

4. 형사처벌과 과태료

행정법상 행정벌은 행정의 실효성확보수단으로 설명되는 것들인데, 행정형벌은 처벌조항에서 징역형 등 형벌이 정해져 있는 것들이고 행정질서벌은 과태료가 부과되는 경우이다. 건축법상의 의무위반에 대해서 건축법은 다양한 행정형벌과 행정질서벌로 나뉜다.

시정명령이나 이행강제금은 행정적 제재처분이지만, 여기서 말하는 행정벌들은 형사법의 법리에 더 가까운 것이고 실제 형사처벌의 경우에는 행정절차가 아닌 사법절차가 진행된다. 그러므로 허가를 담당하는 행정공무원도 형사고발을 할 수 있을 뿐이고 형사절차의 진행을 주도하는 것은 아니다. 다만 행정질서벌인 과태료는 행정청이 내리는 처분의 일종으로 분류된다. 과태료에 대한 불복절차는 2007년 제정된 질서위반행위규제법에 따른다는 점에서(질서위반행위규제법 제28조 등), 이행강제금, 시정명령 등이 취소소송으로 다투어지는 것과 대조를 보인다.

건축법상의 범죄와 형벌을 이해하기 위해서는 건축법의 규정취지를 정확하게 이해해야 하므로, 형벌의 적용을 위해서 행정법적 이해가 많이 필요한 분야이다.[98] 예컨대 도시지역에서 무허가건축행위는 3년 이하의 징역에 처해지지만, 비도시지역에서는 2년 이하로 처벌되는 취지와 양자의 차이를 이해하지 못하면 공정한 법집행이 어렵다. 그 외에도 불법 용도변경의 처벌, 가설건축물에 대한 처벌 등도 역시 관련규정의 체계적 이해를 전제로 한다.

---

97) 대법원 1995. 11. 17. 선고 95마1048 판결, "적법하게 허가가 나지 않은 이상 개정 건축법 제83조 제1항에 의하여 이행강제금을 부과할 수 있다."

98) 대법원 1998. 6. 23. 선고 98도869 판결.

도입사례의 해결

갑이 새롭게 지으려는 건축물은 개축의 범위에 속하는 것일 수도 있고, 그렇지 않으면 신축이라고 보게 된다. 개발제한구역 내에서 건축물의 신축은 원칙적으로 금지되므로 갑의 건축행위가 신축인지 개축인지를 구별하는 것이 중요한 쟁점이다. 개발제한구역 내 건축물의 개축을 허용하는 이유는 기존 건축물의 존속을 보장하기 위한 것이므로, 새롭게 지어진 건축물이 기존 2개의 건축물과 사회관념상 동일성이 인정되어야 개축이라 해석된다. 갑의 건축행위는 대체로 개축의 범위내에 속하는 것으로 볼 수 있다.

제02장 국토계획법

제12강 국토계획법제 개관

»» 도입사례

시내에서 근무하는 갑은 연말연시가 되면 주변의 백화점에 밀려드는 차량으로 출퇴근에 항상 불편함을 감수하고 있다. 을은 잦은 지진으로 아파트의 외벽에 금이 가고 붕괴위험이 있어 구청에서 제공하는 체육관에서 머물고 있다. 갑과 을의 어려움을 사전에 막았어야 하는 제도들은 어떤 것인가?

1. 국토계획법의 의의

국토계획법의 목적과 구성

국토계획법은 도시내 토지의 효율적인 이용과 도시의 원활한 기능유지에 중점을 두는 법률이다. 국토계획법의 특징은 이러한 목적을 달성하기 위하여 용도지역제 도시계획 등을 수립하고 이를 통해 건축물의 건축행위와 건축허가요건을 규제하는 소극적 방식을 사용한다는 점이다. 따라서 국토계획법에 있어서 논의의 중점은 도시계획의 작동체계, 도시계획의 수립절차 및 도시계획에 의한 건축허가요건이 된다.

국토계획법은 건축허가요건을 정하기 위해 불가피하게 도시계획의 수립에 관한 조문을 많이 할애해야 하고, 도시계획시설의 설치를 위한 조문도 다수 두어야 한다. 그러나 국토계획법의 종국적인 목적은 건축물의 건축을 통제하기 위한 것이며, 단지 도시계획 그 자체에 관한 법에 머무는 것은 아니라는 점에 유의해야 한다.

도시계획 종류의 다양성

국토계획법에 근거해서 수립되는 도시계획들은 그 종류에 따라 다양한 형태로 건축물의 허가요건을 정하는데, 이러한 허가요건들은 건축법 제11조에 의한 건축허가절차에서 동시에 심사된다(동조 제5항). 도시계획의 종류에 따라 건축허가요건이 달라지므로 도시계획별로 그 도입취지나 건축허가요건을 정하는 목적 등을 섬세하게 이해하는 것이 국토계획법의 핵심이다.

수단의 적극성여부

국토계획법은 토지의 합리적 이용을 보장하기 위한 법률이라는 점에서 그 특별법적 지위를 갖는 개발사업법과 추구하는 공익이 같다. 다만 개발사업법은 개발사업의 주체인 사업시행자를 정해 개발사업을 주도하게 하지만, 국토계획법은 건축행위의 주도권을 건축주에게 맡기므로 수단의 적극성 면에서 본질적인 차이를 보인다.

도시계획의 실패와 개발사업법

국토계획법은 도시 전체에 걸쳐 도시계획을 수립한 후 소극적으로 개별 건축주들의 행위상한선을 정하는 방식으로 도시를 관리한다. 도시계획 자체가 정교하지 않으면 도시가 생성되거나 관리되는 중에 난개발이 이루어지고 토지의 합리적 이용이라는 목표가 훼손될 수 있다. 또 도시의 물리적 시설은 생성과 동시에 노후화되는 속성을 띠는데, 이러한 속성과 경제적 상황이 맞물리는 특수한 지역에서는 국토계획법이 미처 예측하지 못한 급격한 쇠락현상이 나타난다. 개발사업법 중 일부는 도시계획이 실패해서 토지의 합리적 이용이 불가능한 문제지역을 정비하기 위한 수단을 정하고 있다.

개발사업법과 국토계획법의 우열

개발사업법은 국토계획법의 특별법이므로 개발사업법에 의한 구역지정이나 개발계획으로 국토계획법상의 도시계획이 변경될 수 있다(특별법 우선의 원칙). 따라서 국토계획법이 불가침의 상위법이라는 주장은 법리상 옳지 않다. 만약 개발사업에 난개발의 우려가 있다면 당해 개발사업법에서 그 위험을 조절하는 장치를 마련하면 충분하고, 국토계획법상의 용도지역에 개발사업의 성패를 전적으로 의존시키는 것은 바람직하지 않다.

2. 도시계획의 의의

1) 법률용어로서 도시계획

도시관리계획과 도시기본계획

전통적으로 도시계획법은 '도시계획'과 '도시기본계획'이라는 개념을 구별하여 전자는 구속적인 것으로 후자는 행정내부적인 것으로 정의해 왔다. 그러나 2003년 제정된 국토계획법은 도시계획의 개념을 변경하여 이를 도시기본계획과 도시관리계획을 포섭하는 상위개념으로 설정하였으며, 구법상 구속적 도시계획을 '도시관리계획'이라 새롭게 개념정의하고 있다. 또한 국토계획법에서는 국토이용계획이라는 개념을 폐지하고, 이를 도시(관리)계획의 일종으로 편입함으로써 계획체계 전반에 커다란 변화를 가져왔다.

도시관리계획은 종래 구속적 도시계획과 다르지 않고, 결국 국토계획법상의 가장 중요한 도시계획이므로 이 책에서는 도시관리계획이라는 명칭보다는 종래의 '도시계획'이라는 명칭을 고수한다. 특별히 도시기본계획을 포함하는 의미라고 지적되지 않는 한, 이 책에서 말하는 도시계획은 구속적 도시계획(도시관리계획)을 말하는 것으로 이해하면 될 것이다.

2) 도시계획의 법적 개념

국토계획법의 한계

도시계획의 명칭을 길게 바꾸기 위한 수많은 법률개정과는 대조적으로 국토계획법에 도시계획과 여타의 처분을 명확히 구별할 수 있는 개념정의는 존재하지 않으며, 적극적으로 도시계획의 실체를 묘사하는 내용도 담겨있지 않다(법 제2조 제4호 참조)[99]. 국토계획법에는 도시를 개조하고, 건축을 규제하기 위한 '공학적(工學的) 수단'으로서 도시계획의 종류만이 거칠게 나열되어 있을 뿐이다.

---

99) 이하 제2장에서 괄호속의 국토계획법은 '법', 국토계획법시행령은 '영'이라고 함.

국토계획법의 정의

국토계획법의 정의에 의하면, 도시(관리)계획은 특별시 · 광역시 · 시 또는 군의 개발 · 정비 및 보전을 위하여 수립하는 토지이용 · 교통 · 환경 · 경관 등에 관한 다음의 계획을 말한다(법 제2조 제4호).

가. 용도지역 · 용도지구의 지정 또는 변경에 관한 계획
나. 개발제한구역 · 시가화조정구역 · 수산자원보호구역의 지정 또는 변경에 관한 계획
다. 기반시설의 설치 · 정비 또는 개량에 관한 계획
라. 도시개발사업 또는 정비사업에 관한 계획
마. 지구단위계획구역의 지정 또는 변경에 관한 계획과 지구단위계획
바. 입지규제최소구역의 지정 또는 변경에 관한 계획과 입지규제최소구역계획

도시계획의 개념정의에 관한 국토계획법 조항은 도시계획의 종류를 나열하고 있을 뿐, 도시계획의 내용과 효과 등을 적극적으로 정의하지 않고 있다. 특히 용도지역제 도시계획(동호 가목)은 용도지역의 종류를 다시 어떻게 나열하는가에 따라 도시계획의 개념범위가 달라질 수 있다는 점에서 체계적인 개념정의와는 거리가 멀다.[100)]

도시계획의 개념

이론상 도시계획은 "도시(市街地)내 토지의 합리적 이용을 위해 용도지역 및 기반시설과 건축단위를 설정하며, 각 건축단위의 건축허용성 및 건축허가요건을 정하는 구속적 행정계획"이라 정의할 수 있다. 건축단위의 설정, 건축허용성 등은 도시계획의 핵심적인 내용을 구성하지만, 도시계획의 종류에 따라 이들을 포함하지 않는 도시계획도 있다(용도지역제, 개발제한제 도시계획 등).

도시계획의 개념을 구성하는 핵심적 요소를 법적으로 재구성하면 "도시계획은 도시(市街地)내 토지의 합리적 이용을 위해 규율 대상지역의 ① 법적

100) 후술하는 바와 같이 종래 국토이용계획의 규율대상으로 분류되던 농림지역 등이 국토계획법상 용도지역으로 분류됨으로써 구법상의 국토이용계획이 도시계획으로 간단히 편입되고 있다는 점은 국토계획법이 가지고 있는 커다란 맹점이다(법 제36조).

성격을 확정하고(용도지역 지정) 대상지역내, ② 기반시설(도로, 공원 등), ③ 건축단위(필지, 주택단지 등)와 ④ 건축단위별 건축허용성(지목 등), 그리고 ⑤ 건축허가요건(용적률 등) 등을 내용으로 한다.[101] 그러나 국토계획법의 조항들 속에서는 이런 개념요소들이 적절하게 도출되지 않는다. 오랜 기간 도시계획을 규범적으로 이해하기보다 사실적 수단으로 인식하고 운용해 온 공학적인 실무관행만이 법률에 반영되었기 때문이다.

3. 도시계획의 종류

1) 용도지역제 도시계획(1962년)

1934년 이래 1960년대까지 도시계획법이 도시계획이라 칭하던 유일한 도시계획을 말한다. 이 도시계획은 도시 또는 시가지 전체를 용도지역으로 덮고 이를 주거지역, 상업지역, 공업지역, 녹지지역의 넷으로 나누었다.[102] 그 위에 용도 또는 형태에 따른 지구제를 활용하여 용도지역과 함께 중첩적으로 건축허가요건을 다양하게 통제할 수 있는 기법을 사용할 수 있다.

2) 개발제한제 도시계획(1971년)

1971년부터 약 8년간에 걸쳐 전국의 약 5.5%에 이르는 개발제한구역이 지정되었으며, 그 근거는 1971년 개정된 도시계획법 제21조에 있었다. 이 도시계획은 구역제라는 명칭으로 지역 · 지구에 대한 조문 뒤에 삽입되면서 개발제한'구역'으로 불리고 있었으나, 이는 단순한 계획기법을 추가한 것이 아니라 기존에 있던 용도지역제 도시계획과 구별되는 다른 종류의 도시계획이었다. 우선 용도지역제와 달리 건축물의 신축이 허용되지 않으며 따라서 건축허가요건이 불필요한 것이 원칙이다.[103] 또한 개발제한제 도시계획은 당해 도시계획의

101) 김종보, 도시계획의 핵심기능과 지적제도의 충돌, 행정법연구 제16호, 2006. 10, 55-81면 참조.

102) 박병주, 도시계획, 형설출판사, 1990, 91면.

103) 용도지역제와 개발제한제 도시계획이 다른 종류의 도시계획이었다는 점은 건축허가요건에서 잘 드러난다. 2000년 전부개정된 도시계획 이전까지 용도지역제 도시계획에 의한 건축허가요건(건폐율, 용적률, 건축물의 용도)은 건축법에 존재하고 있었지만, 개발제한구역내 건

적용대상지역 전체를 하나로 규율하고 그 안에 다시 지역이나 지구 등이 나뉘지 않는 것이 특징이다.

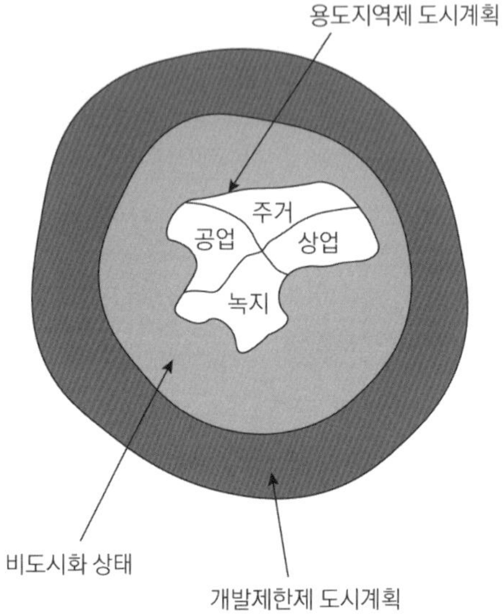

〈그림 3 1970년대 도시계획구역〉

3) 지구단위계획(1991년)

지구단위계획제도의 전신은 1991년 도시계획법에 도입된 상세계획구역이라는 명칭의 도시계획이었다. 종래 용도지역제 도시계획이 규율밀도가 너무 낮아 도시내 각종 건축행위나 개발사업을 통제하기에 한계를 보이자, 작은 지구단위에 국한하여 상세한 내용을 담는 도시계획 수법을 새로 도입했다. 이는 1980년 일본 도시계획법에 도입된 지구계획제도(일본 도시계획법 제12조의 5)를 본받은 것이며, 그 근원은 독일의 지구단위계획(B-Plan)에 있다.

축허가요건은 도시계획법 시행규칙 제7조에 별도로 존재하고 있었다. 개발제한구역의 지정 및 관리에 관한 특별조치법이 2000년 도시계획법에서 분리되어 존재하고 있다는 점도 두 개의 도시계획이 상이한 것이라는 논리적 근거에 기초한다.

건축법에는 이와 별도로 1980년대 초에 도시설계제도가 도입되었고(1980년 개정 건축법 제8조의2),[104] 건축법에 법적 근거가 마련되기 전에도 잠실지구종합계획이 수립되거나, 서울의 테헤란로 일대에 도시설계라는 수법이 사용된 바 있다.[105] 1991년 도시계획법에 상세계획구역제도가 도입되면서 제도의 중복이라는 비판이 제기되었고, 2000년 도시계획법 전부개정과정에서 도시설계제도와 상세계획구역이 통합되어 지구단위계획이라는 명칭으로 현재에 이르고 있다. 2019년 현재 전국의 지구단위계획구역은 10,394개에 이르고 면적은 2,717,756,509제곱미터에 이른다.[106]

4) 도시계획시설계획(1962년)

1962년(더 엄밀하게는 1934년의 조선시가지계획령부터)의 도시계획법에는 이미 용도지역제 도시계획과 함께 기반시설의 설치를 위한 도시계획이 예정되어 있었다. 법적으로는 이를 도시계획시설계획 또는 도시계획시설결정이라 부른다. 현행법에서는 제43조 이하에 근거조문이 있고, 제88조의 실시계획에 의해 시설의 설치를 위한 절차가 진행된다.

도시계획시설계획이 결정 · 고시되면 기반시설의 설치목적에 맞지 않는 건축물의 건축 또는 토지의 형질변경이 금지된다. 원칙적으로 건축 및 개발행위가 금지되는 영역이며 예외적으로 그것이 허용되는 경우에도 그 허용여부는 기반시설의 설치목적에 반하는가를 기준으로 결정된다.

4. 도시계획의 규율내용과 작동원리

1) 도시계획의 내용

도시계획의 내용은 개념에서 도출되는 바와 같이 용도지역, 기반시설(도시계획시설), 건축단위, 건축허용성, 건축허가요건으로 구성되며 도시계획의 종

104) 지구단위계획 수립메뉴얼, 서울시편, 2002, 20면.

105) 손정목, 서울 도시계획이야기, 전 5권 중 제3권, 한울출판사, 2003, 204면 등.

106) 도시계획정보 서비스(http://www.upis.go.kr) 중 지구단위계획자료 참조.

류에 따라 내용의 포함범위가 다르다. 예컨대 도시계획이 아무런 내용을 갖지 않고 단지 구역만을 정하는 경우(개발제한제 도시계획 등)가 있고, 이보다 약간 발전된 형태로 용도지역을 정하는 도시계획이 있다. 또한 도시계획시설을 설치하거나 변경하기 위하여 그에 관하여만 결정되는 도시계획시설계획, 일정한 지역을 상세히 규율하기 위한 지구단위계획 등이 모두 도시계획의 일종이다.

도시계획은 용도지역, 기반시설, 건축단위, 건축허용성, 건축허가요건을 정하고 이를 통해 도시내 토지의 합리적 이용에 개입한다. 그러므로 다음에서 설명하는 각각의 내용이 도시계획에 담기고 이들이 상호작용을 통해 도시를 관리한다는 점을 잘 이해하는 것이 도시계획을 이해하는 출발점이다. 지구단위계획처럼 도시계획의 내용이 모두 규율되는 도시계획도 있지만, 개발제한제 도시계획처럼 구역만 정해지고 나머지의 내용은 모두 다른 제도에 의존하는 도시계획도 있다.

도시계획의 내용은 상세하지만 실제 한국에 도입된 초기의 도시계획은 용도지역제 도시계획과 개발제한제 도시계획이었으며 이들은 매우 불완전한 제도였다. 용도지역제 도시계획은 용도지역만을 획정할 수 있었을 뿐 그 이상의 획지기능이 없었으며 용도지역 내 존재하는 지적제도에 의존해 건축단위와 건축허용성을 간접적으로 규율할 수밖에 없었다. 이런 과정을 통해 도시계획과는 전혀 무관한, 토지조사사업을 통해 이미 존재하고 있던 지적제도가 우연적 사정에 의해 도시계획적 기능을 하게 되었다.

2) 용도지역의 지정

도시계획의 내용으로 가장 중요한 의미를 갖는 것은 용도지역의 분할과 지정이다. 좁은 의미의 용도지역은 용도지역제 도시계획에 고유한 지역으로 도시계획영역 전체를 다시 4개의 용도지역으로 구획하여 부여하는 주거 · 상업 · 공업 · 녹지지역을 말한다. 이런 의미의 용도지역은 도시계획에 의해 구획된 영역(도시계획구역)을 다시 나누어서 각각의 영역에 법적 성격을 부여하는 기능을 담당한다.

개발제한제 도시계획은 용도지역제 도시계획과 다른 도시계획으로 용도지역을 지정하지 않고 대상지역을 단일한 하나의 성격으로 규율할 뿐이라는 점에 유의해야 한다. 이런 관점에서 개발제한구역은 개발행위가 제한된다는 성격만이 부여되는 또 다른 도시계획구역일 뿐 그 자체가 용도지역이거나 또는 용도구역에 해당하는 것은 아니다. 도시계획의 내용으로 용도지역이 중요한 의미를 갖는 것은 용도지역에 따라 법령이 정하는 건축허가요건이 다르기 때문이다. 예를 들어 상업지역으로 정해지면 건폐율과 용적률 등이 유리하게 적용되어 토지의 활용가치가 높아지고(법 제77조, 제78조 등) 토지가격도 상승한다.

3) 기반시설의 설치

기반시설과 도시계획

기반시설은 국토계획법상 도로, 공원 등 도시민의 생활을 위해 필요한 기초시설을 의미하는데(법 제2조 제6호), 통상 도시계획시설결정을 통해 설치된다. 도로 등 기반시설은 도시계획의 중요한 요소로서 도시계획도면에는 반드시 도로와 공원 등 기반시설이 같이 표현된다. 도시계획의 내용에 기반시설이 담긴다는 의미는 도시계획의 도면에 도시계획시설로 설치될 기반시설의 위치와 면적이 표현된다는 뜻이다. 도시계획시설은 용도지역의 변경결정에 수반해서 그 일부가 되기도 하고, 독자적으로 도시계획시설만을 정하기 위한 도시계획시설결정의 형태로 나타나기도 한다. 대체로 후자가 더 일반적이지만, 결국 도시 전체의 관점에서 보면 도시계획시설은 도시 전체를 규율하는 도면으로서 도시계획의 구성부분이 된다.

도시계획시설계획의 법적 지위

기반시설에 대한 도시계획이 용도지역제 도시계획과 별도로 분리되어 운영될 수밖에 없었던 이유는 용도지역제 도시계획이 개별 필지단위의 규율을 담지 못했던 사정과 관련이 있다. 기반시설 중 도로나 공원과 같은 기반시설은 일정한 위치와 면적이 표시되어야 했지만 주거지역, 상업지역 등 용도지역의 경계선만을 표시할 수 있는 용도지역제 도시계획에서는 도로선 등을 별도로 표시할 방법이 필요했다. 또 기반시설의 종류에 따라서는 개별 필지규모에 그치는 것들도 있을 수 있는데 이들도 용도지역제 도시계획으로 표현되거나 결정될 수 없었다. 이러한 점을 고려해 용도지역제 도시계획과 병행해서 별도의 도시계획으로 도시계획시설계획이 필요했던 것이다.

4) 건축단위의 설정

새로운 도시를 계획할 때 가장 우선적으로 도시계획시설인 도로가 확정되며, 도로에 의해 구획된 가구(街區: block)가 생긴다. 이 가구 안에 다시 여러 개의 필지들이 존재하도록 도시계획이 이루어지며 이를 획지(lot)라고 한다. 이렇게 가구를 형성하는 각 도로에 연결되는 각각의 필지들은 건물이 들어설 것을 기준으로 한다는 의미에서 하나의 중요한 토지단위가 된다. 건축단위란 토지의 단위로서 하나의 건축허가가 발급될 수 있는 대지와 같은 기준단위를 의미한다. 도시계획에서 설정되는 건축단위는 당해 시가지에 수용될 주민과 직장인의 수 등을 결정하고 교통량과 상업시설의 수요를 계산하는 기준이 된다. 이처럼 도시계획은 건축물이 건축될 수 있는 토지의 단위를 정하며 이렇게 설정된 토지의 단위가 건축단위(대지)로서 도시계획의 내용이 된다.

도시계획의 내용으로 건축단위가 설정되어야 다시 당해 토지상에서 이루어지는 건축행위의 허용여부가 결정될 수 있고 건축허용성이 인정될 때 건축허가요건을 정할 수 있다. 물론 실무적인 관점에서는 건축단위의 설정과 건축허용성의 결정은 거의 동시에 이루어질 것이므로 이 둘은 관념적으로 구별될 뿐 항상 분리되는 것은 아니다. 기성시가지에서 용도지역제 도시계획은 그 자체로 개별 필지를 획지할 수 있는 수단이 없었으므로 기존의 지적에 의존해서 개별 필지를 건축단위로 받아들이는 방식으로 도시계획을 보완했다.

5) 건축허용성의 부여

건축허용성이란 건축단위가 존재한다는 것을 전제로 당해 토지에 건축이 가능한지에 대한 판단기준을 말한다. 건축허용성이 부여된 토지라면 이미 도시계획적인 관점에서는 건물을 지어도 좋다는 판단이 내려진 것이라 판단되고, 건축허용성이 아직 결정되지 않았다면 이에 대해 공법적인 결정과정이 필요하다.

통상 기성시가지에서 지목이 '대지'였는지 여부가 건축허용성이 부여된 것인지를 판단하는 가장 중요한 기준으로 작동해왔다. 만약 공간정보법상 지목이 대지인 토지였다면 그 토지는 항상 건축허용성이 부여된 것으로 인정되고 건축허가를 통해 건축물을 건축할 수 있는 지위가 보장되었다. 지목이 임야, 전, 답 등 대지가 아닌 토지는 건축허용성이 아직 인정되지 않았고 이러한 토지에 대해서는 국토계획법상 형질변경허가를 통해 건축허용성이 부여되었다. 도시계획제도 자체에 의해서가 아니라 형질변경허가처분이라는 개별적 처분에 의해 개별 필지단위의 건축허용성이 부여되었다는 점에서 도시계획의 불완전성이 드러난다.

6) 건축허가요건

도시계획에 의한 건축허가요건이란 건축물의 용도제한과 형태제한을 말하는데, 이 모두 토지의 합리적 이용을 위한 허가요건이라는 점에서 건축법상 허가요건과 차이가 있다. 건축물에 대한 용도제한은 국토계획법 시행령 별표에서 나열하는 용도지역별 허용건축물을 통해 이루어진다. 최종적으로는 법령에 의해 규율되는 것이기도 하지만, 도시계획이 용도지역을 지정함으로써 허용용도가 정해진다는 점에서 도시계획적 규율로 이해해도 좋다. 이와 유사하게 용도지역별 건폐율이나 용적률과 같은 허가요건은 건축물의 형태제한에 관한 건축허가요건이다. 건축물의 크기와 높이가 용도지역에 따라 제한된다는 점에서 이 또한 도시계획상 용도지역에 연동되는 규제로 볼 수 있다.

7) 소 결

이론상으로는 도시계획이 도시계획가에 의해 수립되면서 용도지역, 기반시설, 건축단위, 건축허용성 등이 모두 동시에 결정되는 것이 가장 이상적이다. 분당이나 판교와 같은 신도시가 건설될 때에는 지구단위계획과 같은 상세한 도시계획이 활용됨으로써 이러한 이상에 가장 근접한 도시가 건설될 수 있었다. 그러나 해방이후 한국의 기성시가지에 도입된 최초의 도시계획은 용도지역제 도시계획이었고 이는 매우 불완전한 도시계획이었기 때문에 건축단위나 건축허용성에 대해 전혀 규율할 수 있는 방법이 없었다. 따라서 서울을 비롯한 대부분의 대도시에서는 도시계획이 용도지역만 정하고 건축단위나 건축허용성은 지적과 형질변경허가제도 등의 결합을 통해 무계획적으로 운영되었다. 현재 한국의 기성시가지에서 도시계획의 작동체계를 이해하기 어려운 이유가 바로 여기에 있다.

도입사례의 해결

건축물로부터 오는 위험을 방지하기 위한 것이 건축법이고, 도시내 토지의 합리적 이용을 위한 법률이 국토계획법이다. 따라서 갑은 국토계획법의 실패에 의해 고통을 받는 것이고 을은 건축법이 제 기능을 다 하지 못해 불이익을 받는 것이다.

제13강 건축단위(垈地)의 설정

도입사례

갑은 분당의 지구단위계획구역내 두 개의 필지를 구입해서 교회 건물을 짓고자 건축허가를 신청하였다. 행정청 을은 법령상 제한은 없지만 두 개의 필지를 합하는 것은 지구단위계획의 내용에 반한다는 이유로 건축허가의 신청을 반려했다. 건축허가 거부처분에 대한 취소소송에서 갑이 승소할 수 있을까?

1. 건축단위의 의의

토지의 단위

지표상에 존재하는 토지는 무한히 연접해 있는 하나의 일체이며, 이를 인위적으로 나누지 않는 한 대한민국 전체가 하나의 토지일 뿐이다. 토지의 단위는 다양한 의미를 가질 수 있는데, 예컨대 행정구역으로서 서울특별시, 경기도,

대구광역시 등도 하나의 토지단위가 될 수 있고, 토지소유권의 객체로서 개별 필지들도 토지의 단위가 될 수 있다.

토지의 단위를 건축 또는 개발사업과 관련해서 생각해보면 개별 건축물이 들어서는 대지, 아파트가 들어서는 주택단지, 재개발사업이 진행되는 재개발구역 등이 모두 하나의 토지단위를 이룬다. 건설법적 관점에서 건축물 또는 개발사업 각각에 대해 설정되는 토지단위들은 공간정보법에서 정하는 토지단위로서 '필지'와는 차원이 다르다.

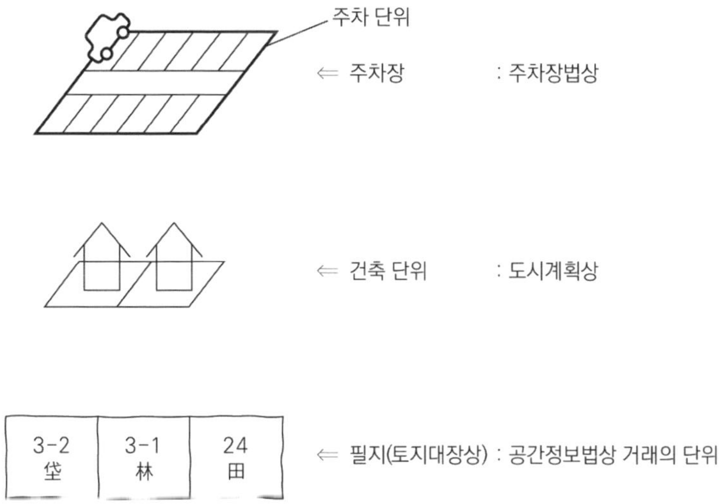

〈그림 4 토지단위와 건축단위〉

건축단위와 대지

건축물이 건축되는 경우 건축허가의 전제로서 일정한 건축물의 부지(垈地)가 정해져야 한다. 이렇게 정해진 건축물의 부지는 건폐율, 용적률의 산정기준이 되고 접도요건, 건축선 등을 결정하는 기능을 담당한다. 이처럼 건축허가를 위해 기준이 되는 토지의 단위를 건축단위라고 하며 건축단위는 이론상 건축허가가 신청되기 이전단계에 이미 존재해야 한다. 토지를 지칭하는 일반적 용어로서 필지라는 표현이 사용되지만, 필지라는 개념은 공간정보법에 의해 기존의 토지소유권을 존중하면서 토지대장에 받아들여진 토지단위일 뿐 공법상의 건축단위를 상정하고 만들어진 것은 아니다. 공간정보법상의 필지개념은 제도의 취지상 민사적 거래의 기초를 제공하고 또한 과세의 기본이 되는 하나의 토지단위일 뿐이다.

신도시건설과 건축단위

공법적 의미에서 건축허가의 기준이 되는 건축단위를 설정하는 것은 도시계획의 핵심적 기능 중 하나이다. 신도시가 개발되는 과정에서 수립되는 지구단위계획은 개별적인 건축단위를 획정하고 그 건축단위가 건축허가의 기준으로 작동한다. 새로운 도시를 계획할 때 가장 우선적으로 도시계획시설인 도로가 확정되고 그에 이어 자연스럽게 그 도로에 연결되는 각각의 건축단위가 설정됨으로써 도시계획도면이 완성된다. 신도시가 건설될 때 도시계획에 의해 획정되는 건축단위는 건축물의 수를 결정하므로 당해 시가지에 수용될 주민과 직장인의 수를 고려하여 정해져야 하며 이는 또한 교통량과 상업시설의 수요를 계산하는 기준이 된다.

기성시가지의 건축단위

그러나 기성시가지의 용도지역제 도시계획처럼 도시계획이 건축단위를 설정하는 기능을 적극적으로 수행하지 못하면 도시계획에 의해 설정되는 건축단위는 존재하지 않는다. 건축허가에 있어서 건축단위는 필수적인 것이므로 만약 건축허가를 발급할 때까지도 공법상의 건축단위가 없으면 자연스럽게 건축법에게 건축단위를 마련해야 할 책임이 돌아간다. 건축법 입장에서는 스스로 건축단위를 만들어 내거나 기존의 토지단위들 중 가장 적합한 토지단위에 의존해서 건축단위를 정하는 방식을 취할 수밖에 없게 되는데, 건축법은 후자의 방법을 취했다.

1960년대 이래 기성시가지에서는 용도지역제 도시계획이 도입되면서 새롭게 건축단위를 설정할 기회를 부여받지 못했다. 이미 공간정보법에 의해 정해진 부정형의 개별필지들이 존재하고 그에 대한 사적 소유권이 강하게 버티고 있었기 때문이다. 그래서 초기에 도입된 용도지역제 도시계획은 개별 필지단위에 대해서는 도시계획적으로 전혀 개입하지 않은 채 일정한 대상지역 전체를 단일한 용도지역으로 묶어 건축허가요건만을 정했다.

그러나 기성시가지에서 건축물을 건축하고자 하는 경우 필지의 크기가 불규칙해서 건축단위가 너무 크거나 너무 작은 문제가 빈번하게 발생했고 이는 결국 국토계획법이 해결해야 하는 문제일 수밖에 없었다. 그러므로 국토계획법은 오래전부터 행위허가 또는 개발행위허가라는 제목하에 도시계획과는 별개의 조문에서 부분적으로 개별 건축단위를 분할하는 행위에 개입해 왔다(1962년 도시계획법 제13조, 1971년 도시계획법 제4조, 2000년 도시계획법 제46조, 현행 국토계획법 제56조)[107).]

공간정보법상 필지와 건축단위

현행 제도상으로는 공간정보법상 '필지'라는 개념이 가장 대표적인 토지의 단위를 나타내는 것으로 이해되고 있다. 이처럼 공간정보법상의 필지가 마치 일반적 토지단위를 지칭하는 것으로 착각되는 이유는 기성시가지에서 도시계획이 고유한 건축단위를 설정하지 못하는 상황에서 건축법이 건축단위를 공간정보법상 필지개념에 의존시키고 있기 때문이다. 따라서 필지라는 개념은 토지소유권의 기본단위를 뜻하면서, 때로는 건축물을 건축하기 위한 기본단위(건축단위)를 의미하기도 하고 이 둘을 포함하는 상위개념으로서 일반적 토지단위라는 의미를 갖기도 한다.

통상 공간정보법상의 필지개념은 토지단위를 지칭하는 일반적이고 중립적인 개념으로 받아들여지지만, 도시계획과 지적(地籍)의 관계를 살피는 문제에 있어서는 공간정보법에 편향된 개념이다.[108)] 건축단위라는 개념은 공간정보법상 필지에 대응하여 도시계획이 설정해야 하는 토지단위를 의미하므로 도시계획과 지적을 균형잡힌 시각에서 바라볼 수 있게 해 준다.

---

107) 국토계획법이 토지의 분할을 명시적인 허가대상행위로 정한 것은 1971년에 이르러서 처음이다. 다만 1962년 제13조에 의한 토지형질변경허가를 통해 건축단위가 변경되는 일이 있었을 것으로 추측된다.

108) 이에 대해 자세히는 김종보, 도시계획의 핵심기능과 지적제도의 충돌, 행정법연구 제16호, 2006. 10. 55~81면 참조.

2. 건축법과 건축단위

건축법상 대지의 의미

건축법상의 대지란 공간정보법상 지목으로서의 대지와는 다른 차원에서 건축허가에 포함되어 설정되는 토지의 단위이며 건축허가요건을 판단하기 위한 건축단위를 말한다. 공간정보법상 지목으로서 대지라는 용어와 건축법상 건축허가의 기준으로서 대지라는 용어가 동일하지만 이 둘은 전혀 다른 의미를 갖는다. 전자는 공간정보법상의 지목으로서 건축허용성 문제와 연결된 개념인데 반해 후자는 공법상 건축단위라는 성격을 갖는다는 점에서 이 둘은 서로 구별되어야 한다.

건축단위를 정하는 건축법

만약 도시계획이 건축단위를 설정하는 경우라면 건축법에서 건축허가의 전제로 별도의 건축단위를 설정할 필요가 없다. 도시계획법에서 정한 건축단위를 건축허가의 기본단위로 삼으면 되기 때문이다. 그러므로 분당이나 일산과 같은 신도시에서 도시계획에 의해 건축단위가 정해진 경우에는 별 문제가 없다.[109] 그러나 그렇지 못한 기성시가지에서 건축법상 대지의 개념을 정하는 조항은 매우 중요한 기능을 담당한다. 건축법에게 공법적 의미의 건축단위를 마련하는 최초의 역할이 부여되기 때문이다.

건축법과 필지

제정 건축법에서는 건축법상 대지를 “하나의 건축물 또는 용도상 불가분의 관계에 있는 둘 이상의 건축물이 있는 일단의 토지”로 정의하고, 공간정보법상의 필지개념과 상대적으로 거리를 유지하고 있었다(1962년 건축법 제2조 제1호). 그 후 건축법 개정과정에서 ‘지적법상 필지’라는 용어가 대지의 개념에 도입되면서(1980년 개정건축법), 건축단위에서 공간정보법상의 필지가 명실상부하게 중요한 지위를 부여받게 되었다.

현행 건축법도 건축허가의 기준단위를 공간정보법상의 토지단위(필지)에

109) 분당이나 일산과 같은 신도시에서도 사실상 건축허가는 공간정보법상 필지에 의존하는 외관을 갖는다. 그러나 신도시가 개발될 때 도시계획가에 의한 도시계획에 의해 획지가 이루어지고, 그 내용이 그대로 지적에 반영된 것이기 때문에 신도시의 건축단위는 법적으로 도시계획에 의한 것이라 평가된다.

의존하는 것을 원칙으로 하면서(건축법 제2조), 대지를 "「공간정보법」에 따라 각 필지로 나눈 토지"로 보는 것을 원칙으로 하고 있다. 이처럼 모든 건축물에 대한 허가를 관장하는 건축법이 공간정보법상의 필지를 원칙적인 건축단위로 의제함으로써 공간정보법상의 필지는 단순히 민사상 거래의 기본단위가 되는 기능과 함께 강력한 공법상의 건축단위라는 지위를 획득하게 된다.

대지와 필지의 불일치

건축법은 같은 조항에서 보충적으로 "대통령령이 정하는 토지에 대하여는 둘 이상의 필지를 하나의 대지로 하거나 하나 이상의 필지의 일부를 하나의 대지로 할 수 있다"는 예외규정을 두고 있다. 이를 통해 건축법은 독자적인 건축단위를 정할 수 있도록 건축허가권자에게 수권하고 있는데, 이는 공간정보법상의 필지를 보충하는 건축단위로서의 성격을 갖는다. 이를 통해 건축법이 독자적으로 건축단위를 설정할 권능이 있고, 이렇게 되면 공간정보법상의 필지와 건축법상의 건축단위가 불일치할 수 있다는 점이 잘 드러난다. 다만 건축법이 독자적인 건축단위를 설정하는 경우에도 역시 기본 전제는 필지 개념이라는 점에서 한계가 있다는 점은 유의해야 한다.

건축법은 2개의 필지를 하나의 건축단위로 할 수 있는 경우를 도시계획시설이 설치되는 경우, 주택법상 아파트가 건설되는 경우 등으로 정하여 부분적으로 건축단위가 국토계획법이나 주택법 등 공법(公法)에 의해 설정될 수 있음을 선언하고 있다(건축법시행령 제3조 제1항). 2필지 이상의 토지에 건축물이 건축되는 경우에도 2개 이상의 필지를 '대지'로 인정할 수 있다는 포괄조항을 둠으로써(동항 제1호) 건축법의 판단에 따라 몇 개의 필지를 합하여 건축단위(대지)로 삼을 수 있다는 것을 보여준다. 또한 1필지의 일부를 건축단위로 삼을 수 있는 경우를 농지법, 국토계획법, 산지관리법 등에 의해 전용허가 또는 개발행위허가를 받은 경우로 정하고 있다(동조 제2항).

도시계획과 건축단위

이렇게 건축법상의 대지개념이 공간정보법상의 필지를 원칙적인 건축단위로 보고, 부분적으로 건축법 스스로 필지와 다른 건축단위를 만들어낼 수 있도록 규정함으로써 기성시가지에서는 공법상의 건축단위가 공간정보법과 건축법에 의해 주로 설정되는 현상이 발생하게 되었다. 공법상 건축단위를 설정함에 있어 도시계획의 역할이 발견되지 않고 오히려 도시계획의 주요한 기능이 공간정보법상의 필지와 건축법상의 대지에 의해 수행되는 이유가 여기에 있다. 다만 신도시에서는 필지 자체가 도시계획에 의해 획정된 결과물이므로 이 때 건축법상 필지는 공법상 건축단위와 일치하게 된다.

3. 지구단위계획과 건축단위

도시계획의 종류와 건축단위

제정될 당시 도시계획법은 단 두 종류의 도시계획만을 예정하고 있었다. 하나는 도시 전체를 크게 4개의 용도지역으로 나누어 건축허가요건을 통제하는 '용도지역제 도시계획'이고 다른 하나는 도로 등 도시계획시설을 설치하기 위한 '도시계획시설계획'이다. 그 후 '개발제한제 도시계획'이 도입되고(1971년) 다시 '상세계획'(1991년)이 도입되어 현재에 이르고 있다. 이렇게 주요한 4 종류의 도시계획 중 건축단위를 규율할 수 있는 도시계획은 상세계획과 그를 이어 받은 현행의 지구단위계획이다.

지구단위계획과 건축단위 관련조항

1991년 도시계획법에 도입된 상세계획제도와 이를 이어 받아 2000년 전부개정된 도시계획법이 채택한 지구단위계획제도는 계획면적이 좁고 개별 필지 단위의 건축허가요건을 정하는 상세한 내용의 도시계획이다. 초기의 상세계획 관련조항에서는 상세계획이 "가구(街區) 및 획지(劃地)의 규모와 조성계획"을 내용으로 할 수 있다는 점이 명시적으로 선언되었다(1991년 도시계획법 제20조의3 제2항 제3호). 이때 '획지'의 개념을 넓게 해석하면 건축단위를 설정하는 것으로 해석될 수 있었고, 따라서 비록 도시계획 일반은 아닐지라도 상세계획(현재의 지구단위계획)만은 독자적으로 건축단위를 설정할 수 있다는 해석이 가능했었다.

그러나 2000년 도시계획법이 전부개정되는 과정에서 획지는 "계획적인 개발 또는 정비를 위하여 구획된 일단(一團)의 토지"를 말하는 것으로 의미가 한정되고(동법 제43조 제1항 제3호 후반 괄호), 다시 2003년 제정된 국토계획법에서는 '획지'라는 용어가 탈락하고 "계획적인 개발 또는 정비를 위하여 구획된 일단의 토지"로 문구가 변경되어 초기에 존재하던 획지라는 개념이 현행법상 여러 필지를 묶은 한 덩어리의 개발사업 대상지 정도의 의미로 변색되었다.

신도시와 기성시가지

이러한 입법의 미비에도 불구하고 신도시개발에 있어 지구단위계획은 완벽하게 새로운 건축단위를 정하며, 각 건축단위별 건축허용성도 정하는 강력한 권한을 행사하고 있다. 또 이미 부정형의 필지들이 존재하고 있는 기성시가지에서 수립되는 지구단위계획에는 기존 필지와 다른 건축단위들이 실제로 설정되어 있다. 그러나 기성시가지에서 지구단위계획이 필지와 다르게 설정한 건축단위는 도시계획의 완화(건축법 제5조) 등을 통해서 쉽게 회피된다.[110)]

토지의 분합과 지구단위계획

종래 지구단위계획구역에서 토지소유자가 토지의 분할·합병 등을 원하는 경우 행정청은 환지계획을 작성하고 환지처분을 할 수 있었다(제55조). 이 조항은 당사자의 동의를 전제로 공간정보법상의 필지를 일부 분합할 수 있도록 지구단위계획에 수권하는 조항이었으나, 국토계획법 개정으로 삭제되었다(2007. 1. 19.). 국토계획법이 기성시가지에서 지구단위계획의 건축단위 설정 또는 변경기능에 대해 높이 평가하지 않고 있다는 증거이다.

4. 토지의 분할과 건축단위

1) 토지분할의 의의

토지분할허가

국토계획법에 의해 개발행위허가의 한 내용으로 정해진 토지의 분할허가는 공간정보법에 의해 정해진 필지를 전제로 이를 나누기 위한 행위허가의 일종이다(법 제56조 제1항 제4호). 앞서 지적한 바와 같이 건축단위를 설정하기 위해 토지를 분할·합병하는 것은 도시계획의 핵심기능이 되어야 하지만 기성시가지에서 도시계획은 건축단위를 설정하지 못하고 있다. 국토계획법은 그에 대한 타협책으로 개별 토지소유자에게 건축단위 설정을 위한 주도권(신청권)을

110) 대법원 2006. 11. 9. 선고 2006두1227 판결(지구단위계획의 건축단위와 필지의 불일치: 삼각아파트사건).

부여하고 행정청은 도시계획이 아니라 토지의 분할·합병허가라는 처분을 통해 그 적법성 및 타당성만을 심사하는 선으로 후퇴하고 있다.

토지분할과 건축단위

도시계획의 내용이 되어야 할 토지분할 또는 건축단위의 설정권한이 개별 토지소유자의 신청에 의존하게 됨으로써 도시계획의 적극적 도시형성 기능은 크게 손상된다. 이에 더 나아가 당사자들이 의존하는 기존의 토지단위가 공간정보법에 의한 필지라는 점은 건축단위의 설정에서 도시계획이 갖는 취약성을 한층 부각시킨다. 공간정보법이 편성해 놓은 필지경계선이 가장 중요한 건축단위라는 점을 부인할 수 없기 때문이다.

개발행위허가의 일종인 토지의 분할허가는 적지 않은 경우 토지형질변경허가(법 제56조 제1항 제2호)와 동시에 발급된다. 후술하는 바와 같이 토지형질변경허가는 하나의 건축단위로 삼기에는 큰 규모의 필지를 대상으로 하므로 필지의 형질변경과 분필이 동시에 일어나는 경우가 많기 때문이다.

2) 건축법상 대지의 분할제한

건축법과 토지분할

건축법은 건축물이 있는 대지를 분할하는 것을 제한하고 있다(제57조). 이 조항은 엄격하게 해석하면 이미 건축물이 있는 대지의 분할만을 제한하는 것이지만, 넓게 해석하면 건축단위로서 토지의 분할을 제한하는 기능을 하게 된다. 건축법상 대지의 분할제한제도는 종래 대지면적의 최소한도에 관한 제한을 완화하면서 생겨난 것이다. 종래 적용되던 대지면적의 최소한도란 용도지역별로 건축물을 건축하고자 하는 대지의 최소크기를 제한하였던 제도를 말한다.

분할제한의 의의

도시계획에 의해 설정되는 건축단위는 일정규모 이상으로 정해져야 한다. 건축단위가 건축물을 건축하기 위한 최소한의 규모 이하로 나뉘면 시가지의 기능이 정상적으로 유지되기 어렵다. 이러한 관점에서 건축법상 대지의 분할제한에 관한 조문도 역시 국토계획법의 건축단위에 대한 기준이 된다. 이는 개발행위의 일종인 토지의 분할(국토계획법 제56조 제1항 제4호)과 통합적으로 규율되는 것이 옳다.

분할제한의 기준

각 용도지역별 대지의 분할제한 기준은 다음과 같다(건축법시행령 제80조).

㉠ 주거지역: 60제곱미터 이상
㉡ 상업지역: 150제곱미터 이상
㉢ 공업지역: 150제곱미터 이상
㉣ 녹지지역: 200제곱미터 이상
㉤ 기타지역: 60제곱미터 이상

3) 공간정보법상 토지분할

공간정보법상 토지의 표시를 새롭게 정하거나 변경 또는 말소하는 것을 토지의 이동(異動)이라 하는데, 토지의 분할과 합병도 토지이동의 한 예이다. 분할신청의 사유로 정해져 있는 것은 소유권이전, 매매 등을 위하여 필요한 경우(공간정보법시행령 제65조 제1항 제1호) 및 토지이용상 불합리한 지상경계를 시정하기 위한 경우(동항 제2호)이다. 매매목적으로 토지를 분할할 수 있으므로 토지를 둘로 나누어 매각한 후 각각의 필지에 건축할 수 있다는 의미가 된다.

공간정보법상 토지이동의 신청, 즉 분할의 신청은 기본적으로 토지소유자의 자유로운 소유권 행사의 일환으로 규정되어 있다. 분할이나 합병이 도시계획적 측면에서 건축단위를 교란할 수 있다는 입법적 배려는 전혀 없다. 공간정보법은 처음부터 필지의 경계나 소유자 등을 확인하기 위한 것으로서 민사적 관점을 강하게 반영하고 있기 때문이다. 이처럼 건축단위와 무관하게 등록되고 분할되는 공간정보법상의 필지가 건축법의 대지개념 및 도시계획의 기능상 공백과 결합하여 중요한 공법상의 건축단위로 작동되는 것이 현행 도시계획 제도의 가장 큰 문제점이다.

도입사례의 해결

갑의 건축허가 속에는 두개의 건축단위를 합하려는 취지가 담겨있으므로 이는 원칙적으로 지구단위계획의 변경을 통해 이루어지는 것이 옳다. 지구단위계획이 두 개의 건축단위를 명시적으로 나누고 있기 때문이다. 이론상으로는 건축허가 거부처분 취소소송에서도 지구단위계획이 변경되지 않는 한 승소하기 어렵다. 실무상 법원은 지구단위계획의 건축단위를 무시하고 건축허가 거부처분의 위법성을 선언하는 경우도 없지 않다. 건축허가 속에 건축단위의 변경을 위한 지구단위계획의 변경신청과 그 의제제도가 마련될 필요가 있다.

제14강 건축허용성의 부여

도입사례

갑은 자신이 소유한 토지상에 주유소를 건축하기 위해 행정청에 건축허가를 신청하고자 했으나 행정청 을은 토지의 지목이 전(田)이라는 이유로 토지형질변경허가를 먼저 받도록 행정지도 하였다. 갑은 형질변경허가를 받아 공사를 종료한 후 형질변경허가에 부가된 조건에 따라 토지의 10% 가량을 기부채납한 후 준공검사를 받았다. 갑은 원래 토지의 형상이 대지로 조성되어 있었으므로 형질변경허가를 받을 필요가 없다고 생각해서 민사소송을 제기해서 기부채납한 토지의 반환을 청구하였다. 갑이 이 토지를 돌려받을 수 있을까?

1. 건축허용성의 의의

건축허용성의 개념

건축허용성은 개별 필지 또는 일단의 토지를 하나의 토지단위(대지)로 상정할 때 그 지상에 건축물을 건축할 수 있는 공법적 지위로서, 이를 승인하는 행정청의 공적인 견해표명에 의해 확정된다. 국토계획법은 토지의 합리적 이용을 위해 건축행위를 일반적으로 금지시키고 도시계획과 그에 따른 요건이 충족되는 경우에 일반적 금지를 해제하여 건축허가를 발급하는 방식을 취하고 있다. 다만 도시계획에 의해 건축허가요건이 정해지는 것은 당해 필지에서 건축이 허용된다는 전제에서 의미가 있고, 이러한 전제가 충족되고 건축허가가 신청될 때 비로소 건축물의 용적률, 건폐율, 허용되는 용도 등이 정해진다. 건축허용성은 이론적으로 건축허가요건에 선행하여 판단되는 개념이라는 의미이다.

도시인구와 건축허용성

도시를 계획하기 위한 기초요소 중의 하나는 도시에 거주하는 인구를 산정하는 것이며, 행정주체는 그에 기초해서 도로 · 공공시설 등을 확보하게 된다. 도시의 인구는 주택에 거주하게 되므로 주택의 수와 그를 위한 대지의 수가 도시계획이 관심을 기울여 규율하는 대상이다. 이런 이유로 도시계획은 개별 필지 또는 일단의 토지상에 건축물이 건축될 수 있는지 여부를 규율하게 되는데, 이는 결국 토지에 대한 건축허용성의 결정으로 나타난다. 도시를 설계하고 운영하는 역할을 담당하는 도시계획은 도시계획시설 · 용도지역 · 건축허용성 · 건축허가요건 등을 주된 내용으로 해서 도시를 관리하므로, 건축허용성이라는 개념은 도시계획을 구성하는 중요한 요소이다.

2. 도시계획과 건축허용성

건축허용성과 도시계획의 종류

큰 틀에서 보면 도시계획의 종류에 따라 대상지역의 건축허용성(개발가능성) 전체를 봉쇄하는 도시계획이 있고, 추상적인 건축허용성 자체는 허용되지만 개별 필지단위에 대해 건축허용성을 부여할 것인가에 대해서는 아직 개방적인 상태로 열어 두고 있는 도시계획이 있다. 전자에 해당하는 것은 개발제한제 도시계획에 의한 개발제한구역이나 도시계획시설의 설치가 예정된 도시계획시설구역 등이고, 후자에 속하는 것은 용도지역제 도시계획이나 (기성시가지의)지구단위계획과 같은 것들이다.

개발제한제와 건축허용성

개발제한제 도시계획이 수립되어 있는 지역에서는 건축허용성의 변화, 특히 건축허용성을 부여하는 행위가 금지된다(개발제한구역의 지정 및 관리에 관한 특별조치법 제12조 본문). 따라서 건축허용성이 이미 부여되어 있는 토지(대지)에서는 개축·증축, 경우에 따라 신축이 허용되지만 그렇지 않은 필지에 대해서는 건축허용성이 새로 부여될 수 없으므로 건축허가 자체가 불가능해진다.

용도지역제와 건축허용성

이에 비해 용도지역제 도시계획은 당해 지역의 법적 성격을 정하고 건축허가요건까지 정하고 있다는 점에서 일반적으로 건축물의 건축을 허용하는 도시계획이다. 따라서 개발제한구역과는 달리 용도지역 내에 존재하는 토지들에 대해서는 건축허용성을 새롭게 부여하는 것도 금지되지 않는다. 다만 용도지역제 도시계획은 개별 필지단위의 건축허용성에 대한 개별적 판단까지는 이르지 못하는 매우 불완전한 성격을 갖는다. 여기서 도시계획이 불완전하다는 것은 예컨대 대상지역의 500필지에 대해 주거지역이라는 용도지역이 지정되었다고 해도, 개별 필지단위로 각 필지상에 건축이 가능한 것인가는 아직 미정이라는 의미이다.

도시계획의 이중기능

도시 또는 시가지가 만들어지는 것과 도시를 계획하는 일은 선후관계가 모호한 복잡한 과정을 거치며 진행된다. 그래서 도시를 계획한다는 의미에서 사용되는 '도시계획'이라는 용어도 그 개념이나 기능이 역시 크게 두 가지로 나뉘는데, 하나는 도시를 건설하기 위한 도시계획이고 다른 하나는 완성된 도시를 관리하기 위한 도시계획이다. 이처럼 도시계획은 최초에 새로운 도시를 건설하기 위한 설계도 역할을 하면서 도시를 계획하는 기능을 갖지만, 동시에 도시가 어느 정도 형성되고 난 후 도시를 관리하기 위한 차원에서 도시를 계획하는 역할을 담당하기도 한다.

신도시가 의도적으로 건설될 때라면 먼저 도시의 건설을 위한 도시계획이 만들어져 운영되다가 도시의 형태가 어느 정도 갖추어지면서 도시계획의 건설기능이 줄어들고, 도시관리기능이 부각된다. 이와 달리 자연발생적으로 생겨난 '기성시가지'에 대해 도시계획이 뒤늦게 따라오면 도시를 건설하는 기능은 생략되고 도시계획은 도시관리기능만을 담당하게 된다. 그러므로 1950년대를 거치면서 형성된 기성시가지를 가지고 있던 서울 등 대도시에서 사후적으로 수립된 용도지역제 도시계획은 주로 도시관리기능을 위한 것이었다.

도시계획가의 힘

도시가 형성될 때와 이미 형성된 도시에서 도시계획가가 할 수 있는 일은 약간 달라진다. 최초에 도시를 건설하는 과정에서부터 도시계획이 개입하면 도시계획가는 도시의 면적과 인구 등을 감안해서 토지이용계획을 수립하고 그 계획에 의해 토지를 블럭으로 나누고 그 안에 획지를 구획한다. 물론 당해 획지들 중에서 건물을 지을 땅과 공원이나 임야처럼 건물을 지을 수 없는 토지를 정하는 것도 도시계획가의 권한과 책임이 된다. 우리가 알고 있는 분당이나 일산과 같은 신도시는 도시계획가의 역할에 의해 획지의 형태가 장방형이고 규모가 통일적이며, 개별 필지에서 건물을 지을 수 있는지(건축허용성) 여부가 이미 도시의 건설과정에서 정해진다.

이에 비해 이미 기성시가지가 존재하고 그 위에 도시계획을 수립해야 하는 경우라면 도시계획가가 할 수 있는 일은 매우 제약적이다.[111] 우선 이미 존재하는 기존의 토지소유권에 따라 필지의 면적이 정해져 있으므로 그 필지의 경계선을 교환하거나 분합하는 것이 매우 어렵다.[112] 건축허용성과 관련해서도 이미 건물이 존재하고 있는 필지에 대해 건축허용성을 부인하기 어려운 한편, 건문이 없는 필지들에 대해서도 개별적으로 건축허용성을 부여하거나

---

111) 대법원 2006. 11. 9. 선고 2006두1227 판결, "지구단위계획의 내용이나 취지가, 각 지정된 용도에 맞추어 건축물을 건축하거나 건축물의 용도를 변경하라는 범위를 넘어서, 토지소유자에게 부정형으로 되어 있는 지적 경계를 지구단위계획에서 정한 장방형의 용도구분의 경계와 일치시켜야 한다거나 기타 사용권의 취득을 강제하는 것이라고 볼 수는 없다."

112) 종래 국토계획법에 지구단위계획의 내용 중 토지소유자의 동의를 얻어 토지경계선을 교환 또는 분합할 수 있는 조항이 존재한 적이 있지만, 이는 사실상 사문화되어 폐지되고 말았다 (2007년 1월).
제정 국토계획법(법률 제6655호) 제55조 (지구단위계획구역에서의 환지) ① 특별시장 · 광역시장 · 시장 또는 군수는 지구단위계획구역안의 토지소유자 및 지상권자가 지구단위계획에서 정한 내용에 적합하게 토지를 이용하기 위하여 <u>토지의 분할 · 합병 또는 교환을 위한 환지를 원하는 경우에는</u> 그 토지를 대상으로 환지계획을 작성하고 환지처분을 하는 등의 필요한 조치를 취할 수 있다.

부인하려면 개별 토지소유자들의 동의를 얻기 위한 어려운 과정을 거쳐야 한다. 그러므로 1950, 60년대 서울과 대도시의 기성시가지에 용도지역제 도시계획이 도입되던 시절에 도시계획가가 할 수 있는 일은 서울을 몇 개의 권역으로 나누어 그 위에 주거지역, 상업지역과 같은 용도지역을 지정하는 정도였다.

3. 건축허용성의 부여

1) 개 관

원칙적으로 도시계획이 건축허용성을 관장하지만, 도시계획이 건축허용성을 부여하는 계기는 다양한 형태를 띠게 된다. 도시가 행정주체의 의도에 의해 새롭게 건설되는 경우라면 도시계획이 선행하고 그에 따라 도시계획사업이 시행된다. 예컨대 대규모 택지조성사업이 도시계획사업으로 이루어지는 경우라면 당해 사업에서 사업시행자는 개별 필지를 획지하고 건축허용성을 부여하는 권능을 부여받는다. 그 외 개별필지 단위로는 형질변경허가제도가 건축허가 전에 건축허용성을 부여하는 제도로 작동한다. 여기서는 도시계획을 포함해서 개별 필지에 건축허용성을 부여하는 제도를 개관하는데, 이들은 어떠한 형식이나 명칭을 취해도 실질적으로는 도시계획의 기능을 담당한다.

2) 도시계획사업

주택단지의 건설

도시계획사업은 도시관리계획에 기초해 일단의 주택단지를 조성하거나 또는 신도시를 건설하는 사업 등을 말한다(법 제2조 제11호). 이런 사업은 새로운 주택단지를 조성하는 것을 목적으로 사업대상지를 획지해서 그 필지별로 건축허용성을 부여하는 것을 주된 목적으로 한다. 물론 사후에 들어설 주택과 인구를 전제로 각종 기반시설을 설치하는 것도 도시계획사업의 목적을 구성한다. 이렇게 공급된 택지는 개인들에게 매각되고 소유자들이 그 지상에 건축허가를 신청하는 절차를 거쳐 주택단지로 바뀌게 된다. 여기서 말하는 주택단지는 주택법에서 말하는 주택단지보다는 넓은 개념으로 단독주택용으로 획지된 주택단지들도 포함하는 것이라는 점에 유의해야 한다.

공사허가와 건축허용성 승인

택지개발촉진법에 의한 택지개발사업(동법 제2조 제4호), 도시개발법에 의한 도시개발사업(동법 제2조 제2호), 도시 및 주거환경정비법에 의한 정비사업(동법 제2조 제2호) 등의 도시계획사업은 사업대상지를 대규모로 개발해야 하므로 이에 대한 물리적 형상변경을 수반한다. 따라서 도시계획사업에는 대규모 공사허가가 포함되며 이를 통해 구릉지가 없어지거나 작은 호수가 생겨나는 등의 토목공사가 진행된다. 도시계획사업은 또한 사업대상지 전체에 대한 토지이용계획을 포함하는데, 이는 대상지역에 대한 획지(건축단위)와 그에 대한 건축허용성 부여기능을 포함한다. 이를 통해 공동주택용지 · 단독주택용지 · 상가용지 등이 만들어지며, 이러한 권능에는 종래 지목이 전 · 답 · 임야이던 땅을 대지로 바꾸어주는 힘이 포함된다.

도시계획사업의 법적 효과

도시계획사업은 기성시가지와 인접해서 도시지역 내에서 이루어지는 것과 도시지역을 벗어나 새로운 신도시를 만드는 사업으로 크게 나뉜다. 구획정리사업이나 일단의 주택지조성사업 등은 전자에 속하고, 택지개발촉진법에 의한 택지개발사업은 후자에 속한다. 도시계획사업은 도시계획에 근거한 사업이기 때문에 이미 도시계획이 있다면 현존하는 도시계획을 변경하는 기능을 포함하고, 도시지역 외곽에 새로운 도시를 건설할 때에는 새로운 시가지를 도시계획구역으로 편입하는 기능을 포함하게 된다.

3) 토지형질변경허가(개발행위허가)제도

(1) 개념과 기능

형질변경허가의 뜻

통상적으로 토지의 형질변경이라는 것은 기존의 '토지형상에 실질적인 변경'을 가하는 행위를 말하는 것으로 이해되고 있다.[113] 그리고 토지형상의 변경은 구체적으로는 성토 · 절토 또는 정지 등의 방법을 통하여 이루어진다(영 제51조 제3호). 성토는 기존 토지의 토석의 양을 늘리는 행위를 말하고,

113) 대법원 1998. 4. 14. 선고 98도364 판결. 이외 토지형질변경에 대한 판례를 잘 설명하고 있는 글로는, 윤진영, 토지의 형질변경, 법조, 1994. 8, 120면.

절토는 기존 토지의 양을 줄이는 행위를 말한다.[114] 법령과 판례는 이렇게 토지형질변경행위의 개념을 철저하게 물리적인 형상을 변경하는 것으로 좁게 이해해 왔다.[115]

그러나 사실상 도시지역내에서 이루어지는 토지의 형질변경은 많은 경우 전 · 답과 같은 지목의 토지를 대지로 전환하기 위한 전제가 된다(공간정보법 제81조, 동법 시행령 제67조 제1항 1호, 국토계획법 제62조).[116] 그리고 지목을 대지로 전환하는 주된 목적은 당연히 그에 후속하는 건축행위를 위한 것이다. 국토계획법이 토지의 형질변경을 허가대상으로 삼고 있는 것도 토지의 형상변경만을 통제하려는 데 그치지 않고 그에 후속하는 건축물의 건축행위를 허용할 것인가를 정하기 위해서이다.[117] 최근 대법원은 토지형질변경허가 속에 건축 허용성을 부여하는 기능이 있음을 명시적으로 인정하는 입장으로 변화하고 있다.[118]

---

114) 대법원 1995. 3. 10. 선고 94도3209 판결.

115) 정태용, 도시계획법, 한국법제연구원, 2001, 269면 등.

116) 대법원 1991. 12. 10. 선고 91누605 판결, 대법원 1991. 7. 9. 선고 90누6354 판결, 대법원 1978. 12. 13. 선고 78누339 판결.

117) 대법원 1990. 11. 27. 선고 90누2000 판결, "토지형질변경신청의 당부를 판단함에 있어서 형질변경행위 자체로 인한 경관 등에의 영향만을 고려해야 할 뿐 아니라 토지형질변경 후 '그 지상에 아파트를 건축한다는 가상적인 계획'도 고려의 대상이 된다."

118) 대법원 2020. 7. 23. 선고 2019두31839 판결, "해당 토지의 용도를 적법하게 변경하기 위하여 국토의 계획 및 이용에 관한 법률 제56조 제1항에 따른 개발행위(토지형질변경) 허가를 받아야 하는지 여부(적극) 및 이는 그 토지의 실제 현황이 어느 시점에 공부상의 지목과 달라졌거나 또는 토지의 물리적인 형상을 변경하기 위한 공사가 필요하지 않은 경우에도 마찬가지인지 여부(적극)."

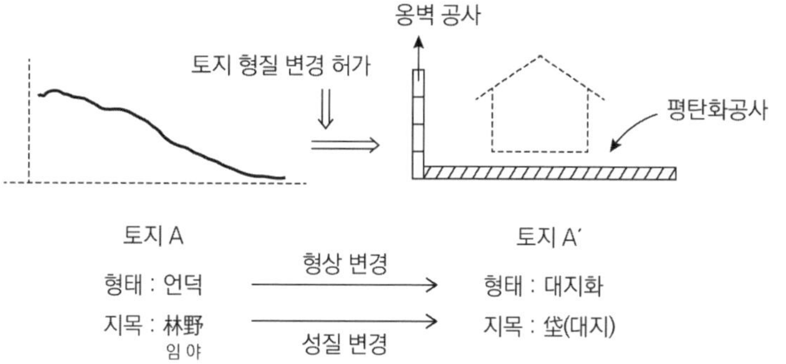

〈그림 5 건축허용성(성질변경)〉

도시계획의 한계

토지형질변경허가는 형상변경을 위한 공사허가로서의 의의를 갖는 한편, 도시계획 체계의 작동을 위해 건축허용성을 부여하는 기능을 수행한다.[119] 형질변경허가제도가 건축허용성을 부여하는 기능을 담당하게 된 이유는 용도지역제 도시계획이 가지고 있는 한계 때문이다. 용도지역이 정해진 지역에 존재하는 개별필지라 해도 그 위에 건물을 지을 수 있는가 하는 점은 건축허용성 면에서도 물리적인 형상 면에서도 아직 미정인 상태이기 때문이다. 따라서 통상의 신도시에서 이미 도시계획사업에 의해 물리적 대지조성이 이루어지고 건축허용성이 부여된 토지들과 비교하면, 기성시가지의 토지들은 건축허용성과 함께 물리적 공사허가도 개별필지별로 받을 수밖에 없는 상황에 놓이게 된다.

도시계획기능의 보충

이런 기성시가지에서 행정청은 토지형질변경허가를 발급할 때 당해 필지의 건축허용성에 대해 최초로 심사하게 된다. 이때 토지형질변경허가가 담당하는 기능은 아직 완성되지 않는 개별 필지단위의 도시계획내용을 완성해주는 것이며, 법적으로는 '필지단위의 도시계획'이라는 실질을 갖는다. 물론 전체 도시계획의 결정은 아니지만 도시계획적 판단이 행해져야 하고 개별필지단위로 도시

119) 이에 대해 자세히는 김종보, 토지형질변경허가의 법적 성질, 행정판례연구 제11집, 2006. 6. 383-421면 참조.

계획결정권자가 미처 행사하지 못한 계획재량도 그 속에 일부 녹아 들어간다고 보아야 한다. 대법원에 의해 토지형질변경허가가 의문의 여지없이 재량행위로 해석되는 것도 이러한 점들이 고려되었기 때문이다.[120)]

(2) 성질변경과 형상변경의 관계

형질변경허가의 구성요소

토지형질변경허가의 규율내용을 구성하는 것은 크게 두 가지이다. 첫 번째는 필지단위의 도시계획으로서 당해 토지에 건축허용성을 부여하고, 두 번째는 이를 전제로 토지를 대지로 조성하기 위한 물리적 공사를 허용한다는 내용이다.[121)] 토지형질변경허가의 명칭이 '형상(形象)'변경허가가 아니라 '형질(形質)'변경허가로 정해진 취지도 그 허가의 내용이 공사허가에 국한되는 것이 아니라 법적 성질을 변경하는 것을 공히 포함하고 있기 때문이다.[122)]

성질변경의 우위

그러므로 토지형질변경허가는 외형상 하나의 처분이지만 실질적으로는 토지의 '성질변경' 허가와 '형상변경' 허가로 구성된다. 판단의 순서도 토지의 성질을 변경해도 좋을 것인가 하는 판단이 선행하고, 긍정적인 판단이 내려지는 경우에 비로소 형상변경을 위한 공사허가의 판단이 뒤따른다. 토지의 성질변경을 허용하기 위해서는 도시계획적 판단이 종합적으로 선행해야 하고, 주변토지

---

120) 대법원 2001. 9. 28 선고 2000두8684 판결, 대법원 2001. 1. 16. 선고 99두8886 판결, 대법원 2000. 7. 7. 선고 99두66 판결 등.

121) 대법원 2009. 12. 10. 선고 2008두10232 판결, "용도변경을 초래하는 이용 내지 개발행위에 법적 규제를 받는 토지에 대한 공간정보법상의 지목변경은 원칙적으로 그러한 행위를 가능하게 하는 개발행위 허가나 전용허가 등을 통하여 토지의 용도가 적법하게 변경된 경우(<u>반드시 토지 자체에 대한 물리적인 변경행위가 요구되는 것은 아니다</u>)에 비로소 허용되고, 그 토지의 실제 현황이 어느 시점에 공부상의 지목과 달라지게 되었다는 사정은 그 허용 여부에 영향을 미치지 아니한다고 해석하여야 할 것이다."

122) 1919년에 제정된 일본 도시계획법 제11조는 형질변경이라는 표현대신 "토지에 관한 공사 또는 권리에 관한 제한으로서 도시계획상 필요한 것은 칙령으로 정한다"는 규정을 두고 있었다. 이를 이어 받은 1934년 조선시가지계획령 제10조는 앞의 표현대신에 명시적으로 "토지의 형질을 변경"하는 행위를 허가대상으로 삼고 있다. 현행 일본 도시계획법도 개발행위허가라는 개념을 사용하고, 토지의 (구획)형질을 변경하는 행위를 포섭시키고 있다(일본 도시계획법 제4조 제12호). 조선시가지계획령, 1919년 일본 도시계획법 조문은 손정목, 일제강점기 도시계획사연구, 일지사, 1989, 398면 이하 부록부분 참조.

의 이용상황 등이 고려되어야 하므로 그 허가 여부에 대해 행정청의 폭넓은 재량이 인정된다.[123] 형상변경에 대한 공사허가는 당해 공사로 인해 주변토지에 위험을 초래하지 않도록 하고, 당해 토지의 안전성과 기능을 확보하는 데 주안점을 둔다. 당연히 형상변경허가를 심사하는 과정에서 행정청이 누리는 재량은 성질변경 심사시와는 달리 거의 존재하지 않는다. 국토계획법 시행령은 이 둘을 나누어 건축허용성 부여기준을 분야별 검토사항의 공통분야(별표 1의2 제1호 가목: 토지의 경사도 및 임상 등)에서, 공사허가기준은 개발행위별 검토사항(별표 1의2 제2호 나목: 옹벽 등의 설치)에서 정하면서 조례에도 위임하고 있다.

성질변경과 형상변경의 가분성

통상은 지목이 전·답 등인 토지가 형상도 대지의 모양을 갖추지 않고 있는 경우가 일반적이므로 토지형질변경허가 속에 존재하는 성질변경과 형상변경은 하나의 처분 속에 공존하게 된다. 그러나 예외적으로 토지의 형상은 이미 평탄하게 조성되어 있지만 지목은 대지가 아닌 토지가 있을 수 있고, 지목은 대지이지만 형상은 건물을 짓기에 부적합한 토지가 있을 수 있다. 전자의 경우에는 형질변경허가가 성질변경만을 위한 목적으로 신청되는 것이고, 후자의 경우에는 형상변경만을 위해 신청되는 것이다. 각각의 경우 행정청은 후술하는 별개의 허가요건을 심사해서 거부할 수 있을 뿐, 포함되지 않은 부분의 기준을 원용해서 형질변경허가를 거부할 수 없다.

건축허용성 부여기준

토지형질변경허가를 통해 행정청이 당해 필지들에 건축허용성을 부여하는 경우 우선 그 필지의 최대규모에 관한 제한이 있다(법 제58조 제1항 제1호, 영 제55조 제1항). 이는 형질변경허가가 직접 도시계획을 거치지 않는 것이므로 원칙적으로 소규모로 발급되어야 한다는 취지이다. 그 외 일반적으로 법령이 정하고 있는 건축허용성의 부여기준은 첫째 녹지지역이나 우량농지로 보존필

123) 2000년 도시계획법과 2003년의 국토계획법은 토지형질변경허가의 법적성격과 관련하여 중요한 의미를 갖는 세 가지 정도의 중요한 제도개편을 겪었다. 첫째, 종래 '행위허가'로 부르던 조문의 제목을 '개발행위허가'로 변경했다(동법 제46조). 둘째, 형질변경허가의 기준에 대한 법령이 변화하여 구법령상 '조성이 완료된 대지'를 형질변경허가의 대상에서 제외하던 문구가 삭제되었다(구 토지형질변경규칙 제2조 1호, 국토계획법 시행령 제51조). 셋째, 개발행위를 허가함에 있어 '도시계획위원회의 심의'를 거치도록 하는 제도가 도입되었다(법 제59조).

요성이 없을 것, 둘째 역사 · 문화적 가치가 높지 않아 원형보존의 필요가 없을 것, 셋째 표고 · 경사도 등을 참작하여 조례가 정하는 기준에 적합할 것 등이다(영 별표 1의 2. 1. 분야별 검토사항).[124)]

조성공사의 허가요건

토지형질변경허가는 물리적 공사허가의 성격을 포함하므로, 그 공사는 토지가 연약한 지반인 때에는 그 두께 등의 조사와 지반의 지지력 등에 관한 시험을 실시하여 이를 개량해야 하고, 토지의 형질변경으로 인한 비탈면 또는 절개면에 대하여는 옹벽 또는 석축의 설치 등 도시계획조례가 정하는 안전조치를 해야 한다(위 별표, 2. 개발행위별 검토사항, 나목). 공사허가의 요건은 공사를 허용하는 것을 전제로 공사에서 필요한 안전요건을 정하고 있을 뿐, 불가능한 것을 요구하여 공사허가를 거부할 수 있는 사유를 담고 있지 않다.

경사도와 건축허용성

형질변경허가의 기준으로 실무에서 중요한 역할을 담당하는 경사도나 입목본수도(立木本數度) 등의 기준은 시행령이 표고 · 경사도 등을 참작해서 정하도록 위임한 것을 자치단체의 조례가 받아 정하고 있다. 이는 개발행위의 특성 · 지형여건 · 사업수행상의 필요 등을 고려해서 도시계획위원회의 심의를 거쳐 적용이 완화될 수 있다[위 별표, 1. 분야별 검토사항, 가. 공통분야 (4)호 단서]. 이 기준은 건축허용성 판단의 기준과 대등하게 나열되어 있고 또한 도시계획위원회의 도시계획적 판단에 따라 완화될 수 있는 성질의 것이라는 점에서 건축허용성 부여기준에 해당한다. 이 기준이 충족되지 못하면 건축허용성이 부여될 수 없으며, 이러한 의미에서 형질변경허가는 거부되어야 한다.

이렇게 조례에서 정해진 경사도 등은 건축허용성을 부여하는 기준이라는 점에서 공사허가의 기준으로 혼동되지 않도록 유의해야 한다. 그러므로 건축허용성이 이미 부여되어 있는 토지에 대해 형상변경을 위한 공사허가로서 형질변경허가가 신청된 경우 행정청은 경사도 등을 이유로 이를 거부할 수 없다.[125)] 이러한 처분은 공사허가를 거부하는 것이 아니라 건축허용성이 없다

124) 이는 종래 토지형질변경규칙에서 규율하던 것들을 좀 더 구체화시킨 형태로 진화된 것으로서, 국토계획법상 제58조의 허가기준 및 제56조의 개발행위종류에 따라 세분되어 있다.

125) 이러한 점에서 이 둘을 구분하지 못하는 대법원의 판결은 옳지 않다. 대법원 2012. 11.

고 선언하는 것으로, 이런 처분은 과거 적법하게 부여된 건축허용성을 부인하는 것이기 때문이다.

(3) 형질변경허가제도의 적용범위

기성시가지

기성시가지에서 개별필지단위의 건축허용성을 부여해 온 형질변경허가제도는 한국 도시계획의 특수한 상황에 의존해 강력한 위력을 발휘해 왔다. 그러나 건축허용성의 부여는 원칙적으로 도시계획에서 규율되어야 할 사항이며, 개별적인 처분에 의해 건축허용성을 부여하는 것은 전체 도시계획의 체계나 이상과는 거리가 있다. 그러므로 도시계획사업 등 개별필지 전체에 대한 도시계획적 결단이 선행하는 신도시 등에서는 건축허용성을 직접 부여하는 정상적인 도시계획을 전제로 건축허용성이 판단되어야 한다.

계획적으로 개발된 신도시

형질변경허가제도는 기성시가지에서 지적이 먼저 형성되고 난 후 사후적으로 용도지역제 도시계획이 수립된 곳을 원칙적인 적용범위로 한다. 이때 형질변경허가는 주거지역 등 용도지역이 정해진 곳에서 개별 필지단위로 건축물을 건축하는 것을 허용할 것인가를 심사하는 기능을 담당한다. 그러므로 형질변경허가제도가 적용되는 범위는 용도지역제 도시계획만이 존재하고 지구단위계획을 포함한 각종 토지이용계획이 필지단위에 이르기까지 섬세하게 규율하지 않고 있는 지역에 한정된다.

도시계획사업이 시행되면 형질변경허가제도와는 다른 절차에 의해 건축허용성이 부여되고, 이런 경우에는 형질변경허가제도가 개입될 여지가 없다. 예컨대 일산이나 판교, 분당과 같은 곳으로 가면 택지개발사업이 있고, 그에 따른 토지이용계획으로서 지구단위계획이 세밀하게 존재하므로 형질변경허가제도가 사업의 중간에 개입할 여지가 없다. 사후적으로도 도시계획적 결단이 섬세하게 담겨진 지구단위계획이 존재하는 신도시에서 형질변경허가를 매개하여 추가적인 건축허용성을 부여하는 것은 지구단위계획에 반한다.

---

29. 선고 2012두5824 판결 참조.

이에 비해 과거 일정한 시점에 도시계획사업이 진행되었으나 현재에는 단순하게 용도지역제 도시계획만이 수립되어 있는 지역들에 대해서는 해석상의 문제가 남는다. 이러한 지역에서 도시계획사업의 결과로 조성된 건축단위는 필지경계선으로 남고 건축허용성에 대한 판단은 지목상 대지로 남게 된다. 이러한 지역의 토지는 도시계획사업을 통해 행태도 평탄한 상태인 것이 원칙이고 지목도 대지이므로 건축허용성을 부여받을 필요 없이 건축허가를 신청하면 충분하다. 다만 예외적으로 지목은 대지이지만 토지의 형상에 대한 평탄화 공사가 이루어지지 않은 채 '원형으로 공급된 토지들'에서 건축허가를 신청하고자 할 때 해석상 문제가 발생할 수 있다.

형질변경허가를 실무와 같이 토지의 물리적 형상변경을 위한 허가로 보는 한 원형으로 공급된 토지들에 대해서는 형질변경허가가 필요한 것으로 해석될 수 있다.[126] 그러나 이 토지에 대해서는 이미 건축허용성이 도시계획사업에 의해 부여된 것이고, 다만 토지의 형상변경만이 필요한 상태라는 점에서 형질변경허가는 형상변경만을 위한 것이다. 도시계획사업에 의해 건축허용성이 부여된 토지에 대해서도 이런 법적 불안정성이 생기는 이유는 건축허용성을 부여하는 것이 비록 도시계획이라 해도 이를 반영할 수 있는 도시계획적 수단이 없기 때문이다.

4) 주택건설사업

주택건설사업은 주택법에 의한 사업승인을 통해 진행되는데(동법 제15조), 사업승인의 과정에서 주택단지가 될 일단의 토지를 묶어서 건축허용성이 부여된다. 주택법에 의한 사업승인은 대지조성사업과 주택건설사업의 두 가지 종류로 나뉘며, 대지조성사업만을 목적으로 사업승인이 발급되면 형질변경허가와 유사하게, 택지의 조성을 위한 공사허가와 건축허용성을 부여하는 것을 내용으로 한다. 이에 비해 일반적으로 하나의 주택단지에 대한 주택건설사업

126) 대법원 2001. 9. 28. 선고 2000두8684 판결 참조. 이 사건에서는 주택지조성사업이 시행되어 지목이 '대'로 변경되었으나 사업시행 이후에도 택지로 조성되지 않은 채로 남게 된 토지의 건축허용성이 문제되었다.

승인이 이루어지면 그 사업승인 속에는 토지에 대한 공사허가, 건축허용성을 부여하는 처분이 포함되면서 동시에 주택건설을 승인하는 처분(건축허가)이 공존하게 된다. 그러므로 전·답 등의 지목을 포함한 일단의 토지를 주택단지로 해서 사업승인을 받으면 주택건설공사가 끝난 후 모두 지목이 바뀌는 과정을 거친다. 이 경우에는 그 일단의 토지에 대한 건축허용성도 사업승인의 과정에서 모두 검토되어 승인되는 것이다.

이와 달리 신도시의 건설과정에서 택지개발촉진법에 의한 택지개발사업이 시행되면 토지이용계획 또는 지구단위계획에서 공동주택용지로 목적이 특정된 토지가 공급된다. 이렇게 공급된 토지는 이미 공동주택에 대한 건축허용성이 부여되어 있는 토지이므로, 단순하게 주택건설허가만이 발급되며 이때의 사업승인은 건축허용성을 포함하지 않는다. 따라서 개발이익환수에 관한 법률에서 말하는 개발사업(동법 제2조 제1호)에 해당하지 않으며 개발부담금 부과대상에서도 제외된다.[127] 또한 이미 대지조성공사에 대한 허가를 받아 조성된 일단의 토지에서 사업승인을 받는 경우에도 역시 사업승인은 건축허용성을 포함하지 않는 순수한 건설허가의 성격만을 갖는다.

도입사례의 해결

갑이 신청한 형질변경허가는 형상변경허가와 성질변경허가라는 두 개의 처분을 포함한 것이다. 갑의 토지는 형상변경은 필요없는 토지였지만, 성질변경을 통해 지목을 대지로 변경할 필요는 있는 토지였다.

---

127) 대법원 2009. 12. 24. 선고 2008두3968 판결, "대지조성과 함께 시행되는 주택건설의 규모가 구 주택건설촉진법에 의한 사업계획승인의 대상에 해당하는 경우에는 그 주택건설사업도 개발부담금 부과대상사업에 포함된다는 의미이지, <u>대지조성공사를 필요로 하지 않는 토지에 주택건설만을 하는 경우</u>까지 개발부담금 부과대상사업에 포함하는 것으로는 볼 수 없다."

제15강 건축물과 건축행위의 규제

>> 도입사례

갑은 카페를 경영하고자 지하 1층을 임대하였는데, 지하 1층의 층고가 높아(7미터) 층을 나누는 중간 바닥을 설치해서 약 10㎡ 정도의 다락방을 만들었다. 갑의 행위는 건축법상 증축인가 또는 국토계획법상으로도 증축에 해당하는가? 또 증축허가를 받아야 하는가?

1. 국토계획법상 건축물의 의의

도시계획과 건축규제

도시계획의 핵심기능에서 건축단위와 건축허용성을 논하는 것은 도시계획이 건축행위를 규제대상으로 한다는 전제하에 가능하다. 도시계획이 건축물이나 건축행위에 무관심하다면 처음부터 건축물이 지어질 건축단위나 그 토지상의 건축허용성 문제를 논할 필요가 없기 때문이다. 그러므로 도시계획에 의한 건축규제는 가장 초기에 언급되는 것이 논리적으로는 옳다. 다만 이 책에서는 이해의 편의를 위해 건축단위가 확정되고 그 지상의 건축허용성이 정해진 후 건축행위에 착수하는 시간적 순서에 따라 건축물과 건축행위를 이곳에서 설명한다.

법률의 목적과 건축물 개념

국토계획법은 '건축물의 건축'에 대해 허가를 받도록 정하고 있지만(법 제56조) 건축물이나 건축의 개념에 관해서는 침묵하고 있다. 국토계획법도 건축물의 건축행위를 통제하는 것이므로, 이론상으로는 동법 자체에서 그 통제대상인 건축물의 개념을 확정하는 것이 옳다.

엄밀하게 보면 국토계획법에서 말하는 건축물의 개념은 건축법과 기본적으로 다른 관점에서 출발한다. 건축법상 '건축물'은 사람이 머물 수 있는 구조이고 사람이 그 안에 머물다가 위험한 상황을 맞을 수 있다는 점이 중요한 것이지만(위험방지), 국토계획법상의 건축물은 장기간 토지를 점용해서 주변토지의 이용상황에 영향을 주는 시설물이라는 점에 중점이 있다. 도시계획이 건축을 규제하고자 하는 목적은 토지의 이용관계에 영향을 미치는 행위를 통제하기 위한 것이다.

건축법과의 통일성

다만 일반적인 용어로서 건축물이라는 개념이 건축법, 국토계획법을 모두 관통하고 있고, 건축법상의 건축물과 국토계획법상의 건축물이 구체적인 경우에서 차이를 보이는 것은 아니다. 따라서 국토계획법에서 말하는 건축물은 원칙적으로 건축법상의 정의에 의존하는 것으로 해석해도 좋다.

대지의 중요성

국토계획법에서 말하는 건축물은 건축물 그 자체만으로 평가되지 않는다. 이미 설명한 바와 같이 하나의 건축물이 등장하기 위해 토지의 단위로서 건축단위가 설정되고 이를 기준으로 다시 건축허용성이 평가된다. 건축허가요건이라는 점에서 보면 건축법의 허가요건이 '개별적 건축물'과 그 '내부요건'에 집중하는 것에 반해 국토계획법상 허가요건은 건축물보다 대지를 중시하고 건물내부보다는 그 외부에 대한 영향력을 통제하기 위한 것이라는 점에서 크게 대조를 보인다.

그래서 국토계획법상의 건축물과 허가요건은 건축단위가 되는 대지와 긴밀하게 결합되어 있고, 대부분의 법적 평가가 대지를 기준으로 이루어진다. 건폐율, 용적률, 접도의무, 허용용도 등이 대지를 전제하거나 기준으로 하는 건축허가요건이다. 또한 대부분의 허가요건들은 대지와 건축물의 관계를 규율할 뿐 '건축물 내부'에 대해서는 깊은 관심을 기울이지 않는다. 후술하는 건축행위의 구별에 있어서도 대지는 중요한 의미를 갖는다.

2. 국토계획법상의 건축행위

1) 건축행위 일반

건축행위의 구별필요성

국토계획법적 관점에서는 건축물이 신축, 개축, 증축 개념을 엄격하게 구별할 필요성이 높다. 국토계획법제의 법률들이 토지이용관계에 변동을 초래하는 신축이나 증축에 대해서는 엄격한 제한을 가하지만 개축에 대해서는 상대적으로 너그러운 태도를 보이기 때문이다. 특히 개발제한구역 내에서는 건축물의 종류 및 건축행위의 종류에 따라 법적 취급이 달라지므로 건축행위를 구별하는 것이 건축허용성 및 건축허가요건을 결정하는 전제가 된다.[128]

이에 반하여 건축법상 '건축행위'는 기본적으로 신축을 통제하는 것이고, 그 외 건축행위의 외연을 확대하기 위해 개축 · 증축 등의 행위도 건축행위로 포섭하는 형식을 취한다. 따라서 건축경찰법상으로는 어떠한 행위가 증축인가 또는 신축, 개축인가 하는 구별의 문제가 중요한 의미를 갖지 못한다. 다만 어떠한 행위가 건축행위에 해당되면 위험방지 차원에서 건축허가를 받아야 하는 의무로 연결될 뿐이다. 이러한 점에서 건축법시행령에 마련된 신축, 증축 등의 개념은 건축법상의 건축행위 개념이라기보다는 국토계획법상 건축행위의 개념 정의에 더 가깝다(건축법시행령 제2조 제1호 내지 제4호).

존속보장과 건축행위

건축법의 목적은 위험방지이므로 기존건축물이든 신축건축물이든 또는 증축된 건축물이든 가리지 않고 위험한 건축물의 발생과 존속이 통제된다. 그러나 국토계획법의 목적은 토지의 합리적 이용으로 그 목적의 급박성이나 절박성 면에서 건축법과 다르다. 특히 건축법과 국토계획법은 기존건축물의 평가에서 차이를 보이는데, 국토계획법은 기존의 토지이용상황을 기준으로 토지이용관계에 추가적인 부담을 주는 행위를 통제하는 방식을 취한다. 이에 따라 국토계획법에서는 기존의 토지이용상황은 존중되어 기존건축물의 존속이 상대적으로 강하게 보장된다. 이 점에서 국토계획법은 기존 건축물의 증축과 개축에 대해 매우 관대하고 특히 개축에 대해서는 거의 개입하지 않지만, 신축에 대해서는 강력한 통제기능을 발휘한다.

신축개념의 포괄성

국토계획법상 신축은 대표적인 건축행위로서 증축과 개축개념에 해당하지 않는 행위를 포괄하는 보충적 성격을 갖는다. 그러므로 만약 증축이나 개축에 해당하지 않으면 신축이라고 해석하는 것이 원칙이다.

---

128) 대법원 2000. 6. 23. 선고 98두3112 판결. 이에 대한 자세한 평석으로 김종보, 건축의 개념과 불법건축, 공법연구, 2000. 11, 509면 이하 참조.

2) 증축행위

증축의 개념

대지에 이미 존재하고 있는 건축물을 전제로 건축물의 면적이나 층수 등을 증가시키는 행위를 증축이라 한다. 국토계획법상의 증축 개념은 토지이용관계에 추가적인 부담을 주는 행위이므로 반드시 건축물의 물리적 · 유형적 증가에 한정되지 않는다. 예컨대 다세대주택을 분할하여 세대수를 증가시키거나 또는 노대(베란다)에 경량재(經量材) 섀시를 설치하여 내부공간으로 만드는 행위도 이론상 증축에 해당될 수 있다.

신축과 증축의 구별

동일한 대지안에 기존의 건축물과는 별개의 동으로 건축물을 축조하는 경우도 건축행위의 개념이 나뉘게 된다. 건축경찰법적 관점에서 보면 이러한 행위는 증축이 아니라 신축이지만, 국토계획법적 관점에서는 이를 증축으로 처리하는 것이 이론적으로 옳다. 건축경찰법은 건축물단위로 건축행위를 파악하지만, 국토계획법은 대지단위로 건축행위를 파악하기 때문이다.

개축과의 관계

건축물의 붕괴위험을 생각하는 건축법의 입장에서는 건축물의 일부를 증축하는 행위보다는 오히려 건축물 전체를 헐고 새롭게 짓는 개축행위가 더 엄격한 통제대상이 된다. 그러나 위험방지보다는 토지의 사용관계에 관심을 두는 국토계획법의 입장에서는 동일한 규모로 개축하는 것보다는 건축물의 면적을 늘리는 증축이 더 강한 통제의 대상이 된다. 예컨대 개발제한구역내 증축이 개축보다 억제되는 것도 이러한 국토계획법의 목적과 연관되어 있다.

3) 개축행위

개축의 뜻

개축은 건축물이 있는 대지안에서 건축물을 철거하고 그와 동일한 규모로 건축물을 축조하는 행위를 말한다. 국토계획법적 관점에서 보면 개축행위는 특별한 사유가 없는 한 통제할 필요를 느끼지 않는 건축행위이다. 이미 존재하는 건축물을 그대로 사용하건 또는 개축을 통해 새로운 건축물이 들어서건 건축물의 규모가 동일하므로 주차장, 기반시설 등에 추가적인 부담이 없고 토지이용상황이 변하지 않기 때문이다.

3. 건축법상 건축허가와 의제조항

1) 건축허가의 절차통합

국토계획법상 건축허가

국토계획법상 개발행위를 하고자 하는 자는 개발행위허가를 받도록 정하고 있는데(법 제56조), 이 개발행위 속에는 건축물의 건축행위가 포함된다. 그러므로 이론상 건축물을 건축하고자 하는 자도 건축허가로서 개발행위허가를 받아야 하며 이를 하지 않고 건축을 하면 3년 이하의 징역에 처해진다(법 제140조).

절차통합과 의제조항

다른 한편 건축법 제11조 제5항은 건축법상의 건축허가를 받은 경우 허가를 의제하는 조문을 두고 있고, 그 안에 국토계획법상의 개발행위허가가 의제된다(동항 제3호). 앞서 지적한 바와 같이 개발행위 속에는 건축행위가 포함되므로 건축행위에 대한 허가 역시 의제된다. 그러므로 건축법상의 건축허가절차에서 건축법상의 허가요건 및 국토계획법상의 허가요건이 동시에 심사되는데, 그렇다고 하여 두 허가요건이 혼화되어 단일한 허가요건이 되는 것은 아니다.[129)]

2) 국토계획법상 건축허가와 개발행위허가의 관계

개발행위와 건축행위의 관계

2000년 이전의 국토계획법은 건축행위와 토지형질변경행위 등을 병렬적으로 나열하면서 이들을 각각 별개의 허가제도로 이해하고 있었다(구 도시계획법 제4조).[130)] 그러나 2000년 이후 국토계획법은 개발행위라는 용어를 도입하면서 이를 건축허가와 토지형질변경행위 등을 모두 포함하는 하나의 상위개념으로 사용하고 있다. 건축법 제11조가 건축허가를 통한 의제조항을 마련할 때 국토계획법상 개발행위허가 전체를 의제한 것은 입법적 오류이며, 국토계획법

---

129) 대법원 2020. 7. 23. 선고 2019두31839 판결.

130) 물론 구법하의 행위허가기준을 정하던 '토지형질변경규칙' 제4조는 이들을 묶어 규율하는 오류를 범하고 있었다. 이에 대해 자세히는 김종보, 도시계획의 수립절차와 건축물의 허용성에 관한 연구, 서울대학교 박사학위논문, 378면 이하 참조.

상 건축허가만을 의제하는 것이 옳았다. 굳이 형질변경허가를 의제하고 싶었다면 최소한 별도의 항목으로 분리해서 두 개의 의제항목이 다른 것이라는 점을 밝히는 것이 좋았다.

도입사례의 해결

건축법시행령이 높이 1.5미터 이하의 다락방은 바닥면적 계산에서 제외하고 있으므로 이를 증축으로 볼 것인가에 대해 다툼이 있을 수 있다. 갑의 행위가 붕괴우려라는 점에서 위험을 증가시키는 행위에는 포함되므로 건축법상 증축에는 해당된다. 다만 바닥면적이나 연면적의 증가로도 평가되지 않으므로 국토계획법상으로는 이를 증축이라고 해석할 수 있는 조항은 없다. 건축법에는 위험방지와 관련된 증축개념이 존재하지 않고 국토계획법상의 증축조항만 있어서 이를 증축이라 볼 수 있는지 의문이 있을 수 있다.

제16강 건축물의 용도제한

도입사례

갑은 제1종 전용주거지역에 있는 단독주택을 구입했다. 오래된 주택을 헐고 새롭게 다가구주택을 짓고자 건축허가를 신청하였으나 행정청 을은 다가구주택이라는 이유로 국토계획법 시행령 별표를 근거로 건축허가를 거부했다. 국토계획법이 왜 또 어떻게 건축물의 종류를 통제하는가?

1. 용도지역과 용도제한

용도지역의 세분

도시계획에 의한 용도지역은 크게 주거지역, 상업지역, 공업지역, 녹지지역의 넷으로 분류되지만, 이는 다시 세분된다(국토계획법 제36조, 영 제30조). 용도지역에서는 지역의 지정목적과 합치하는 용도의 건축물 목록이 법령에서 정해진다(법 제76조 및 영 별표). 도시계획에 의한 용도제한은 건축허용성이 부여되어 있음을 전제로 허용용도만을 통제한다.

용도제한의 목적

국토계획법은 시행령 별표에서 용도지역에서 허용되는 용도의 목록을 지역에 따라 다르게 정하고 있을 뿐, 그 취지를 정확히 설명하지 않고 있다. 그러나 법률 차원에서 용도지역의 개념과 허용되는 용도의 대강을 정하는 작업은 도시계획 자체의 정당성을 담보해 주고, 개별 건축주들에게 도시계획의 구속력을 설득하는 중요한 기능을 한다.

용도지역제와 조례

용도지역에 따른 건축물의 용도와 형태제한요건은 법률과 시행령에 의해 전적으로 규율되는 것은 아니다. 오히려 그 구체적인 범위를 정하여 위임받은 개별 자치단체들의 조례가 실질적인 사항을 정하고 있다고 보는 것이 더 현실에 맞는다(국토계획법 제77조, 제78조 및 영 별표 2 이하 참조). 이는 도시계획과 관련된 사무가 전형적인 자치사무라는 측면을 반영한 것이다.

2. 용도의 분류

용도분류의 문제

국토계획법은 건축물 용도의 개념에 대해 별도의 규정을 두고 있지 않으며, 다만 시행령 별표를 통해 용도지역별로 허용되는 건축물의 용도를 나열하고 있을 뿐이다. 그리고 건축물의 용도분류는 건축법에 의존하여, 건축법시행령 별표 1의 용도분류체계를 활용하고 있다. 건축법에 존재하던 건축물의 용도제한요건을 2000년 도시계획법의 전부개정 과정에서 도시계획법으로 이전하였으나, 용도의 분류에 대해 국토계획법 차원에서 독자적인 규율체계를 만들지 못하고 있다.

건축법, 국토계획법과 용도분류

건축경찰법은 건축물의 위험방지요건을 주로 규율하는 법률이다. 이러한 법률에서 건축물의 용도를 분류하는 목적은 그 용도별로 위험발생상황과 대피에 필요한 상황 등을 다르게 규율하기 위한 것이다. 이러한 관점에서 보면 현행 건축법과 동법 시행령에서 보여주는 용도분류의 체계는 건축경찰법적 관점에서 필요한 용도를 넘어 과도하게 세분되어 있다.

이에 반하여 국토계획법은 토지의 합리적 이용을 저해할 수 있는 건축물들의 혼재와 난립을 막기 위한 목적의 법률이다. 국토계획법의 관점에서 보면 극장·백화점 등 다중의 이용을 예정하는 건축물이나, 아파트, 원룸 등 다수의 사람들이 거주하는 건축물에 대한 세밀한 용도분류가 필요하다. 특히 국토계획법상 중요한 지위를 차지하는 지구단위계획을 수립하기 위해서는 섬세한 용도분류체계의 마련이 시급하다.

3. 용도지역의 종류

1) 주거지역

주거지역은 도시민의 주거지로 사용되는 지역이다.[131] 이러한 지역은 거주의 안녕과 건전한 생활환경의 보호를 위하여 지정한다. 전국 도시지역의 약 14.5%를 점하며, 이 중 일반주거지역이 약 93%, 전용주거지역 및 준주거지역이 각각 3% 정도를 차지한다. 일반주거지역이 차지하는 비중이 매우 높으므로 다시 1, 2, 3종 주거지역으로 세분하고 있고, 전용주거지역도 1, 2종으로 세분된다(국토계획법시행령 제30조 제1호).

㉠ 전용주거지역: 저층중심의 양호한 주거환경보호(단독주택 및 편익시설)를 위하여 지정되는 지역이다.

㉡ 일반주거지역: 일상의 주거기능을 보호하기 위하여 필요한 때에 지정한다.[132]

㉢ 준주거지역: 주거기능을 주로 하되 상업적 기능의 보완이 필요할 때 지정한다(주거 및 상업).

131) 대법원 1985. 9. 24. 선고 84다카1523 판결.

132) 대법원 1989. 12. 26. 선고 89누5812 판결.

2) 상업지역

상업과 기타 업무의 편익을 도모하기 위하여 필요한 때 지정하는 지역이다. 전체 도시지역 중 약 1.8%를 차지하여 매우 좁은 면적에 불과하다. 그러나 토지가 집약적으로 사용되고 이에 따라 매우 높은 지가를 유지하는 지역이다. 상업지역을 100으로 볼 때, 중심상업지역은 0.8%, 근린상업지역은 0.35%, 유통상업지역은 0.13% 정도이고 나머지는 모두 일반상업지역이다(동조 제2호).

㉠ 중심상업지역: 도심 · 부도심 업무, 상업기능(상업 및 교육문화시설)을 위하여 지정된다.
㉡ 일반상업지역: 일반상업 및 업무기능을 위한 용도가 주로 허용된다.
㉢ 근린상업지역: 근린지역에서 일용품 및 서비스공급을 위하여 지정되는 지역이다.
㉣ 유통상업지역: 도시내 및 지역간 유통기능의 증진을 위하여 필요한 때 지정되는 지역이다.

3) 공업지역

공업지역은 도시내 공업시설을 한 곳에 모아 공업의 편익증진을 도모하는 한편, 주거지역과 혼재되어 주거환경을 해치는 것을 방지하기 위한 취지로 지정된다. 도시지역의 6% 정도를 차지하며, 그 중 전용공업지역이 약 10%, 일반공업지역이 약 70%, 준공업지역이 약 20% 정도를 차지한다(동조 제3호).

4) 녹지지역

보건위생, 공해방지, 보안과 도시의 무질서한 확산을 방지하기 위하여 녹지의 보전이 필요할 때 지정한다. 개발제한구역을 포함하면 도시지역의 약 72% 정도를 차지하고,[133] 이 중 대부분이 자연녹지지역(약 91%)이다. 보전녹지지역에서 허용되는 건축용도가 가장 제한적이고, 자연녹지지역에서의 건축이 상대적으로 용이하다(동조 제4호).[134]

---

133) 엄밀히 말한다면 개발제한구역은 용도지역제의 도시계획과 다른 도시계획이므로 이러한 구역에 속하는 토지를 녹지지역이라 구분하는 것은 모순이다.

㉠ 보전녹지지역: 도시의 자연환경, 경관, 수림 및 녹지를 보전하기 위하여 지정한다.
㉡ 생산녹지지역: 주로 농업적 생산을 위하여 개발을 유보하기 위하여 지정한다.
㉢ 자연녹지지역: 녹지공간의 보전을 해하지 아니하는 범위안에서 제한적 개발이 불가피한 때 지정한다.

도입사례의 해결

국토계획법은 토지의 합리적 이용을 위해 건축물이 용도와 형태를 제한하는 법률이다. 도시계획에 의해 설정된 용도지역(주거, 상업, 공업, 녹지)에 따라 허용되는 건축물이 국토계획법 시행령 별표에 각각 정해져 있고 이에 따라 제1종 전용주거지역에서는 다가구주택이 금지된다.

제17강 건축물의 형태제한

도입사례

갑은 전용면적 84제곱미터의 아파트를 분양받았는데, 계약서에 전용면적, 공용면적 이외에 서비스면적이라는 표현이 있다는 점을 발견했다. 서비스면적은 어디서 연유하는 것인가?

건축물의 형태제한이란 국토계획법이 건축물의 형태에 대해 규제하고 있는 허가요건을 말한다. 이에 속하는 것은 건폐율, 용적률, 높이제한 등이 있다.

134) 대법원 2004. 6. 24. 선고 2002두3263 판결(자연녹지지역의 장례식장).

1. 건폐율

1) 건폐율의 의의

건폐율의 뜻

건폐율(建蔽率)[135]이란 건축하고자 하는 '대지의 면적 대 실제로 건축되는 면적'의 비율을 의미한다. 건폐율은 건축물이 대지의 몇 %를 덮을 수 있는가를 정하는 것이므로 건축물의 층수와 직접 관련되는 것은 아니다. 건폐율의 제한은 건축물의 형태제한의 일종으로 국토계획법 제6장 제77조 이하의 기타 형태 규제에 관한 규정들과 나란히 규정되어 있다.

건폐율의 제한은 각 대지에 최소한의 공지를 확보하여 충분한 일조, 채광, 통풍 위생과 관련된 조건을 확보하고 재해발생시 각 건축물간의 연소를 방지하며, 소방, 피난 등을 용이하게 하는 데 목적이 있다. 건폐율은 용도지역이나 지구의 성격에 따라 다르게 적용되며, 실질적으로는 도시 내에서 지면이 건물로 덮이지 않고 대기에 노출될 수 있는 비율로 정해진다.

2) 건축면적의 의의

건축면적의 계산

건축면적은 건축물 외벽의 중심선으로 둘러싸인 부분의 수평투영면적으로 계산하며, 외벽이 없는 경우에는 외곽부분 기둥의 중심선을 기준으로 한다(건축법시행령 제119조 제1항 제2호). 다만 처마 · 차양 · 발코니 등 외벽으로부터 수평거리 1미터(한옥의 경우에는 2미터) 이상 돌출된 부분이 있는 경우에는 1미터(한옥의 경우에는 2미터) 후퇴한 선을 기준으로 한다.

건축면적 통제의 목적

건폐율의 기초가 되는 건축면적을 산정함에 있어서 가장 중요한 것은 건폐율을 통하여 통제하고자 하는 건축물의 형태가 어떠한 것인가를 확정하는 것이다. 건폐율은 좁게 보면 건축물이 직접 바닥을 덮는 면적만을 통제하는

135) 용어에 관하여: 우리말에서는 건폐율이라고 하는 용어가 없다. 이는 일본식 한자 표현으로 '건축률' 정도로 표현하는 것으로 충분하다. 그리고 용적률이라고 하는 표현도 사실상은 건축물의 체적과 관련을 맺고 있는 것이 아니고 단지 건물의 전체면적과 관련되는 것이므로 전체면적률로 표현하는 것이 어법상으로도 정확하다.

것으로 볼 수도 있고, 넓게 보면 건축물이 대지 위의 일정한 공간에서 차지하는 총량적 부피를 통제하는 것으로 이해할 수도 있다.

3) 용도지역별 건폐율

국토계획법은 용도지역에 있어서의 건축물의 형태제한으로서 건폐율을 다음과 같이 정하고 있다(법 제77조 제1항 제1호).

㉠ 주거지역에 있어서는 100분의 70 이하
㉡ 상업지역에 있어서는 100분의 90 이하
㉢ 공업지역에 있어서는 100분의 70 이하
㉣ 녹지지역에 있어서는 100분의 20 이하

이러한 제한은 지방자치단체에 의해 조례로 다시 하향 조절될 수 있는데, 이에 대한 자치단체의 조례가 자치권의 일부로서 상당히 강하게 결정권을 행사할 수 있는 것으로 해석하여야 한다.

2. 용적률

1) 용적률의 의의

용적률의 뜻

용적률(容積率)이란 대지면적에 대한 건축물 연면적의 비율을 의미한다. 즉 허가받은 대지면적의 몇 배까지 건축물의 연면적으로 확보할 수 있는가를 정하는 건축허가요건이 바로 용적률이다. 용적률조항은 건축물의 층수(높이)를 결정하는 데 결정적인 영향을 미치므로 건축물에 대한 입체적 규제의 성격을 갖는다. 건폐율은 '건축면적'으로 계산되지만, 용적률은 '바닥면적'을 합한 '연면적'으로 계산된다.

용적률 제도의 연혁

용적률제도는 건축물전체에 대한 획일적인 고도제한을 완화하기 위한 타개책으로 1960년대 미국에서 처음 도입되었다. 일정 지역내 건축물의 고도를 일률적으로 제한하면 개별 토지마다의 상황이 달라서 토지가 충분히 집약적으

로 활용되지 못한다는 비판의식이 바로 용적률이라는 제도를 만들어내게 된 동기였다.[136)]

2) 바닥면적의 의의와 계산

용적률과 바닥면적

건폐율과 마찬가지로 용적률의 정의와 용적률을 산정하는 기초개념인 '바닥면적'의 계산법도 건축법시행령에 마련되어 있다. 용적률은 대지면적대 연면적의 비율이며, 연면적은 각 층의 바닥면적의 합계이지만 용적률산정을 위한 연면적은 지하층과 지상층의 주차용 면적을 제외한 것을 사용한다(건축법시행령 제119조 제1항 제4호). 바닥면적은 각 층별로 평가된 면적인데 비해 이들 전부를 합한 면적을 '연면적'이라 한다. 특히 '연면적'은 '용적률산정을 위한 연면적'과 차이가 있으므로 구별에 유의해야 한다.

건폐율은 건축면적으로 계산되는 반면, 용적률은 바닥면적을 기초로 해서 계산된다. 건폐율과 용적률의 통제목적이 다른 것이기 때문에 건축법이 바닥면적을 건축면적과 구분하고 그 계산의 방법도 다르게 정하고 있다. 건폐율은 건축물에 대한 평면적(2차원적) 통제에 주된 계기가 있으며, 용적률은 건축물의 높이에 대한 입체적(3차원적) 통제를 목적으로 한다는 점에 큰 차이가 있다.

바닥면적의 계산방법

바닥면적은 건축물의 각층 또는 그 일부로서 벽 · 기둥 기타 이와 유사한 구획의 중심선으로 둘러싸인 부분의 수평투영면적으로 한다(건축법시행령 제119조 제1항 제3호 본문). 건폐율은 대지상의 건축물이 외형적으로 돌출되는 것을 막기 위한 것이 일차적인 목표지만(외부적 관점), 용적률은 건축물 내부의 사용자에게 실질적으로 제공되는 사용면적을 통제하는 것이 일차적인 목표이다(내부적 관점).

---

136) 이는 뉴욕시의 1961년 지구제조례(地區制條例)의 개정에 의해 처음으로 제도화되었는데, 유명한 건축가인 르 꼬르뷔지에의 주장에 근거한 것으로 알려져 있다. 일본은 미국의 아이디어를 빠르게 받아들여, 1963년 건축기준법(建築基準法) 개정을 통해 용적지역제(容積地域制)라는 제도를 도입하였는데(大河原春雄, 都市發展に對應へ建築法令, 東洋書店, 1991, 135면) 이 제도가 한국에도 1970년 건축법 개정으로 도입되었다(1970년 개정건축법 제40조 제1항 참조).

3) 바닥면적계산의 예외

(1) 노 대

노대는 건축물의 외부에 노출된 바닥형태의 구조물을 말하는데, 옥상, 발코니, 베란다, 테라스 등 다양한 형태가 가능할 수 있다. 베란다·발코니 등 실질적으로 내부면적에 포함되지 않는 부분은 구획의 외부로서 바닥면적에서 제외되어야 할 것이다. 다만 건축법은 베란다 등 노대의 경우에도 1.5미터 이상 돌출하는 부분에 한해서는 바닥면적으로 계산하도록 규정하고 있다(영 제119조 제1항 제3호 다목). 발코니를 합법화하기 위해 노대관련 규정이 변화를 겪었으며, 건축법시행령은 발코니의 개념을 별도로 정하고(영 제2조 제15호) 발코니를 노대로 간주함으로써, 발코니에 해당되는 것은 바닥면적에서 제외하도록 정하고 있다. 결과적으로 발코니에 해당되는 부분은 그것이 노대로서의 요건을 갖추고 있든 그렇지 않든 간에 바닥면적에서 제외될 수밖에 없다. 엄격하게 보면 바닥면적에서 제외되는 또 하나의 예외가 신설된 것이다.

(2) 필로티

1층이 필로티구조인 경우 공중의 통행 또는 차량의 통행·주차에 전용되는 한 바닥면적에 산입되지 않는다. 또한 공동주택의 1층 필로티부분도 바닥면적에 산입되지 않는다(건축법시행령 제119조 제1항 제3호 다목). 필로티구조물 부분도 건축물에 해당하는가를 평가하는 문제와 그 부분을 바닥면적에 포함시켜야 하는가는 별개의 문제이다. 이론적으로 보면 필로티구조의 건축물부분은 원칙적으로 구획의 내부가 되기 어렵고 이를 건축물의 내부면적인 바닥면적으로 산입하는 것이 어색하다.

(3) 내부의 불용공간(不用空間)

승강기탑·계단탑·장식탑·다락[137] 등은 건축물의 내부에 존재함에도 불구하고 법령에 의해 명시적으로 바닥면적에서 제외된다(동호 라목). 이러한 시설물은 내부에 존재하지만, 사실상 활용되는 면적으로서 의미를 갖지 못하

137) 1.5미터를 넘지 않는 다락은 다른 부분들과 달리 실질적인 바닥면적의 기능을 담당할 수 있으므로 섬세한 통제조항을 마련할 필요가 높다.

므로 입법적으로 바닥면적에서 제외된 것이다.

같은 이유로 옥상 · 옥외 또는 지하에 설치하는 물탱크, 기름탱크, 냉각탑 등도 바닥면적에서 제외된다. 공동주택의 지상층에 기계실 · 어린이놀이터 · 조경시설이 설치되는 경우 바닥면적에서 제외한다(동호 바목).

(4) 바닥면적의 후퇴선

벽 · 기둥의 구획이 없는 건축물에 있어서는 그 지붕 끝부분으로부터 수평거리 1미터를 후퇴한 선으로 둘러싸인 수평투영적이 바닥면적이 된다(동호 가목).

4) 용도지역별 용적률

용적률제도는 각 용도지역에 따라 토지의 집약적 사용의 정도가 다르다는 점에 착안하여, 지역의 특성에 따라 다양한 건축높이가 가능하도록 비율을 조절하고 있다. 특히 상업지역에 있어서는 상당히 너그러운 용적률을 적용함으로써 도시공간 확보를 가능하게 하고 있다. 각 용도지역별로 허용가능한 용적률의 최고치는 다음과 같다(법 제78조).

㉠ 주거지역: 500퍼센트 이하
㉡ 상업지역: 1천500퍼센트 이하
㉢ 공업지역: 400퍼센트 이하
㉣ 녹지지역: 100퍼센트 이하

용적률의 경우에도 이러한 상한선의 제한하에 지방자치단체가 이보다 더 엄격한 비율을 정할 수 있다. 따라서 건축을 하고자 하는 경우 자치단체의 조례에서 용적률을 어떻게 정하고 있는가를 확인하여야 한다.

3. 적용의 완화

적용완화의 뜻

적용의 완화란 국토계획법이 정하고 있는 용도제한이나 형태제한에 관한 허가요건 중 일부규정의 적용을 완화해 주는 것을 말한다. 이는 형태제한의 일종인 건폐율, 용적률 또는 용도제한에 관한 규정을 엄격하게 적용해서 건축

자체가 불가능할 때 예외적으로 건축을 허용하기 위한 제도이다. 허가요건을 충족하지 못하는 건축물에 대해 적용을 완화할 것인가를 정하는 것은 행정청의 재량이다.

완화의 대상

건축법 제5조는 건축주 등이 동법상의 요건을 적용하는 것이 불합리하다고 생각하는 경우 그 완화를 요청할 수 있는 길을 열어 놓고 있는데(제1항), 그 완화에 관하여는 지방자치단체의 조례가 정할 수 있다(제3항). 건축법 제5조는 총칙을 정하고 있는 제1장에 자리 잡고 있으므로, 해석상 건축법의 모든 규정에 적용된다.

그러나 순수한 건축경찰법상의 건축허가요건은 건축물로 인한 위험의 방지를 위한 것이므로, 자치단체가 임의로 적용을 완화하기에 적합하지 않다.[138] 이는 원칙적으로 자치단체가 지역의 특성에 맞게 일정한 국토계획법상의 요건을 탄력적으로 운용할 수 있는 길을 열어주기 위한 조항이다. 각 지방자치단체의 건축조례도 완화의 대상을 국토계획법상의 요건에 한정하고 있다.[139]

도입사례의 해결

건축법은 건축면적과 바닥면적에 대해 정하고 있지만, 주택법은 이와 별도로 전용면적과 공용면적에 대해 정하고 있다. 주택법은 집합건물인 아파트를 규율하는 법률로서 구분소유권을 전제로 하는데, 주택의 구분소유권은 전유부분(전용면적)과 공용부분(공용면적)을 내용으로 한다. 아파트의 용적률은 전용면적+공용면적으로 계산되는데, 용적률 계산에서 제외되는 베란다(노대: 건축법시행령 제119조)는 용적률의 관점에서는 서비스로 제공된다고 볼 수도 있다. 그러나 베란다는 민사적으로 전유부분에 속하고 그 설치에 소요되는 비용도 모두 수분양자가 지불한 것이므로 비용을 포함한 일반적인 측면에서 서비스면적이라고 보기 어렵다.

138) 그러므로 건축법 제5조 제1항이 대통령령에 위임한 범위에서 위험방지와 관련된 허가요건은 제외되는 것으로 해석해야 한다. 건축법시행령은 적용대상을 매우 조심스럽게 선택하여 이 책이 설명하는 국토계획법상의 건축허가요건으로 한정하고 있다(동령 제6조 제1항 각호).

139) 예컨대 서울특별시 건축조례 제3조 참조.

제18강 도시계획의 수립절차

>> **도입사례**

갑은 자신의 토지가 주거지역에서 녹지지역으로 바뀌는 과정에서 자신에게 개별적인 통지가 없었다는 점을 이유로 도시계획의 변경처분을 다투고자 한다. 자세히 알아보니 당해 도시계획변경은 공람절차의 기간을 위반한 잘못도 드러나게 되었다. 갑이 취소소송을 제기해 다투면 승소의 가능성이 있는가? 소송에서 승소하고 나면 갑의 권리는 종국적으로 구제되는 것인가?

1. 서 론

수립절차의 의의

도시내 토지의 합리적 이용을 규제하기 위한 수단으로서 도시계획은 다수의 토지소유자에 대한 영향이 절대적이고 도시 전체 차원에서도 중요한 결정을 많이 담는다. 이런 점에서 도시계획은 수립의 과정에서 행정기관을 포함해 전문가, 주민 등 다양한 사람들의 의견을 수렴할 필요성이 높은 행정작용이다. 투명하고 개방적인 도시계획의 수립절차가 마련되면 도시계획 자체의 정당성도 한층 높아지고 도시계획에 의한 규제가 주민들에게 더 잘 수용될 수 있다.

절차일반

도시계획의 수립절차와 관련되는 주요내용은 도시계획의 입안권과 결정권, 기초조사, 이해관계인에 대한 공람과 의견청취, 지방의회의 의견청취, 도시계획위원회의 심의, 도시계획의 결정 및 고시, 계획변경절차 등이다. 실무에서는 도시계획위원회가 가장 중요한 역할을 하지만, 장기적으로 수립절차에서 주민의 지위를 강화하는 방향으로 제도가 개선되는 것이 옳다.

주민의 의견청취는 주민이 도시계획 수립절차에 참가하여 자신의 권리를 사전에 보호받을 수 있는 기회로 삼는다는 소극적인 측면 이외에, 행정청도 주민들이 갖고 있는 자료를 반영할 기회를 갖는 적극적 기능을 한다. 따라서 도시계획의 수립에 있어 법제화된 주민참가(법 제28조)가 실질화되도록 노력을 기울여야 한다.

도시계획의 종류와 수립절차

도시계획의 수립절차에 관한 국토계획법 조문은 다양한 도시계획 모두에 적용되는 절차이다. 따라서 용도지역제 도시계획, 도시계획시설계획, 개발제한구역을 정하는 도시계획, 지구단위계획 등 모든 도시계획은 그 수립에 있어서 이 절차규정을 지켜야 한다. 또한 개별적인 도시계획마다 특수한 절차규정이 추가되는 경우 일반적인 절차와 함께 특수한 절차도 준수되어야 한다(예컨대 지구단위계획).

2. 도시계획의 수립권자

입안권자

도시계획의 수립이라는 행위는 크게 입안과 결정으로 구분된다. 입안이란 구체적으로 계획안을 만들어 나가는 작업을 말하는데 그 주체는 특별시장 · 광역시장 · 시장 또는 군수이다(법 제24조). 대도시인 특별시나 광역시는 법적 지위가 광역자치단체이지만, 하나의 도시가 성장한 '도시형 광역자치단체'이므로 공간형성에 대한 주도권이 전체 도시에 부여될 필요가 있다. 이를 반영해서 법률도 특별시 · 광역시 등 대도시인 광역자치단체에서는 입안의 주체를 광역자치단체장으로 정하면서, 구청장에게는 입안권을 부여하지 않는다. 이와 달리 특별시 · 광역시에 속하지 않는 기초자치단체의 경우에는 시장 · 군수가 입안권을 갖는다.

결정권자

시장 · 군수에 의해 입안된 도시계획은 법률로 지정된 결정권자가 이를 '결정'한다(법 제29조). 국가계획에 관련된 도시계획을 국토부장관이 입안하고 결정하거나 기타 예외적인 경우를 제외하고 현행법상으로는 광역자치단체장이 도시계획의 원칙적인 결정권자이다.[140] 그러므로 도시형 광역자치단체는 광역자치단체장이 입안권과 결정권을 모두 행사하는 것이 원칙이다. 다만 지구단위계획과 같은 한정적 범위에서는 기초단체장이 결정권을 갖는 경우도 있고

140) 대법원 1992. 9. 22. 선고 91누11292 판결.

(동조 제1항 단서) 도시계획의 종류별로 구청장에게 입안권이 위임되어 있는 자치단체의 사례도 적지 않다.

입안권과 결정권

국토계획법이 도시계획의 수립권을 입안권과 결정권으로 섬세하게 나누고 있다는 점은 수립절차의 특징이다.[141] 또 국토계획법은 수립절차상 입안권자가 진행할 절차와 결정권자가 진행할 절차를 명확하게 구분하고 있다. 이는 입안이라는 행위가 단순한 사실행위에 그치는 것이 아니라, 권한으로서 법률에 의해 근거를 부여받은 공식적인 법적 권한이라는 의미이다.

입안권자가 진행하는 절차는 기초조사(법 제27조), 주민참가 및 지방의회의 의견(법 제28조) 수렴절차 등이며, 결정권자가 진행하는 절차는 관계행정기관장과의 협의, 도시계획위원회의 심의, 결정고시 등의 절차이다(법 제30조). 따라서 법률이 정하는 바에 따라 개별적인 절차가 입안권자와 결정권자에 의해 진행되어야 하며, 이에 위반하면 절차하자가 된다.

3. 도시계획도서 및 계획설명서

도시계획도서 및 계획설명서의 작성의무

도시계획의 입안자는 도시계획도서 및 계획설명서를 작성하여야 한다. 이러한 도시계획도서 및 계획설명서를 요구하는 제도는 2000년에 처음 채택된 것이며, 도시계획도서는 도시계획도 및 계획조서, 기초조사의 결과, 재원조달의 방안, 환경성 검토결과 등을 포함하는 내용으로 구성된다(법 제25조).

계획도서 등의 기능

도시계획도서 및 계획설명서의 내용은 도시계획의 절차에서 도시계획에 대한 설명적 기능을 고려해 마련되어야 한다. 특히 주민이나 지방의회가 도시계획에 대한 의견을 제출하기 위해서는 도시계획에 대한 이해가 필요하며, 이를 위해 국토계획법은 도시계획도서와 계획설명서를 작성하도록 하고 있다.

---

141) 일본의 경우에는 입안권이라는 별도의 개념이 실정법에서 사용되지 않는다. 일본도시계획법 제15조 이하 참조. 독일은 입안과 결정을 구별하기는 하지만 모두 기초자치단체(Gemeinde)에 속한다. 이에 대해 자세히는 김종보, 도시계획의 수립절차와 건축물의 허용성에 관한 연구, 서울대학교 박사학위논문, 1997. 2. 68면 및 87면 참조.

4. 주민참가 – 공람절차

도시계획은 그 본질적 속성상 다수의 이해관계인이 관련되고 그 적용범위가 넓다. 그러므로 계획에 관계되는 다수 이해관계인의 이익 및 도시계획의 수립에 있어 고려하여야 하는 각종 공익에 대한 정보수집이 필수적이다. 이를 통하여 공익과 사익을 도시계획 속에서 형량하기 위한 자료들을 확보할 수 있다.

주민의견청취

도시계획을 입안하려는 국토부장관 또는 시 · 도지사, 시장 · 군수는 주민의 의견을 청취하여야 하며, 그 의견이 타당하다고 인정되는 때에는 이를 도시계획안에 반영하여야 한다(법 제28조 제1항). 도시계획의 입안에 관하여 주민의 의견을 청취하고자 할 때에는 일간신문에 2회 이상 공고하고 일반에게 14일 이상 공람한다(영 제22조 제2항). 이러한 공고 · 공람 등을 통하여 도시계획안의 내용에 관하여 의견을 갖게 된 주민은 공람기일 안에 시장 · 군수에게 의견서를 제출할 수 있다(영 제22조 제3항). 입안권자는 공람기간이 종료된 후 60일 이내에 제출된 의견의 도시계획안 반영여부를 검토해서 의견제출자에 통지하여야 한다(동조 제4항). 만약 결정권자와 입안권자가 일치하지 않는 경우 이러한 주민참가절차를 주도하는 권한은 입안권자에게 있고, 결정권자가 간여할 수 없다.

재공람의무

재공람규정에 의해 입안권자와 결정권자가 분리된 경우 결정권자의 임의적 수정결정은 상당한 제약을 받게 된다. 입안자가 제출한 도시계획안이 결정권자의 결정과정에서 중요한 변동을 겪게 되면 당연히 재공람되어야 하며(령 제22조 제5항), 재공람절차 없이 수정심의하는 것은 중대한 절차위반이 된다.[142]

5. 기초조사

국토계획법은 도시계획에 관한 기초조사의 근거규정을 두고 있고(제27조 및 영 제21조), 기초조사의 내용은 인구 · 경제 · 사회 · 문화 · 토지이용 · 환경 ·

---

142) 대법원 1999. 8. 20. 선고 97누6889 판결.

교통 · 주택 등이다(법 제13조). 도시계획의 수립에 있어 기초조사는 국민의 권익구제라는 목적을 직접 갖고 있는 것은 아니지만 주민참가의 기능이 정보의 수집이라는 측면도 있기 때문에 주민참가절차를 보충하는 기능을 한다.

6. 지방의회의 의견청취

도시계획의 입안자는 그 입안의 과정에서 도시계획안에 대하여 지방의회의 의견을 물어야 한다(법 제28조 제5항). 지방의회의 의견을 들어야 할 사항은 용도지역 · 용도지구 또는 용도구역의 지정 또는 변경지정, 광역시설의 설치 · 정비 등이다(영 제22조 제7항).

지방의회의 의견에 관한 절차는 종래 도시계획결정권에 관한 조문에 도시계획위원회의 심의와 함께 규정되어 결정권자가 준수해야 하는 절차였다. 그러나 현행법은 종래의 입법태도를 바꾸어 지방의회의 의견을 입안권자가 진행해야 하는 절차로서 주민참가와 함께 규율하고 있다. 따라서 현행법상 지방의회의 의견청취절차는 행정절차와 주민의견 수렴절차의 성격을 공유하는 것으로 해석해야 한다.

7. 도시계획위원회의 심의

도시계획의 결정권자는 국토계획법에 근거하여 조직되는 도시계획위원회의 심의를 거쳐야 한다(법 제30조 제3항). 앞의 절차들과는 달리 도시계획위원회의 심의절차는 도시계획의 안(案)이 결정권자에게 제출된 이후에 결정권자에 의해 진행되는 절차이다. 건축물 높이의 최고한도 등을 정하는 것을 내용으로 하는 지구단위계획의 경우에는 대통령령이 정하는 바에 따라 '건축위원회'와 도시계획위원회가 공동으로 심의해야 한다(법 제30조 제3항 단서).

도시계획위원회에 부의되어야 할 도시계획의 안은 도시계획도서 및 설명서를 포함하여 주민참가절차에서 제출된 의견들이 모두 담겨있는 포괄적인 것이다. 반영되지 않은 의견의 경우에는 입안자가 반영하지 않은 사유를 첨부하고, 반영된 의견의 경우에도 그 반영의 사유를 제시해야 한다.

8. 도시계획의 결정고시

1) 도시계획결정의 고시

효력발생요건인 고시

결정권자는 도시계획을 결정한 경우, 그 결정내용을 '관보 또는 공보에 고시' 하여야 한다(법 제30조 제6항, 영 제25조 제5항). 이렇게 고시된 도시계획은 지형도면을 고시한 날로부터 효력을 발생한다(법 제31조 제1항).[143] 도시계획을 결정하여 고시한 경우 이를 시장·군수에게 송부하여야 하며, 관계 시장과 군수는 도시계획도면을 일반에 공람하여야 한다(동조 제6항).

고시의 방법

고시를 하는 경우 가능한 한 해당지역을 명확히 인식할 수 있도록 도면 등이 첨부되어야 하지만 고시 자체에 지번이나 그 지번의 면적까지 표시하여야 하는 것은 아니다.[144] 그러나 고시에 정해진 사업시행기간 경과 후 변경인가의 고시를 하면서 일부 사항을 종전의 것과 같다는 취지에서 생략하면 도시계획의 위법사유가 될 수 있다.[145] 또 고시만이 효력발생요건이므로 국민 개인에 대한 개별적인 통지는 도시계획의 효력발생과 무관하다.

2) 지형도면의 고시

지형도면 고시의 뜻

도시계획의 결정권자는 도시계획의 결정고시이후 지적이 표시된 지형도에 도시계획사항을 명시한 도면(지형도면)을 작성해서 고시해야 한다(법 제32조). 지형도면의 고시는 명시적으로 이루어져야 하며 도시계획의 결정이 있다는

---

143) 종래 국토계획법은 도시계획결정고시 후 5일이 지나면 효력을 발생하는 것으로 정하고 있었지만, 2013년 법개정을 통해 지형도면고시에 효력발생일을 의존시키는 것으로 개정되었다.

144) 대법원 1990. 1. 25. 선고 89누2936 판결.

145) 대법원 1991. 11. 26. 선고 90누9971 판결.

사실만으로 지형도면의 고시가 행해졌다는 사실이 추정되지 않는다.[146)]

국토계획법은 도시계획의 고시가 사실상 구체적인 내용을 담을 수 없다는 점을 고려해서 지형도면의 고시에 관한 의무를 정하고 있다. 종래 도시계획법상 지적고시라는 명칭이 지형도면의 고시로 변경된 것은 2000년 도시계획법 전부개정에 의해서이며, 국토계획법은 지형도면의 고시라는 표현을 사용하고 있다.

3) 도시계획의 효력발생시점

종래 도시계획은 결정고시에 의해 효력이 발생하는 것으로 해석되고 있었고, 지형도면의 고시는 이를 보충하는 것으로 해석되었다. 그러나 앞서 설명한 바와 같이 도시계획은 결정고시에 의해 효력이 발생하지 않고 지형도면의 고시에 의해 비로소 효력을 발생하는 것으로 제도가 변경되었다. 이렇게 되면 도시계획 자체의 결정고시는 아직 처분성을 인정받기 어려워 취소소송의 대상도 될 수 없으며, 지형도면의 고시가 있을 때 비로소 처분으로 성립한다. 해석상 어색하지만 도시계획의 결정고시는 비록 대외적으로 공고 되었다고 해도 행정내부적인 효력만을 갖는 것으로 해석할 수밖에 없다.

도시계획결정과 지형도면의 우열

도시계획의 효력을 지형도면의 고시에 전적으로 의존시키는 입법자의 태도에 의해 도시계획의 결정과 지형도면고시의 우열관계도 일정한 수정을 겪을 수밖에 없다. 결국 도시계획이라는 개념 자체는 도시계획의 결정도면과 지형도면이 결합된 것으로 해석되어야 한다. 법 개정전에는 만약 도시계획의 고시와 지형도면의 내용이 일치하지 않는 경우라면 도시계획이 우선하는 것으로 보고 지형도면의 효력을 부인하는 것이 원칙이었다. 제도가 개편된 현재로서는 해석상 논란의 여지가 생기게 되었는데 지형도면이 도시계획의 결정내용과 상이한 내용을 담으면 어떻게 해석할 것인가 하는 문제가 바로 그것이다. 지형도면의 효력이 더 결정적인 것이라 해석하는 입장과 여전히 도시계획의 결정

---

146) 대법원 1982. 3. 9. 선고 80누579 판결. 동 사안은 도시계획의 결정 이후 사업시행의 인가까지 행하여진 경우였다. 다툼의 주된 대상이 무엇이었는지 명확하지 않고 다만 지적고시(地籍告示)가 행하여졌다는 것을 전제로 한 원고의 주장을 기각한 판결이다.

을 더 중시하는 입장이 대립할 수 있다. 개인적인 의견으로는 전자로 해석하는 것이 옳다. 입법적으로는 이 둘을 별도의 절차조항으로 병치하면서 효력발생시기를 정할 것은 아니며 도시계획을 결정고시할 때 지형도면도 동시에 고시하도록 제도를 통합하는 것이 옳다.

9. 도시계획의 변경절차

1) 도시계획변경의 의의

도시계획변경의 뜻

도시계획의 변경이란 유효한 구계획의 존재를 전제로 새로운 계획을 수립하는 것으로서 실질적으로 도시계획의 내용에 변동을 가져오는 것을 말한다. 그러므로 도시계획을 변경하기 위해서는 이전의 도시계획이 존재할 것을 그 최소한의 요건으로 한다.[147] 또한 형식이 어떠하든 도시계획의 내용에 실질적인 변동이 있으면 도시계획의 변경으로 해석된다.[148]

도시계획의 변경 속에는 도시계획의 수립이라는 요소가 있으므로 도시계획수립절차에 관한 모든 조항이 도시계획변경절차에도 준용된다. 이러한 원칙은 도시계획결정고시에만 적용되는 것이 아니라, 특히 지형도면의 고시에 관하여도 일반적으로 적용된다.[149] 물론 도시계획의 변경에 있어서도 고시만 하면 충분하고 개별적인 이해관계인에게 통지해야 하는 것은 아니다.[150]

2) 경미한 사항의 변경과 간이절차

경미한 사항의 뜻

경미한 사항이란 도시계획의 기초에 영향을 미치지 않는 것으로 그 범위가

---

147) 대법원 1995. 12. 8. 선고 93누9927 판결.

148) 대법원 1994. 12. 9. 선고 94누8433 판결, "주차장시설부지로 되어 있던 토지를 그 이용현황에 맞게 여객자동차정류장으로 변경한 것은 시설의 명칭만을 변경한 것이 아니고 도시계획시설의 변경결정에 해당한다." 대법원 1992. 12. 24. 선고 92누3809 판결(교육지구); 대법원 1992. 7. 28. 선고 92누4123 판결(도로구역결정).

149) 대법원 1993. 2. 9. 선고 92누5607 판결.

150) 대법원 1991. 1. 11. 선고 90누1717 판결.

작고, 성질상 도시계획의 비본질적 사항을 의미한다. 예컨대 전체 공원면적은 그대로 둔 채 구역만을 일부 조정한다면 경미한 사항의 변경에 해당된다.[151] 국토계획법은 도시계획의 결정절차(관계행정기관장과의 협의, 도시계획위원회의 심의 등)에 관한 규정을 도시계획의 변경의 경우에도 준용한다고 하면서 단서 조항에서 '경미한 사항'의 변경에 있어서는 그렇지 아니하다고 정하고 있다(법 제30조 제5항).

경미한 사항의 내용

국토계획법은 상당히 넓은 범위의 변경까지도 경미한 사항에 포함시키고 있다(영 제25조 제3항).[152] 경미한 사항에 대해서 국토계획법 시행령은 도시계획위원회의 심의, 관계행정청과의 협의만이 생략될 수 있는 것으로 정하고 있다(영 제25조 제3항 본문). 그러나 동항 제1호에서 나열하고 있는 바와 같이 단위면적의 1/20 미만의 새로운 면적이 새롭게 도시계획구역에 포함되는 도시계획의 변경은, 토지수용권과 관련하여 상당히 강한 기본권 제한이 될 수 있다. 이런 점을 고려하면 경미한 사항이라고 하여도 고시하는 것까지 면제된다고 해석할 수는 없다. 도시계획의 경미한 변경은 고시를 그 효력요건으로 한다는 점에는 일반적인 계획수립·변경의 절차와 차이가 없다.[153]

---

151) 대법원 1995. 8. 25. 선고 94누12494 판결.

152) 이러한 조항이 과연 국토계획법의 위임범위내인가에 대하여 의문이 없는 것은 아니나, 이에 대하여는 헌법재판소가 이미 합헌임을 확인한 바도 있으므로(헌법재판소 1997. 10. 30. 자 95헌바7 결정) 별도로 논하지 않는다.

153) 참고로 독일의 도시계획법(BauGB)은 제13조 제2항에서 경미한 사항만을 변경하는 경우 생략될 수 있는 절차로서 주민참가(제3조), 공익주체참가절차(제4조), 계획허가절차(제11조)만을 명시하고 있다. 따라서 독일은 고시를 효력요건이라고 정하고 있는 제12조가 경미한 사항의 변경에도 적용되는 것으로 해석된다(Ernst/Zinkahn/Bielenberg, BauGB 주석서, 1995. 5. C. H. Beck, §13 Rn. 9 등).

도입사례의 해결

도시계획은 판례에 의할 때 처분성이 있고 취소소송의 대상이 되는 것이며, 그 위법성은 절차나 실체 양면에 다 존재할 수 있다. 공람기간을 준수하지 않은 하자는 절차상 하자이며 이는 취소소송에서 도시계획의 취소사유가 될 수 있다. 다만 절차위반을 이유로 취소판결이 선고되어도 행정청은 다시 적법한 절차를 거쳐 동일한 내용의 도시계획을 결정할 수 있다는 점에서 권리구제가 종국적이지는 못하다.

제19강 지구단위계획의 의의와 특성

도입사례

갑은 시내에 토지를 소유하고 있는데, 지구단위계획이 자신의 토지를 비롯해 4개의 필지를 공동으로 개발하도록 정하는 내용으로 수립되었다는 것을 알게 되었다. 갑이 지구단위계획에 대해 취소소송을 제기하면 승소할 수 있겠는가? 만약 소송을 하지 않고 사후에 자신의 토지만을 대지로 해서 건축허가를 신청하면 건축허가를 받을 가능성은 어떤가?

1. 지구단위계획의 의의

지구단위계획의 유래

한국의 용도지역제 도시계획과 상이한 도시계획제도가 바로 독일의 지구단위계획(B-Plan)제도인데, 이 독일의 도시계획이 일본을 거쳐 상세계획구역제 및 건축법상의 도시설계제도로 도입되어 있었다. 2000년 도시계획법의 전부개정을 통해 기존의 상세계획과 도시설계제도를 통합하고 지구단위계획이라 부르게 되었으며, 이는 현행 국토계획법에서도 그대로 이어지고 있다(법 제49조 이하).

독일의 도시계획이 한국과 달리 도시전체를 대상으로 하지 않고 상대적으로 작은 지구(地區) 규모로 행해지는 것이고 한국의 지구단위계획도 대체로 지구단위로 이루어질 것을 예정하고 도입된 것이므로 표현을 '지구'단위계획으로 바꾸어도 실질을 반영한다는 점에서 큰 문제는 아니다. 다만 기존의 용도지역제 도시계획에 비하여 상세한 내용을 담을 수 있다는 특징이, 지구단위계획이라는 명칭에서는 잘 드러나지 않는다는 점은 새로운 명칭의 약점이다.

부속규정의 법적 성격

지구단위계획이 기존의 용도지역제 도시계획과 차이를 보이는 또 하나의 부분이 바로 도면과 함께 구속력을 갖는 부속규정(민간부문 시행지침 등)의 존재이다. 종래 용도지역제 도시계획은 일종의 지도(地圖)라 관념되고 도면의 내용만이 구속력을 갖는 것으로 이해되어 왔다. 그러나 지구단위계획은 도시계획도면상 나타나는 내용과 함께, 각 획지별로 허용되는 건축물의 용도 등을 세밀하게 정하는 부속규정들이 마련된다. 그리고 지구단위계획에 있어 도시계획도면과 불가분적 일체를 이루는 이러한 부속규정들도 구속적 도시계획을 구성한다. 비록 국토계획법에 명시적인 규정이 없다고 하여도 이러한 부속규정은 지구단위계획 그 자체라 해석된다.

특별규정

국토계획법이 지구단위계획에 대해 마련하고 있는 별도의 조문은 6개(제49조-제54조)로서 이들은 일반적인 용도지역제 도시계획에 대한 특별규정이라 해석하면 된다. 특히 수립절차에 관한 규정은 용도지역제 도시계획의 수립절차규정을 원칙으로 하면서 추가적으로 마련된 것이다.

지구단위계획의 역할변화

지구단위계획은 원래 기성시가지의 건축물을 강력하게 통제하기 위한 목적으로 고안된 도시계획이지만, 한국에서 지구단위계획은 특정한 개발사업을 위한 부수적인 수단으로 사용되는 경우가 오히려 더 많다. 아파트를 건설하기 위한 지구단위계획, 호텔을 짓기 위한 지구단위계획, 유통단지를 건설하기 위한 지구단위계획 등 구체적인 사례들에서 기성시가지를 꼼꼼하게 관리하기 위한 지구단위계획보다 개발을 위한 계획수법으로 활용되는 예를 볼 수 있다. 실무에서 지구단위계획을 개발사업과 거의 동의어로 인식하는 이유도 여기에 있다. 이런 점에서 한국적 실무에 의해 지구단위계획이 변질되고 있음을 유의해야 한다.

2. 지구단위계획의 내용

계획내용 일반

지구단위계획은 용도지역제와 다르게 상세한 내용을 담아야 하며(법 제52조 제1항), 도시계획도면 외에도 일정한 규정(또는 문자적 표현)으로 구성되어야 한다. 지구단위계획제도는 기존의 도시계획제도와 상당히 차이를 보이며, 전통적 도시계획의 관념과는 잘 합치하지 않는 측면이 있다. 지구단위계획에서 규정되어야 할 사항은 용도지역의 세분 및 변경, 기반시설의 배치와 규모, 토지의 규모와 조성계획, 건축물의 용도제한[154] · 형태제한, 건축물의 배치 · 형태 · 색채와 건축선에 관한 계획, 환경관리계획 또는 경관계획, 교통처리계획 및 기타 대통령령이 정하는 사항이다(법 제52조 제1항).

기반시설의 배치와 규모

지구단위계획이 담을 수 있는 내용으로 대통령령이 정하는 기반시설의 배치와 규모에 관한 사항이 있다(법 제52조 제1항 제2호). 기반시설이란 종래 도시계획시설로 통칭되던 것의 범위를 더 넓혀서 도시계획으로 설치되지 않은 것까지를 포함하는 개념이다. 개발사업법에 의한 개발사업지역인 경우, 당해 법률에 의해 설치되는 기반시설을 말하며 그렇지 않은 경우에는 도로 · 주차장 · 광장 · 공원 등이 기반시설이 된다(국토계획법시행령 제45조 제2항).

도로로 둘러싸인 일단의 지역(가구)

또한 지구단위계획은 도로로 둘러싸인 일단의 지역(가구) 또는 계획적인 개발 · 정비를 위하여 구획된 일단의 토지의 규모와 조성계획을 그 내용으로 한다(법 제52조 제1항). 도로로 둘러싸인 일단의 지역은 종래 '가구(街區)'라는 표현을 대체한 것이며, 개발 등을 위해 구획된 일단의 토지도 이에 준하여 해석하면 될 것이다. 도시계획에 있어 가장 기본이 되는 단위가 바로 가구이며 일상적인 표현으로는 블록(Block) 정도의 관념에 해당된다.

---

154) 헌법재판소 2003. 6. 26. 자 2002헌마402 결정.

건축단위

지구단위계획에는 가구를 전제로 한 작은 건축단위들이 표현되어야 하는데, 국토계획법은 종래 사용하던 획지라는 표현 대신에 '일단의 토지의 규모'가 지구단위계획에 담겨야 하도록 정하고 있다. 토지의 규모를 지구단위계획이 정한다는 뜻은 건축단위를 설정한다는 의미로 해석하면 된다.[155] 구법에서 사용하던 획지라는 용어는 도로로 구획된 가구를 전제로 그 안의 개별적인 필지를 나누는 행위 또는 그 행위의 결과를 말한다.

건축허가요건

지구단위계획에서 규정되어야 하는 사항 중에 가장 중요한 것으로 건축허가요건에 관한 규정이 있다(법 제52조 제1항 제4호, 제5호). 지구단위계획이 그 내용으로 하는 건축허가요건이란 앞서 용도지역제의 도시계획에 의한 건축물의 용도제한, 형태제한요건을 기초로 하여, 건축물의 배치, 색채 등을 추가적으로 포함하는 관념이다.

특별계획구역

특별계획구역은 국토계획법령에 근거한 개념은 아니고 국토부나 서울시의 수립지침에 근거해 설정되는 특수한 구역이다. 지구단위계획을 수립할 때 일정한 면적에 대해서는 장래의 발전방향만을 정하고 구체적인 사항은 미정으로 정해두는 지역을 특별계획구역이라 한다. 실무상 상당히 많은 특별계획구역이 존재하고 이에 근거해 이루어지는 각종의 절차에 대해 다양한 법적 이견들이 존재하지만, 법률은 개념이나 기준들에 대해 침묵하고 대부분의 사항을 국토부장관에게 위임하고 있다(법 제49조 제2항, 영 제42조의3 제2항 제4호). 이에 대한 상세한 사항을 지구단위계획수립지침이 규율하는데 특별계획구역에 대해서는 도시계획위원회의 심의가 개입하는 등 특별한 절차가 마련되어 있다는 점에 유의해야 한다.[156]

---

155) 대법원 2006. 11. 9. 선고 2006두1227 판결(지구단위계획의 건축단위와 필지의 불일치: 삼각아파트사건).

156) 국토부 지구단위계획수립지침 3-15), 서울시 지구단위계획수립기준 등 참조

3. 지구단위계획 수립절차의 특칙

지구단위계획의 수립절차규정

도시계획 및 지구단위계획에 대한 국토계획법의 규율태도는 총칙과 각칙의 단계로 나뉘어 있다. 즉 도시계획의 수립절차를 제4장 제1절에 배치하고, 용도지역제 도시계획(제2절) 및 도시계획시설계획(제3절)에 이어 제4절에 지구단위계획을 배치함으로써 제1절과 기타의 절들이 총칙과 각칙의 관계에 놓여 있음을 전제로 하고 있다. 따라서 도시계획의 수립절차에 관한 제1절의 조문들은 지구단위계획의 수립절차에 모두 적용된다. 다만 지구단위계획에 대한 특칙이 있는 경우 총칙의 절차조항은 보충되거나 수정을 겪는다.

대상면적과 수립기간

용도지역제 도시계획이 도시전체에 수립되는 경우라면 지구단위계획 못지않게 수립에 오랜 시간이 걸릴 수 있다. 그러나 도시내 특정한 지역에 한정하여 도시계획이 수립(또는 변경)되는 경우라면 그것이 용도지역제의 도시계획인가 또는 지구단위계획인가에 따라 그 수립에 소요되는 기간의 차이가 상대적으로 커질 것이다. 한정된 지역을 기준으로 한다면 용도지역제 도시계획에 비하여 상세한 내용을 담는 지구단위계획이 상대적으로 긴 준비기간이 필요하며, 일정지역에 지구단위계획을 수립하기로 하는 경우 불가피하게 그 대상지역의 법적 상태가 불안정해지게 된다.

구역지정과 계획결정

용도지역제 도시계획의 입안결정은 원칙적으로 아무런 효력을 발생하지 않으며, 입안권자가 도시계획을 입안하기로 확정한 경우에도 그 대상지역의 법적 성격에 변화가 없다. 따라서 예컨대 용도지역제의 도시계획을 변경하기로 하는 도시계획은 그 변경계획이 입안과정에 있는 경우에도 아직 구계획의 효력이 그대로 지속되며 입안중인 도시계획을 이유로 건축허가를 거부할 수 없다.[157] 그러나 지구단위계획은 입안대상지역이 먼저 확정되어 고시된다는 점에 차이가 있고 이렇게 고시된 지역을 지구단위계획구역이라 부른다.

지구단위계획구역의 결정 이후 3년의 기간내에 지구단위계획이 결정되지

157) 대법원 1985. 12. 10. 선고 85누186 판결.

못하면 지구단위계획구역 지정에 관한 도시계획은 자동 실효(失效)된다(법 제53조 제1항). 주민이 입안을 제안한 지구단위계획은 도시계획결정의 고시일부터 5년 이내에 허가 · 인가 · 승인 등을 받아 사업이나 공사에 착수하지 아니하면 그 5년이 된 날의 다음 날에 그 지구단위계획에 관한 도시계획결정은 효력을 잃는다(동조 제2항). 통상 주민의 입안제안은 개발사업자의 제안인 경우가 많으므로 사업자의 추가적인 조치가 없으면 실효되도록 정하고 있는 것이다.

도입사례의 해결

갑이 지구단위계획의 취소소송을 제기하면 취소소송에서 처분성이 인정되어 본안판단을 받을 수 있다. 다만 4개의 필지를 공동개발로 묶은 도시계획에 특별한 사유가 있지 않은 한 형량하자를 주장하는 갑의 청구가 인용되기는 쉽지 않을 것이다. 만약 사후적으로 건축허가만을 신청한다면 건축허가가 거부되고 취소소송에서도 승소하기 어렵다.

제20강 개발제한제 도시계획의 의의와 특성

도입사례

갑은 개발제한구역내에서 지목이 답인 토지를 소유하고 있는데, 지목은 답이지만 이미 토지가 평평해져서 주변지역의 방문객을 위한 주차장으로 사용하고 있었다. 갑이 이 토지의 일부에 대해 매점을 짓기 위해 토지의 형질변경허가를 신청하였지만 행정청 을은 형질변경허가의 신청을 거부하고 동시에 주차장을 답으로 원상회복하도록 명하였다. 갑이 취소소송을 제기하면 구제가 가능한가?

1. 개발제한제 도시계획의 의의

개발제한구역의 뜻

개발제한제 도시계획이란 도시의 무질서한 확산을 방지하고 도시 주변의 자연환경을 보전하기 위하여, 또는 보안상 도시개발을 제한할 필요가 있다고 인정되어 도시개발을 제한하는 도시계획을 말한다(법 제38조). 개발제한제 도시계획이 수립되어 있는 지역을 개발제한구역이라 부른다.

도시가 무질서하게 확산되면 농경지의 잠식, 환경의 파괴, 생활환경의 악화 등의 문제가 발생하게 되고 또 국방상으로도 취약점이 노출될 수 있다. 개발제한구역은 흔히 '그린벨트'라고도 불리는데 도시가 평면적으로 무질서하게 확산되는 것을 막기 위한 것으로 도시 주변의 일정한 지역을 정하여 더 이상의 개발행위를 제한한다.[158] 이와 같은 개발제한제 도시계획은 도시계획의 일종이며, 건축허용성을 부여하기 위한 형질변경허가 및 건축물의 신축을 금지하고, 증·개축도 강하게 제한한다.

개발제한제의 법체계

개발제한제 도시계획은 국토계획법에 의해 규율되는 도시계획이지만, 1970년대 구역지정 후 수많은 법적 문제를 일으켜 왔다. 그리고 이에 대한 건축허가요건도 50회에 가깝게 개정을 거듭했다. 2000년 도시계획법의 전문개정과 때를 같이 하여 개발제한구역의 지정 및 관리에 관한 특별조치법(2000년 1월 28일 법률 제6241호: 이하 "개발제한구역법"이라 한다)이 제정됨으로써 개발제한구역내 건축허가요건 및 기타 사항들은 독립된 법에 의하여 규율된다.

개발제한구역법은 개발제한제 도시계획구역을 별도로 관리하기 위해 제정된 특별법이지만, 크게 보면 국토계획법의 한 부분이다. 도시계획의 수립에 관한 사항이나, 건축허가요건에 관한 사항들도 대체로 국토계획법과 그 모양을 같이 한다. 통합하는 것이 매우 어려운 국토이용관리법과 도시계획법을 과감하게 통합시킨 2003년의 국토계획법의 태도와 국토계획법의 한 내용에

---

158) 현재 한국의 개발제한구역은 국토의 약 4.1%를 차지하고 있어서(건설교통부, 헌법재판소 89마213 결정에 대한 의견서, 1992. 1.) 국토의 약 16%에 이르는 전체 도시지역 중 상당한 비중을 차지하고 있다.

불과한 개발제한구역을 별도의 법률로 분리시킨 입법자의 태도는 극단적인 대조를 이룬다.

행위제한 일반

개발제한구역 안에서는 그 지정목적에 위배되는 건축물의 건축[159] 및 용도변경, 공작물의 설치,[160] 토지의 형질변경,[161] 죽목의 벌채, 토지의 분할, 물건을 쌓아 놓는 행위 또는 도시계획사업의 시행 등을 할 수 없다(개발제한구역법 제12조 제1항). 이처럼 개발제한구역내에서 금지되는 행위는 일반적인 도시계획에 의한 건축물의 용도・형태제한의 범위를 넘어 매우 다양하고도 강력하다.

개발행위의 금지

개발제한구역의 가장 중요한 특징은 건축허용성을 부여하는 것이 사실상 금지되어 있다는 점이다. 토지의 분할, 토지의 형질변경, 도시계획사업 등의 금지는 용도지역제의 도시계획과는 달리, 개발제한구역에서만 내려지는 강력한 행위제한이다. 무엇보다도 형질변경이 금지됨으로써 개발제한구역내 새로운 건축행위가 원천적으로 봉쇄된다는 점은 개발제한구역을 이해하는 데 있어 가장 중요한 것이다. 토지의 분할은 예외적으로 건축물의 신축 또는 증축 등의 행위가 수반되지 않거나 개발제한구역의 지정목적에 지장이 없다고 인정되는 경우에만 허가될 수 있다. 물론 허가받지 않은 불법건축 등에 대해서는 강력한 재제수단들이 마련되어 있다(법 제133조, 제142조).[162]

개발제한구역내 재산권 제한이 경우에 따라서는 개발제한구역내 토지소유자에게 수인한도를 넘는 재산권 침해가 되기도 한다.[163] 이처럼 도시계획에 의하여 개발제한구역이 지정되면 그 구역안에서는 토지소유권이 주로 제한되므로 개발제한구역 지정행위가 손실보상을 필요로 하는 행위인가를 둘러싸고

159) 대법원 1986. 5. 27. 선고 85누294 판결.

160) 대법원 1996. 5. 31. 선고 95도254 판결.

161) 대법원 1991. 11. 26. 선고 91도2234 판결.

162) 대법원 2005. 12. 22. 선고 2003도7494 판결; 대법원 2004. 5. 14. 선고 2001도2841 판결.

163) 이에 관한 헌법재판소의 결정(헌법재판소 1998. 12. 24. 자 97헌바78 등 병합사건)은 주목할 만하다. 이 결정에서 헌법재판소는 한정적인 범위의 토지에 대해서는 손실보상이 필요한 것으로 보고, 보상규정(補償規定)이 없는 개발제한구역제도에 대하여 헌법불합치결정을 내렸다.

심한 대립이 있었다.[164)]

건축행위의 제한

개발제한구역은 도시계획의 일종이므로 개발제한구역도 역시 건축허가요건을 주로 규율하고 있는 것이라는 점에 유의해야 한다. 실질적으로도 개발제한구역 내의 행위제한은 건축행위제한 위주로 규정되고, 또 운영되고 있으므로 개발제한구역을 이해하기 위해서는 그 행위제한의 모습을 정확히 이해하여야 한다.

건축허용성의 부여와 개발제한구역

최초 개발제한구역이 지정될 당시 서울과 부산 등 대도시에 빈 땅 형태로 존재하고 있던 대부분의 토지들은 현재 건축물들로 뒤덮였지만, 개발제한구역은 여전히 건축물이 없는 상태로 유지되고 있다. 그 이유는 도시계획을 보충해서 개별필지에 대해 건축허용성을 부여하는 형질변경허가를 금지하고 있기 때문이다. 개발제한제 도시계획은 그 도시계획 자체가 이미 개발을 제한하기 위한 것이므로 논리적 결과로서 건축허용성을 새롭게 부여하는 것도 당연히 금지된다. 따라서 개발제한구역내 형질변경허가나 토지를 분할해 건축단위를 만들어 내는 것은 금지된다. 이렇게 건축을 목적으로 하는 토지의 형질변경이 엄격하게 제한되므로 이에 의해 개발제한구역 내의 실질적인 토지가액이 많은 영향을 받게 된다.[165)]

2. 개발제한구역과 건축

1) 건축물과 건축행위의 통제

개발제한제와 건축행위

개발제한제 도시계획도 건축허가요건을 규제하는 면에서는 용도지역제의 도시계획과 매우 유사하다. 개발제한구역내의 건축행위는 용도 및 형태면에서 국토계획법이 정하는 건축허가요건을 충족해야 하기 때문이다. 그러나 개발제

164) 이에 관하여 자세히는 김종보, 계획제한과 손실보상논의의 재검토, 행정법연구 제2호, 1998. 4, 208면 이하 참조; 헌법재판소 1999. 1. 28. 자 97헌마9 결정(입법부작위) 등.

165) 대법원 1997. 6. 24. 선고 96누1313 판결(수용보상가산정)

한구역에서 건축물의 신축은 원칙적으로 금지되므로 예외적으로 허용되는 신축의 요건, 개축이나 증축의 요건 등이 처음부터 신축을 허용하는 건축허가요건과 상당히 차이를 보이게 된다. 또한 개발제한구역은 그 하위에 용도지역이라는 개념이 없어서 구역내 모든 토지가 단일한 허가요건의 적용을 받는다는 점, 건축허가요건이 용도제한과 형태제한으로 명백히 분화되어 있지 못한 경우가 많다는 점 등에서 용도지역제 도시계획과 차이를 보인다. 일반적 건축허가와 달리 개발제한구역내 건축허가는 재량행위로 분류된다.[166]

허용되는 건축물

개발제한구역에서는 법령이 허용하는 용도 및 형태의 건축물만이 건축허가를 받을 수 있다. 이러한 지역에서 허용되는 건축물은 원칙적으로 구역지정목적에 반하지 않아야 한다. 이렇게 추상적인 구역지정목적을 구체화하기 위해 개발제한구역법에는 허용되는 개별적인 건축물의 종류가 나열되어 있다(법 제12조 제1항).

동조에서 나열하고 있는 건축물의 종류는 공원, 녹지, 실외체육시설 등 개발제한구역의 존치 및 보전관리에 도움이 될 수 있는 시설(가목), 개발제한구역이 아닌 지역에 입지가 곤란하여 개발제한구역 내에 입지하여야만 그 기능과 목적이 달성되는 시설(다목), 국방 · 군사에 관한 시설 및 교정시설(라목), 개발제한구역 주민의 주거 · 생활편익 · 생업을 위한 시설(마목) 등이다. 기타 대통령령이 정하는 시설은 헌법재판소의 결정에 따라 개발제한구역지정 당시 지목이 대지였던 토지 및 경계선에 걸친 토지상의 건축물 등이다(영 제13조 제2항).[167]

건축행위와 건축물

개발제한구역내 건축물은 신축이 허용되는 건축물, 신축은 금지되지만 증축 및 개축이 허용되는 건축물, 신축 · 증축은 금지되고 개축만이 허용되는 건축물 등 세 가지 종류로 크게 나뉜다. 신축이 허용되는 건축물을 특권적 건축물로, 증축과 개축이 허용되는 건축물은 준특권적 건축물로 볼 수 있다.

---

166) 대법원 2003. 3. 28. 선고 2002두11905 판결(축사 또는 콩나물재배사); 대법원 1998. 9. 8. 선고 98두8759 판결.

167) 헌법재판소 1998. 12. 24. 자 97헌바78 결정.

특권적 건축물을 포함해서 허용되는 건축물의 종류와 증·개축할 수 있는 범위의 대강은 법률이 정하고 있으며 구체적인 것은 동법시행령(별표 1)에서 정해지므로 건축허가요건은 건축행위의 개념과 연동되어 있다.

2) 건축행위의 구별

신축의 개념

신축(新築)이란 건축물이 없는 대지에 건축물을 축조하는 행위로서 '개축·재축'을 제외한 개념이다(건축법시행령 제2조 제1항 제1호). 이러한 신축개념은 개축·증축 등의 개념을 보충하는 것으로 만약 개축·증축에 해당하지 않는 건축행위라면 이는 신축이라 해석해야 한다(신축행위의 보충성).

원칙적으로 개축·재축뿐 아니라 '증축'도 신축과 중복될 수 없는 개념이다. 다만 법령이 증축을 신축에서 제외시키지 않고 있는 것은, 건축물이 존재하지 않는 순간이 개축·재축에만 있기 때문이다. 따라서 증축은 건축물의 형태가 증가된다는 점 이외에도 기존의 건축물을 활용할 것이 전제되어 있다. 개축(改築)의 중요한 개념요소는 건축물을 철거한다는 점, 새로운 건축물의 규모가 기존 건축물보다 작거나 동일한 범위 내라는 점이다.

신축과 개축의 구별

신축과 개축은 기존 건축물을 전제로 하는가 여부로 크게 구별된다.[168] 그리고 법에 의해 기존건축물의 존속을 보장하기 위해 인정되는 개축행위는 구 건축물이 보유하고 있던 기득권의 범위 내에서만 허용된다. 새로운 건축물이 구 건축물의 기득권 범위 내에 있는가 여부는 다시 신·구 건축물간에 사회관념상의 동일성이 있는가 여부에 의해 판단된다. 따라서 하나의 대지안에 존재하던 두 개의 건축물을 하나로 합하여 전체면적이 동일한 규모로 건축물을 만들어내는 행위 또는 넓은 대지의 일부에 치우쳐 있던 건축물을 사회관념상 동일한 장소라 할 수 없는 동일대지 안의 제3의 장소로 옮겨 짓는 행위는 동일규모 이내의 건축이라 해도 개축에 해당되지 않는다.

168) 대법원 2000. 6. 23. 선고 98두3112 판결. 이에 대한 자세한 평석으로 김종보, 건축의 개념과 불법건축, 공법연구, 2000. 11. 509면 이하 참조.

이축의 개념

개발제한구역 내에서는 기존의 건축물이 공익사업이나 빈발하는 수재 등으로 더 이상 사용될 수 없게 되는 경우에 기존 건축물을 옮겨 건축물을 짓는 행위가 허용된다. 그리고 이를 일반적인 건축행위와 구별하여 이축이라 칭한다.[169] 개발제한구역법은 제정과정에서 이를 일부 축소하여 신축으로 흡수하였지만, 여전히 공익사업으로 인한 이축·취락지구로의 이축을 잔존시킴으로써 통일성을 잃고 있다. 신축은 이축을 포함하는 개념이므로 신축이 가능한 경우에는 이축이 가능한가 여부를 별도로 따질 필요가 없다.

도입사례의 해결

갑 토지는 개발제한구역내에 존재하는데 개발제한구역은 토지의 형질변경허가(개발행위허가)가 원칙적으로 금지되는 곳이다. 토지의 형상이 평평해졌다고 해도 지목이 대지가 아닌 한 건축허가를 받을 수 없고, 건축허가가 반려되는 것은 당연하다. 개발제한구역내에서는 토지의 형상변경에 대해서도 강력한 규제가 시행되고 있기 때문에 무단으로 주차장으로 사용하는 것도 허용되지 않으므로 행정청의 원상회복 명령은 위법하다고 보기 어렵다.

제21강 도시계획시설의 개념과 절차

도입사례

도로에 접하고 있는 갑 소유의 대지와 주택은 도로의 확장을 위해 내려진 도시계획변경결정에 따라 대지의 2/3 이상이 도로에 편입되는 것으로 정해졌다. 갑은 도시계획변경결정에 대해 취소소송을 제기하고자 하는데 가능한가? 만약 도시계획결정이 내려진 후 5년 넘게 실시계획이 인가되지 않으면 갑은 어떤 권리를 주장할 수 있는가?

---

169) 개발제한구역내 이축과 관련된 판례, 대법원 1996. 6. 14. 선고 95누10471 판결; 대법원 1992. 5. 12. 선고 91누8128 판결; 대법원 1990. 4. 24. 선고 90누97 판결.

1. 도시계획시설의 개념

도시계획시설은 다양한 요소를 전제로 하지만 특히 개념요소로서 중요한 것이 기반시설이다. 기반시설이 도시계획결정에 의해 설치되면 도시계획시설이 되는 것이기 때문이다.

1) 기반시설의 의의

기반시설의 뜻

근대화 · 산업화에 의한 사회구조의 변화는 인구의 도시집중을 초래하게 되었다. 도시가 정상적으로 기능하기 위해 교통시설, 유통시설, 통신시설 등이 필요해지고, 주거와 상업시설 등의 집중으로 상하수도, 학교, 공원과 같은 기반시설에 대한 수요가 높아졌다. 이처럼 기반시설은 도시의 장기적이고 유기적인 기능을 위해 반드시 필요한 것이지만, 시장원리에 따라 자연스럽게 설치되기 어려운 시설이기도 하다. 기반시설이 갖는 이러한 특성 때문에 국가 또는 자치단체 등 도시를 관리할 책임을 진 행정주체가 이를 설치하고 관리할 책임을 부담하게 된다. 이런 이유로 도시에 필요한 각종 시설들은 국토계획법에 의해 기반시설로 정의되고 그 설치와 관리에 대해 규율되고 있다.[170)]

기반시설의 종류

국토계획법은 기반시설을

가. 도로 · 철도 · 항만 · 공항 · 주차장 등 교통시설
나. 광장 · 공원 · 녹지 등 공간시설
다. 유통업무설비, 수도 · 전기 · 가스공급설비, 방송 · 통신시설, 공동구 등 유통 · 공급시설
라. 학교 · 운동장 · 공공청사 · 문화시설 · 공공필요성이 인정되는 체육시설 등 공공 · 문화체육시설
마. 하천 · 유수지 · 방화설비 등 방재시설
바. 화장장 · 공동묘지 · 납골시설 등 보건위생시설

---

170) 이에 관하여 자세히는 김종보, 도시계획시설의 법적 의미, 공법연구, 1997. 6, 672면 이하 참조.

사. 하수도 · 폐기물처리시설 등 환경기초시설

중 대통령령이 정하는 시설로 나열하면서, 이 중에서 제30조의 규정에 따라 도시계획으로 결정된 시설을 도시계획시설이라 정의하고 있다(법 제2조 제6호, 제7호).

기반시설의 개념

기반시설이란 교통시설, 교육시설, 보건위생시설, 방재시설 등 도시의 정상적인 운영을 위해 '반드시 필요한' 시설로서 원칙적으로 행정주체가 설치할 책임을 부담하는 시설을 말한다. 법률이 기반시설의 종류만을 나열하고 개념요소를 언급하지 않는 것은 입법기술이 아직 원시적인 수준에 머물고 있다는 점을 보여준다. 기반시설의 개념으로서 '반드시 필요한 시설'이라는 점은 헌법이 말하는 공공필요(제23조 제3항)를 충족하는 시설이라는 의미이다.

기반시설의 공공성

법률이 기반시설을 개념정의하지 않은 채 단순히 시설들을 나열하고 있지만, 나열된 시설 모두가 기반시설이 되는 것은 아니며 그중에서도 반드시 필요한(공공성) 것들만이 국토계획법상의 기반시설이다.[171] 예컨대 운동시설이 기반시설로 나열되어 있다고 해서 모든 운동시설이 기반시설이라고 해석할 수는 없고, 공공성 징표를 충족하는 운동시설만이 국토계획법상의 기반시설이다. 헌법재판소는 운동시설에 관한 사안을 판단하면서 이에 한정해서 공공성을 법률에 정하도록 설시하고 있지만, 공공성 요건은 법률에 나열된 모든 기반시설에 대해 요구되는 것으로 이해되어야 한다. 그러므로 헌법재판소의 결정에 따라 개정된 국토계획법이 체육시설에 대해서만 공공성을 요구하도록 규정된 것은(위 법령 밑줄) 결정의 취지를 잘못 이해한 결과이다.[172]

---

171) 헌법재판소 2011. 6. 30. 자 2008헌바166 결정, "그 자체로 공공필요성이 인정되는 교통시설이나 수도 · 전기 · 가스공급설비 등 국토계획법상의 다른 기반시설과는 달리, 기반시설로서의 체육시설의 종류와 범위를 대통령령에 위임하기 위해서는, 체육시설 중 공공필요성이 인정되는 범위로 한정해 두어야 한다." 헌법재판소는 이 결정에서 기반시설의 공공성을 법률이 정하지 않고 대통령령에 위임한 것이 위헌이라고 선언하고 있다.

172) 헌법재판소의 헌법불합치결정에 따라 2012년 개정된 국토계획법이 체계적인 관점에서 기반시설의 개념 자체를 정의하거나 기반시설 일반에 대해 공공성을 요구하지 않은 채, 헌법재판소가 지적한 체육시설에 한정해서 공공성을 부가한 것은(개정 국토계획법 제2조 제6호 라목)

2) 도시계획시설의 개념과 징표

도시계획시설의 개념

도시계획시설을 거칠게 정의하면 '도시기능을 위해 필요한 기반시설 중 공공성과 영향력이 높아 원칙적으로 행정주체가 도시계획시설결정 및 실시계획의 절차를 거쳐 설치하는 시설' 정도로 표현할 수 있다. 높은 공공성은 도시계획시설부지에 대한 수용권으로 연결되고 높은 영향력은 도시계획결정절차의 엄정성과 연결된다. 일정한 기반시설에 대해 도시계획결정을 강요하고 이를 도시계획시설이라 부르는 이유는, 시설의 중요성을 고려해 특별한 취급을 할 필요가 있기 때문이다.[173] 공공성을 갖춘 기반시설이 도시계획시설결정을 통해 설치되는 경우 그 시설은 통상 절차적으로나 내용적으로 헌법이 말하는 공공필요를 충족하는 것으로 볼 수 있고, 수용권이 발동될 수 있다(헌법 제23조 제3항).

임의적 도시계획시설

국토계획법은 기반시설을 설치할 때 도시계획시설결정을 거치도록 선언하면서(필수적 도시계획시설), 예외적으로 용도지역, 기반시설의 특성을 고려해서 이를 생략할 수 있는 기반시설의 종류를 대통령령에 위임하고 있다(법 제43조 제1항 단서, 영 제35조). 이에 의해 자동차학원, 장례식장 등은 건축허가 등을 통해 설치할 수도 있고, 도시계획시설결정을 통해 설치할 수도 있는 시설이 되었다(임의적 도시계획시설). 임의적 시설에 대해 이를 도시계획결정으로 설치할 것인가 여부는 사업시행자, 토지소유자, 인근 주민 등에 대해 각각 다른 효과를 미친다.[174] 보통 임의적 도시계획시설은 설치의무자가 이미 소유권을 확보하고 있을 때 엄격한 도시계획절차를 생략하기 위한 방법으로 채택된다. 그러나 영향력이 큰 기반시설의 경우에는 도시계획절차를 생략할 수 없도록

유감스럽다.

173) 정태용, 도시계획법, 2001, 한국법제연구원, 161면 참조.

174) 통상 임의적 도시계획시설로 분류되면 일부 사업시행자들에게 더 유리한 것으로 인식되고 있다. 복잡한 절차를 거칠 필요가 없고, 도시계획위원회의 간섭이 없이 기반시설을 설치할 수 있기 때문이다. 그러나 이런 시설도 수용권이 필요할 때는 도시계획시설결정을 활용하므로 상황에 따라 이해관계가 달라질 수 있다.

대통령령의 내용을 제한할 필요가 있다.

2. 도시계획시설의 설치절차

1) 설치절차 개관

유형적 시설물 중심의 절차

도시계획시설의 설치절차는 도시계획시설결정과 실시계획 및 시공으로 구성되는데, 이는 도시계획시설이 유형적 시설물이고, 설치까지 되어야 그 기능을 다할 수 있기 때문이다. 도시계획시설결정으로 시설의 종류, 사업대상지의 위치와 면적이 확정되고 실시계획에 의해 구체적인 설계도가 작성된다. 실시계획은 토지보상법상의 사업인정으로 의제되어 대상부지의 소유권을 수용할 수 있는 근거가 되므로 매우 중요한 의미가 있다. 실시계획이 인가되고 나면 수용과 시설물 설치공사 및 준공검사 등의 절차가 이어진다.

도시계획시설사업의 시행자

도시계획시설사업의 시행자는 원칙적으로 특별시장 · 광역시장 · 시장 · 군수이다(법 제86조). 이는 보통의 개발사업의 시행자가 건설사 또는 당해 사업구역의 토지소유자 또는 그 조합으로 구성되는 것과 대조된다. 도시계획시설은 공익성이 매우 높은 시설이므로, 보통의 주택건설사업과는 달리 공행정주체가 원칙적인 사업시행자로 법률상 정해져 있는 것인데, 물론 이러한 사업도 제3의 사업시행자가 지정될 수 있다(동조 제4항, 제5항).

2) 도시계획시설결정

도시계획시설결정의 의의

국토계획법상으로 도시계획시설을 설치하기 위해서는 시 · 도지사 등이 결정 · 고시하는 도시계획결정이 필요하다(법 제30조, 제2조 제6호, 제7호). 이를 도시계획시설계획 또는 도시계획시설결정이라고 부른다. 도시계획시설사업을 위한 도시계획시설결정은 도시계획시설의 위치와 면적을 확정하고 또한 후속하는 실시계획을 위한 법적인 기초가 된다.[175] 최초 도시계획법이 제정될

175) 대법원 1995. 12. 8. 선고 93누9927 판결.

당시 도시계획은 용도지역제 도시계획이었는데, 이는 용도지역간의 구획만을 획정할 권능이 있었을 뿐 구체적인 획지기능이 없었다. 용도지역제 도시계획의 한계는 학교나 공원처럼 면적으로 표시되어야 하는 시설이나 도로와 같이 일정한 선형으로 표시되어야 하는 기반시설이 또 다른 도시계획에 의해 결정되어야 할 기술적인 이유였다. 도시계획시설계획이라는 도시계획이 용도지역제와 함께 도입됨으로써 도시계획도면에는 용도지역과 함께 도시계획시설이 표시될 수 있게 된 것이다.

도시계획시설사업의 특징

도시계획시설계획과 관련된 가장 큰 특색은 도시계획시설이 비단 국토계획법뿐만 아니라, 개별법들에 의해서도 매우 상세하게 규율되고 있다는 점이다. 예컨대 도시계획시설인 도로나 철도 등에는 그 자체를 위한 개별법으로서 도로법, 도시철도법, 철도법 등이 별도로 존재한다. 그리고 이러한 법들은 도로, 철도 등의 유지 · 관리에 관한 사항뿐 아니라 그 설치 등을 위한 절차까지도 같이 규율하고 있다. 그럼에도 불구하고 도시계획시설은 도시계획으로 결정되어야 하므로 그 위치 및 면적에 관한 사항은 도시계획시설결정에 의하여 확정되어야 한다.

3) 실시계획의 인가

실시계획의 뜻

도시계획시설사업의 실시계획은 사업시행에 필요한 설계도서, 자금계획 및 시행기간과 기타 필요한 사항을 내용으로 하며, 사업시행지의 위치도 등이 실시계획 인가를 신청할 때 같이 제출되어야 한다(법 제88조 제5항, 영 제97조).[176] 도시계획시설은 그 설치의 기준을 자세히 정하기 위하여, 도시계획시설 결정 · 구조 및 설치기준에 관한 규칙(국토부령)이 제정되어 있으므로 실시계획도 그 기준에 적합하도록 작성되어야 한다.

---

176) 대법원 2015. 7. 9. 선고 2015두39590 판결.

실시의 개념

용도지역제 도시계획, 지구단위계획과 같은 도시계획은 결정과 고시로 절차가 완결되므로, 후속하는 절차가 없고 도시계획에 대해 별도로 '시행'되거나 '실시'된다고 표현하지 않는다. 이에 비해 도시계획시설결정은 유형적 시설물을 설치하기 위한 후속절차와 공사를 수반하므로 사업을 시행한다거나 또는 실시한다는 표현이 법문에 나타나게 된다. 사업의 시행(施行)과 실시(實施)는 통상 유사한 개념으로 인식되고 실무상 혼용되지만 엄밀하게 보면 이 둘은 동의어가 아니다. 사업의 시행은 넓게 도시계획시설을 설치하기 위한 사업의 준비와 진행, 재원조달, 공사허가 등을 포괄하는 행위를 지칭하며 이러한 행위를 하는 자를 사업시행자라 한다. 이에 비해 사업의 실시는 좁게 공사의 준비 및 착공에서 준공에 이르는 행위를 지칭한다.

공사허가로서 실시계획인가

그러므로 실시계획은 일정한 시설물을 설치하기 위한 공사계획이며 실시계획의 인가는 공사를 허가한다는 의미를 갖는다. 공사허가도면으로서 실시계획은 설계도를 중요한 구성요소로 하고 이 설계도에 의해 사업부지가 특정된다(법 제88조 참조). 이렇게 작성된 설계도는 건축허가, 대규모점포등록 등 다른 법률에 의해 통제되는 유형적 시설물을 포함할 수 있으므로 각종 인 · 허가를 의제하기 위한 조항들도 마련되어 있다(법 제92조 제1항 제1호, 제18호 등). 그러므로 실시계획이 인가되면 사업시행자는 공사에 착수할 수 있는 지위를 얻게 된다.[177] 또 실시계획의 인가는 토지보상법 제20조 제1항 및 제22조에 의한 사업인정 및 그 고시로 의제되므로 시행자는 도시계획사업에 필요한 토지 등을 수용할 수 있다(법 제96조 제2항).

177) 실시계획이 준공검사와 연결되어 있다는 점은 실시계획이 갖는 공사허가로서의 성격을 잘 보여준다. 전형적으로 공사허가를 정하는 법률에서는 준공과 관련된 절차를 마련하고 있는데, 예컨대 건축법상 건축허가와 사용승인, 국토계획법상 개발행위허가와 준공검사, 주택법상 사업승인과 사용검사 등이 그 예이다. 이에 반해 토지보상법상 사업인정은 준공검사에 관한 조항이 없다.

3. 도시계획시설의 수용권[178)]

공공성의 뜻

도시계획시설의 공공성은 시설의 기능이 도시를 위해 필요하고, 또 주로 공공의 이익을 위한 것일 때 충족된다.[179)] 도시계획시설이 도시를 위해 필요하다는 것은 행정주체의 설치의무와 연관되는데, 그 필요성이 행정주체에게 즉시 그 설치의무를 지울 정도로 긴급해야 하는 것은 아니다. 만약 당해 시설과 유사한 기능을 담당하는 시설이 시장에서 공급되거나 공급될 가능성이 높으면 필요성은 약해지고, 그렇지 않으면 필요성이 높아진다.[180)] 이익의 귀속이라는 관점에서도 도시계획시설이 반드시 비영리적인 것이어야 하는 것은 아니고 일정한 영리성을 포함할 수 있다. 다만 영리성의 비중이 일정한 한도를 넘어서게 되면 시설운영의 주된 이익이 공공에 귀속되어야 한다는 원칙에 반할 수 있다. 따라서 이러한 시설은 비록 형식상 도시계획결정이 되어 있다고 해도 도시계획시설이 요구하는 공공성을 충족하지 못하는 것으로 해석될 수 있다.

의제조항

실시계획은 공공성 있는 도시계획시설을 설치하기 위한 공사허가이고 이를 위해 부지의 소유권이 필요할 수 있기 때문에 국토계획법은 실시계획과 수용권을 연동시키고 있다. 이에 따라 실시계획의 인가는 토지보상법 제20조 제1항 및 제22조에 의한 사업인정 및 그 고시로 의제되고 사업시행자는 도시계획사업에 필요한 토지 등을 수용할 수 있다(법 제96조 제2항). 만약 이 조항이 없다면 사업시행자는 실시계획의 인가 후 다시 토지보상법상 별도의 절차를 밟아 사업인정을 받아야 한다.[181)]

---

178) 이에 대해 자세히는 김종보, 도시계획시설의 공공성과 수용권, 행정법연구 30호, 2011. 8. 277-397면 이하 참조.

179) 공공성의 개념에 대해 약간 자세히는 금태환, "국토의 계획 및 이용에 관한 법률 제95조 제1항의 위헌성", 행정법연구, 제27호(2010. 8.), 274면 참조.

180) 필요성 요건에 대해 약간 자세히는 김연태, "공용수용의 요건으로서 공공필요", 고려법학, 제48호(2007. 4.), 94면 참조.

181) 헌법재판소 2007. 11. 29. 자 2006헌바79 결정, "도시계획시설사업의 실시계획 인가를 사업인정으로 의제하는 국토계획법 제96조 제2항 본문이 적법절차원칙 및 헌법 제23조 제3항에 위배되는지 여부(소극)"

4. 도시계획시설의 미집행

1) 장기미집행 도시계획시설

도시계획시설과 건축행위

도시계획시설은 그것이 유형적인 시설물을 전제로 하는 것이건(건축물 또는 도로 등 선형의 도시계획시설) 또는 일정한 면적의 의미가 강한 것이건 행정주체가 설치해야 하는 기반시설이다. 기반시설은 도시민 전체의 이익을 위해 존재해야 하는 것이고 기반시설에 대해서는 행정주체가 소유권을 확보해야 한다. 이를 전제로 국토계획법이나 건축법에서는 도시계획시설부지내 일체의 건축행위를 금지하고 있는 것이고, 다만 매우 예외적으로 엄격한 요건을 요구하면서 기간을 정한 건축물(기한부건축물)을 허용하는 태도를 취하고 있다.

장기미집행의 의미

면적의 의미를 강하게 띠는 도시계획시설(유원지, 공원)의 경우에는 토지소유권을 박탈하기 위한 실시계획의 절차 진행에 인색하며 단지 건축을 금지하는 구획을 확보한 것으로 만족하는 경우가 많다. 심지어 유형적 시설물 설치를 목적으로 하는 도시계획시설부지의 경우에도 재원부족 등을 이유로 실시계획이 수립되지 않고 따라서 토지수용의 절차가 진행되지 않는 곳도 많다. 이처럼 도시계획시설결정이 내려지고 그 다음 단계의 시설설치행위(구체적으로는 실시계획의 인가)가 장기간 뒤따르지 않는 것을 가리켜 장기미집행 도시계획시설이라 한다.[182)]

헌법재판소결정에 따른 개정사항

헌법재판소는 장기미집행 도시계획시설이 재산권 보장에 관한 헌법조문에 위반됨을 지적하면서 일정한 기간 이상 미집행된 도시계획시설에 대해서는 토지소유자의 매수청구권을 인정하거나 보상을 하도록 결정한 바 있다.[183)]

---

182) 장기미집행 도시계획시설은 전체 결정면적 4,496제곱킬로미터 중 1,291제곱킬로미터 정도이며 이 중 공원이 약 60%, 도로가 약 25% 정도를 차지한다. 국토부 홈페이지(2004년 말 기준). 건설교통부, (국토계획법의 신설에 따른)도시계획수립기준 및 도시계획시설연구, 2002, 208면; 박영강, 지방자치단체의 장기미집행도시계획시설 보상재원에 관한 연구, 한국토지법학회, 토지법학, 16집(2002. 12.), 94면; 구본홍, 장기미집행도시계획시설 해소방안, 부산시정연구원, 시정연구보고, 1995. 12, 24면.

이에 따라 전부개정된 도시계획법(2000년)은 일정한 기간을 10년으로 설정하였으며, 현행 국토계획법도 도시계획시설이 결정되고 10년이 지난 경우 토지소유자에게 매수청구권을 인정하고(법 제47조 제1항),[184] 매수청구가 받아들여지지 않는 경우 대통령령이 정하는 건축물 등을 건축할 수 있도록 정하고 있다(동조 제7항).

대통령령에 의해 허용되는 건축물은 3층 이하의 단독주택 또는 3층 이하의 제1종 근린생활시설 등이다(영 제41조 제5항). 또한 도시계획시설이 20년 동안 집행되지 않는 경우 그 결정 자체가 실효되도록 하는 조항도 마련되었다(법 제48조).

매수청구, 실효 등

국토계획법상 도시계획시설이 결정되고 2년간 사업이 시행되지 않으면 가설건축물을 허가받을 수 있고, 10년이 지나면 장기미집행으로 매수청구권 및 건축행위가 허용되며, 20년이 지나면 실효되는 것으로 요약된다. 대체로 10년이 넘는 것은 '장기'미집행이라 할 수 있을 것이지만 2년 동안 집행되지 않은 정도라면 (단순)미집행이라 부르는 것이 실무관념에는 더 적합한 것으로 보인다.

2) 도시계획시설부지내 가설건축물

도시계획시설의 미집행

도시계획시설이 결정된 후 2년 동안 당해 시설의 설치에 관한 사업이 시행되지 않을 때 이를 도시계획시설의 미집행이라 한다. 국토계획법은 이런 영역에서 예외적으로 가설건축물 및 공작물의 설치와 이를 위한 형질변경, 건축물

---

183) 헌법재판소 1999. 10. 21. 자 97헌바26 결정, "입법자는 도시계획사업도 가능하게 하면서 국민의 재산권 또한 존중하는 방향으로, 재산권의 사회적 제약이 보상을 요하는 수용적 효과로 전환되는 시점, 즉 보상의무가 발생하는 시점을 확정하여 보상규정을 두어야 한다. 토지재산권의 강화된 사회적 의무와 도시계획의 필요성이란 공익에 비추어 일정한 기간까지는 토지소유자가 도시계획시설결정의 집행지연으로 인한 재산권의 제한을 수인해야 하지만, 일정 기간이 지난 뒤에는 입법자가 보상규정의 제정을 통하여 과도한 부담에 대한 보상을 하도록 함으로써 도시계획시설결정에 관한 집행계획은 비로소 헌법상의 재산권 보장과 조화될 수 있다."

184) 대법원 2007. 12. 12. 선고 2006두4738 판결.

의 개축 · 재축과 이를 위한 형질변경을 허용하고 있다(법 제64조 제2항). 이때 도시계획시설은 면적의 의미를 갖는 도시계획시설에 국한되는 것은 아니며, 유형적 시설물인 도시계획시설을 포함한다.

건축법상의 허가요건

건축법 부분에서 이미 설명한 바와 같이 건축법 제20조 제1항의 가설건축물은 진정한 의미의 가설건축물이 아니라 기한부건축물이다. 기한부건축물은 앞서 설명한 바와 같이 존치기간이 3년 이내이고, 분양목적이 아니며, 3층 이하로서 철근 · 철골콘크리트조가 아니어야 한다는 요건 등을 충족하여야 한다(건축법 제20조 제1항 등).

국토계획법상 허가요건

기한부건축물은 이와 함께 국토계획법 제64조의 규정에 적합해야 한다(건축법시행령 제15조 제1항 제6호). 이와 같은 별도의 규정이 없다고 해도 국토계획법은 도시계획시설에 대해 규율하는 조항과 그 시설부지내 개발행위(건축행위 포함)의 허용성에 대한 규정을 두고 있으므로 당연히 기한부건축물의 허가요건이 국토계획법에 의해 규율된다. 따라서 기한부건축물이 국토계획법 제64조에 적합해야 한다는 건축법시행령의 요건규정은 주의적인 성격을 갖는 것에 불과하다.

시장 · 군수는 도시계획시설결정이 이루어진 구역임에도 불구하고 사업이 시행되지 않은 채 2년이 경과하고 그 사이 단계별 집행계획이 수립되어 있지 않거나 또는 단계별 집행계획이 수립되어 있어도 1단계 집행계획에 포함되지 않은 시설부지에서는 가설건축물, 토지형질변경 행위 등을 허가할 수 있다(법 제64조 제2항 본문 및 동항 제1호).

이 조항에 의해 기한부건축물의 허가요건이 추가적으로 마련되며 그 내용을 요약하면 다음과 같다.

① 도시계획시설결정이 고시된 후 2년이 경과했을 것
② 그 사이 도시계획사업이 시행되지 않았을 것
③ 단계별집행계획의 1단계집행계획에 포함되어 있지 않을 것.

이러한 요건은 건축법상 기한부건축물의 허가요건을 구성하는 요소이면서 동시에 국토계획법상 가장 난해한 도시계획시설과 단계별 집행계획 등의 내용을 포함한다.

3) 도시계획시설의 실효

용도지역제와 유사한 도시계획시설계획

면적의 의미를 갖는 도시계획시설은 통상 구역을 지정함으로써 완성되고, 그 후 특별한 시설의 설치를 위한 행위가 따르지 않는다. 이러한 점에서 면적의 의미를 갖는 도시계획시설계획은 용도지역제의 도시계획과 유사한 측면이 있다. 다만 그 규율의 밀도가 높지 못하고, 용도·형태제한 등 체계적인 건축허가요건을 담고 있지 못하다는 점에서 용도지역제의 도시계획보다는 원시적인 형태의 도시계획이라 할 수 있다.

면적형태의 시설과 장기미집행

도시계획시설은 이론상 모두 행정주체가 설치해야 하고 토지소유권도 행정주체가 확보해야 하는 것들이다. 그러나 공원, 유원지와 같은 도시계획시설은 행정주체가 소유권을 확보해야 한다는 의식조차 없이 도시계획결정만 하고 그대로 방치한 경우들이 많았다. 공원이나 유원지에 대한 사인의 토지소유권이 그대로 남아 있었으므로 그 지상에 건축을 하고자 하는 소유자들의 욕구가 도시계획시설 지정목적에 막혀 있었다. 2000년 헌법재판소에 의해 이러한 제한이 위헌이라고 선언되자 정부는 도시계획법을 전분개정하면서 상기미십행시설의 실효제도를 도입하였다. 다만 경과규정에 실효의 기준시점을 2000년 7월 1일로 설정함으로써 기존의 오래된 시설에 대해서도 20년의 유예기간이 설정되었고 결국 2020년이 되어야 실효제도가 시행되도록 정해졌다. 실효제도의 효력발생 이후 전국적으로 장기미집행 도시계획시설 문제를 풀기 위한 국가와 자치단체의 노력이 진행되고 있다.

도입사례의 해결

갑은 취소소송을 제기할 수 있고 도시계획시설결정은 취소소송의 대상이 된다(처분성). 다만 도로의 확장에 관한 행정청의 재량에서 하자를 발견해서 승소하기는 쉽지 않을 것으로 보인다. 도시계획결정 후 실시계획인가가 2년 이상 내려지지 않으면 도시계획이 장기미집행 상태로 들어가며 10년이 지나면 매수청구 등이 가능하고, 20년이 지나면 도시계획결정은 실효된다.

제03장 재건축 · 재개발사업

제22강 재건축 · 재개발 제도개관

≫ 도입사례

재개발구역내 무허가 건축물 소유자인 갑은 아파트를 분양받을 수 있는지 알기도 어렵고 재개발조합 설립에 동의한 바도 없다. 무허가 건축물을 소유한 자는 어떤 과정을 거쳐야 조합원이 되고 아파트를 분양받을 수 있을까?

1. 도시정비법의 의의

1) 도시정비법의 목적

도시정비법은 도시기능의 회복이 필요하거나 주거환경 등이 불량한 지역을 계획적으로 정비하고 노후 · 불량건축물을 효율적으로 개량하기 위한 법이다. 이를 통해 도시정비법은 도시 및 주거환경을 개선하는 목적을 추구한다(법 제1조).[185]

2) 정비사업과 헌법상 공공필요

정비사업의 공공성

재개발사업이 헌법상 공공필요를 충족시키고 따라서 수용권이 부여된다는 점에 대해서는 일반적으로 받아들여지고 있으나 재건축사업에 대해서는 논란

185) 이하 제3장에서 괄호속의 도시정비법은 '법', 도시정비법시행령은 '영'이라고 함.

이 있다. 도시정비법에 따른 재건축사업은 정비사업의 일종으로서 도시기능을 회복하기 위한 사업이며 헌법상 공공필요가 인정된다고 해석하여야 한다.

헌법상 공공필요

헌법 제23조는 모든 국민의 재산권을 보장하면서(제1항), 그 의사에 반하는 소유권의 박탈을 원칙적으로 금지하고 있다. 그리고 헌법 제23조는 제3항에서 '공공필요'에 의해서만 의사에 반하는 소유권의 박탈(토지수용)이 허용될 수 있다는 예외 조항을 두고 있다. 도시정비법이 매도청구권(법 제64조)에 의해 재건축에 반대하는 토지등소유자의 소유권을 박탈할 수 있도록 정하고 있고, 이것이 헌법하에서 허용될 수 있는 이유는 재건축사업이 일정한 공익목적을 갖고 있다는 점 때문이다.

2. 정비사업의 종류(법 제2조 제2호)

도시정비법상 정비사업은 재개발사업, 재건축사업, 주거환경개선사업의 세 가지로 크게 구분된다(법 제2조 제2호).[186] 재건축은 오래된 공동주택을 헐고 다시 아파트를 짓는 사업, 재개발은 기반시설이 열악하고 건축물이 불량한 주거지를 정비하거나 기능을 상실한 상업지역에서 도시환경을 개선하는 사업, 주거환경개선사업은 저소득주민이 밀집한 문제지역에서 국고를 지원해 도로나 공원을 확보하고, 주민의 개별적 건축행위를 권장하는 사업으로 이해하면 된다.

186) 도시정비법 제정 당시에는 도시재개발법에 의한 공장재개발과 도심재개발을 묶어 도시환경정비사업으로 새롭게 분류하고 재개발과 구분했었기 때문에 그 당시 정비사업은 결과적으로 재건축, 재개발, 도시환경정비, 주거환경개선사업으로 나뉘게 되었다. 그 후 주거환경관리사업 등이 추가되었다가 가로주택정비사업은 다시 소규모주택특례법으로 이전되었다(2017). 2018년 새로 시행된 도시정비법에서는 도시환경정비사업이 재개발사업으로 흡수되어 다시 정비사업이 셋으로 정리되었다.

3. 재건축과 재개발의 비교

재건축사업의 공공성

도시정비법이 제정됨으로 인해 재건축사업과 재개발사업은 공법적 통제라는 관점에서 상당히 근접하고 있다. 예컨대, 구역지정을 해야 한다는 점, 관리처분계획을 수립하고, 이전고시를 한다거나, 추가부담금을 청산금부과처분으로 징수한다는 점 등에서 양자의 차이는 소멸되었다.

그러나 도시정비법에서도 매도청구소송과 토지수용 · 안전진단 등에서 여전히 재건축과 재개발은 차이를 보이며, 이러한 차이점은 재건축사업이 재개발사업에 비해 공공성이 부족하다는 점에 기인한다. 그렇지만 재건축사업이 이미 도시정비법상의 정비사업으로 명시적으로 편입된 이상, 이러한 차이가 재건축사업이 공공개발사업의 일종임을 부인하는 논거가 될 수는 없다.

도입사례의 해결

재개발사업에서 무허가건축물 소유자는 조합원이 될 수 있는지 여부가 해석에 맡겨져 있다. 법률에 토지 또는 건축물 소유자로만 정해져 있을 뿐 건축물이 적법한 건축물인지는 명시되어 있지 않기 때문이다. 대법원은 이 때 건축물은 적법한 건축물을 의미하는 것으로 보고 최초에 조합설립에 동의할 수 있는 자를 이들에 한정하고 있다. 다만 대법원은 무허가건축물 소유자에 대해 정관이 조합원 자격을 부여하면 정관에 의해 조합원이 될 수 있는 것으로 해석하고 있으므로 이러한 요건을 충족해서 조합원이 되면 향후 관리처분계획에 의해 아파트를 분양받을 수 있다(대법원 2012. 12. 13. 선고 2011두21218 판결 참조).

제23강 정비구역의 지정

>> 도입사례

노후 · 불량한 단독주택을 소유하고 있는 갑은 재개발구역이 지정되면서 자신을 비롯한 일부 토지가 구역에서 제외되었다는 것을 알게 되었다. 갑은 취소소송을 통해 정비구역의 지정을 다툴 수 있는가? 갑이 받는 불이익은 과연 무엇인가?

1. 들어가면서

정비구역의 기능

정비구역은 정비사업이 시행될 대상지역을 구획하여 위치와 면적이 확정된 일단의 토지이다. 정비구역의 지정을 통해 조합원의 범위와 신축될 아파트의 부지가 정해진다. 구법시대에 정비구역의 지정제도는 재개발에만 있고, 재건축에는 없던 제도였다. 재건축은 이미 존재하는 아파트단지를 전제로 하므로 정비구역에 준해서 기존의 아파트단지가 정비구역의 역할을 담당했다. 정비구역이 지정되면 그 안의 토지등소유자가 조합원이 될 수 있다는 점에서 정비구역은 초기에 법적으로 매우 중요한 의미를 갖는다. 사업구역에서 배제되는 자는 아파트를 받지 못하고 결국 개발이익을 향유하지 못하게 되기 때문이다. 정비구역은 사업의 종료 후 새롭게 등장하는 아파트의 단지(주택단지)가 되고 정비구역의 지정은 도시계획의 효력을 갖는 것으로 국토계획법에 의한 도시계획 체계에도 영향을 미친다.

정비계획과 정비구역 지정

정비구역의 지정은 정비계획과 동시에 이루어지므로 실제 정비계획과 정비구역의 지정은 하나의 행정처분이라 보면 된다. 현행 도시정비법에서 정비구역의 지정과 정비계획의 수립은 동시에 이루어지도록 규정되어 있다(법 제8조). 구법시대의 재개발사업은 구역의 지정과 사업계획(현행 정비계획)을 분리해서 수립할 수 있었으나(구도시재개발법 제4조 제6항) 도시정비법의 제정으로 제도가 변경되었다. 도시개발법이나 택지개발촉진법 역시 구역지정과 개발계획이 동시에 이루어지는 것을 원칙으로 하고 있다(도시개발법 제4조, 택지개발촉진법 제8조).

2. 정비기본계획

특별시장 · 광역시장 또는 시장은 주거환경개선사업, 재개발 · 재건축사업 및 토지등소유자의 재개발의 기본방향, 정비사업의 계획기간, 정비예정구역의 개략적인 범위 등의 내용이 포함되어 있는 정비기본계획을 10년 단위로 수립한다(법 제5조 제1항, 제4조 제1항). 이 정비기본계획은 도시기본계획(국토계획법)과 유사한 행정청의 내부계획이면서 정비계획의 상위계획이다. 정비기본계획은 뒤따르는 정비계획에 대해 행정내부적인 구속력을 발휘하지만, 국민에 대한 구속력은 없는 행정청의 내부적 기준일 뿐이다.

3. 구역지정과 정비계획

1) 정비구역과 정비계획의 의의

정비구역이라 함은 정비사업을 계획적으로 시행하기 위하여 제16조의 규정에 의하여 지정 · 고시된 구역을 말한다(법 제2조 제1호, 제2호). 구역지정과 별도로 정비기반시설은 어떻게 설치할지, 용적률 · 건폐율 등은 어떻게 할지 등 정비사업의 지침이 될 수 있는 구속적인 행정계획이 또 다시 필요하며, 법률은 이를 '정비계획'이라 부르고 있다.

2) 정비구역지정의 요건

정비구역의 지정요건은 원래 구도시재개발법에서 재개발구역을 정하기 위한 정량적인 요소들로 구성된 것이었다. 이때 정량적 요소의 중심에 존재하던 개념이 노후 · 불량건축물인데, 노후 · 불량건축물의 수나 일정한 면적내 밀도 등을 기준으로 구역지정요건이 정해져 있었고, 이는 현행 재개발구역 지정요건으로도 연결되어 있다. 특히 재개발구역지정을 위한 요건은 각 자치단체의 조례에 의존하고 있으므로 서울시나 경기도 등의 조례를 찾아보기 전에는 정확히 알기 어렵다.

이에 반해 구법시대 재건축은 구역지정제도가 없었으며 따라서 구역지정요건이라는 것도 존재하지 않았다. 그런데 도시정비법의 제정과정에서 재건축사업에도 구역지정을 요구하면서 재개발에서 사용되던 노후 · 불량건축물이라는 개념을 그대로 재건축사업의 구역 지정요건에 사용하였다. 이에 따라 노후 · 불량건축물 개념이 변질되면서 재건축의 경우에는 준공된 후 20년 또는 30년이 경과한 아파트가 노후 · 불량건축물로 정해졌다(법 제2조 제3호 라목 및 영 제2조 제3항). 이 때문에 노후 · 불량건축물의 개념이 재개발에서 생각하는 화장실이 없거나 건물의 구조가 매우 불량한 것에서 벗어나 잘 지어진 아파트까지 포함하는 개념으로 확대되었다. 그러나 본질적으로 다른 개념을 동일한 용어로 포섭하는 것은 올바른 입법이 아니다.

3) 정비계획의 내용

정비계획에는 다음 각 호의 사항이 포함되어야 한다(법 제9조 제1항).

1. 정비사업의 명칭
2. 정비구역 및 그 면적
3. 「국토의 계획 및 이용에 관한 법률」 제2조 제7호에 따른 도시 · 군계획시설의 설치에 관한 계획
4. 공동이용시설 설치계획
5. 건축물의 주용도 · 건폐율 · 용적률 · 높이에 관한 계획
6. 환경보전 및 재난방지에 관한 계획
7. 정비구역 주변의 교육환경 보호에 관한 계획
8. 세입자 주거대책
9. 정비사업시행 예정시기
10. 공공지원민간임대주택에 관한 사항 등
11. 「국토의 계획 및 이용에 관한 법률」 제52조 제1항 각 호의 사항에 관한 계획(필요한 경우로 한정한다)

12. 그 밖에 정비사업의 시행을 위하여 필요한 사항으로서 대통령령이 정하는 사항

4) 정비구역지정의 효과

도시관리계획과 대등한 효력

정비구역의 지정 또는 변경지정에 대한 고시가 있는 경우 당해 정비구역 및 정비계획 중 국토계획법의 지구단위계획의 내용(국토계획법 제52조 제1항 각 호)에 해당하는 사항은 지구단위계획구역 및 지구단위계획으로 결정 · 고시된 것으로 본다(법 제17조 제1항). 정비구역지정 및 정비계획의 고시는 도시계획의 일종으로 파악되므로, 이는 국민의 권리의무에 대한 구속적 사항을 담는 행정처분으로서 취소소송의 대상이 된다. 따라서 그 절차나 내용상의 하자에 대해 다투고자 하는 자는 행정처분이 고시된 후 90일 이내에 행정법원에 취소소송을 제기해야 한다(행정소송법 제20조).

건축제한

정비구역의 지정고시가 있은 날부터 당해 정비구역안에는 정비계획의 내용에 적합하지 아니한 건축물 또는 공작물을 설치할 수 없다. 다만, 시장 · 군수가 정비사업의 시행에 지장이 없다고 판단하여 허가하는 경우에는 그러하지 아니하다(법 제19조). 이 조항은 정비구역내 건축허가요건에 대한 조항이라 해석되므로, '정비계획의 내용에 적합할 것'이라는 불확정개념이 건축법상 건축허가요건에 추가된다.

토지등소유자의 확정

조합 또는 추진위원회의 구성원이 될 수 있는 토지등소유자는 '정비구역안에 위치한' 토지등소유자를 말한다(법 제2조 제9호). 정비구역이 지정고시되어 효력을 발생하게 되면 대상구역의 위치와 면적이 확정되므로, 이에 따라 토지등소유자의 범위가 확정될 수 있게 된다.

추진위원회 승인의 요건

토지등소유자의 확정은 정비구역내 추진위원회를 구성하기 위한 전제가 되므로(법 제31조 제1항) 정비구역의 지정은 추진위원회의 승인을 위한 요건이 된다. 종래 추진위원회의 승인시기에 대한 제한이 없었던 시절에는 구역지정

이전에 추진위원회가 승인되는 일도 적지 않았고, 추진위원회를 위한 동의서의 징구는 그보다 더 일찍 진행되는 일이 많았다. 2009년 도시정비법 개정에 따라 추진위원회 구성의 시기가 정비구역 지정 이후로 명시되었으며, 구역지정 없는 추진위원회의 승인은 무효로 해석된다.[187)]

5) 정비구역의 해제

정비구역의 지정권자는 구역지정 후 일정한 기간이 경과하면 정비예정구역 또는 정비구역을 해제하여야 한다(법 제20조). 정비예정구역은 기본계획에서 정한 정비구역 지정 예정일부터 3년이 되는 날까지 정비구역이 지정되지 않을 때(동조 제1항 제1호), 조합이 추진하는 사업을 전제로 정비구역은 2년간 추진위승인신청이 없을 때, 추진위승인 후 2년간 조합설립인가신청이 없을 때, 조합설립인가후 3년간 사업시행인가의 신청이 없을 때에는 정비구역을 해제하여야 한다(동조 제1항 제2호). 이러한 요건 외 별도로 구역지정을 직권해제할 수 있는 경우로 사업의 추진상황에 비추어 목적 달성이 어렵다고 보이는 경우 등이 법률에 규정되어 있다(법 제21조).

정비구역의 해제에 관한 조항은 박원순 시장의 취임 후 뉴타운 출구전략의 일환으로 도시정비법 개정을 통해 도입되었다. 전통적으로 도시재개발법에 의한 재개발구역은 20년, 30년이 지나도 해제되지 않고 잔존하는 경우가 많았으나 2004년을 전후해서 뉴타운을 계기로 수많은 정비구역이 지정되었기 때문에 이들 중 사업이 부진한 사업장을 정리하기 위한 제도로 2012년 도입된 것이다.

4. 정비사업과 행정계획

1) 정비사업상의 행정계획

개발사업의 긴 과정을 준비하고 있는 도시정비법은 각 사업의 단계가 크게 3영역으로 나뉘고 각 영역은 초반에 등장하는 포괄적 행정계획으로 시작된다.

---

187) 대법원 2009. 10. 29. 선고 2009두 12297 판결.

즉, 정비사업은 위치와 면적을 확정하는 제1차계획(정비구역의 지정 및 정비계획), 그 개발행위의 설계도 역할을 하면서 설계도를 현실화시키기 위해 필요한 모든 고권이 조합에 부여되는 제2차계획(사업시행계획), 조합에 모두 귀속되었던 토지와 건축물에 대한 권리의무를 조합원에게 다시 분배하기 위한 포괄적인 계획으로서 제3차계획(관리처분계획)으로 이루어진다.

이러한 행정계획들은 실정법상의 명칭도 '계획'으로 정해져 있고, 입안권자와 결정권자가 구별되는 구조라는 점, 다수의 수범자를 대상으로 하는 것이라 개별적 통지가 아니라 고시를 효력발생 요건으로 한다는 점, 계획수립절차규정이 마련되어 있다는 점, 행정계획 자체가 행정처분으로서 취소소송의 대상이 된다는 점, 계획에 의해 권리·의무가 확정되지만 후속 집행행위를 통해서 권리의 변동이 초래된다는 점 등을 공통으로 한다.

2) 행정처분인 행정계획

행정계획 중 도시정비법이 활용하는 정비계획, 사업시행계획, 관리처분계획 등 행정계획은 대상지역 내 토지등소유자의 권리·의무를 변동시키는 행정처분이다. 이러한 행정처분은 효력발생을 위해 반드시 권리·의무에 영향을 받는 상대방에게 통지되어야 하는데, 행정처분 중에서도 행정계획과 같이 다수의 이해관계인을 가지고 있는 행정처분은 '고시'를 효력발생요건으로 한다. 도시정비법상 정비계획, 사업시행계획, 관리처분계획은 모두 행정처분으로 취소소송의 대상이 되고, 취소소송은 처분의 효력발생일로부터 90일 내에 제기되어야 한다.

3) 행정계획과 집행행위

행정계획으로서의 정비계획은 대상지역의 사업을 위한 포괄적인 계획을 담고 있다. 그러나 행정계획이 '계획'하고 있는 내용은 반드시 집행행위를 통하여 구체화 된다. 예컨대 구역지정이 있으면 조합설립인가라는 집행행위가 따르게 되고, 사업시행계획의 인가가 있으면 토지수용(재건축은 제외)이라는 집행행위가 뒤따르게 된다. 관리처분계획도 권리를 배분하기 위한 내용을 담고, 그 구체적인 현실화는 이전고시 및 청산금 부과처분이라는 집행행위로 연결된다.

도입사례의 해결

갑은 재개발구역에서 제외됨으로써 새로운 아파트를 분양받을 수 있는 기회를 상실했다는 점에서 불이익을 받은 것이지만, 만약 재개발사업의 수익성이 높지 않으면 조합원으로 참가하는 것이 더 불리할 수도 있다. 정비구역의 지정은 처분이므로 취소소송의 대상이 되며, 갑은 정비구역에 인접한 토지를 소유하고 있다면 이해관계가 있으므로 원고적격도 인정된다. 정비구역의 지정이 자의적인 것이라면 취소판결을 받을 수 있을 것이지만, 행정청의 재량이 넓어 승소가 쉽지는 않다.

제24강 시행과 시공

도입사례

건설사 갑은 건설산업기본법에 따른 종합건설업면허를 가지고 있는 자이다. 재개발조합 을과 공동시행계약을 맺은 갑은 조합 을을 조력해서 사업을 공동으로 진행해야 할 책임을 지는 자이다. 만약 갑이 새로운 아파트에 대한 건설공사를 진행하게 된다면 갑과 을 사이에 체결되는 계약은 도급계약인가 조합계약인가?

1. 시행과 시공의 의의

시행과 시공의 뜻

개발사업은 사업을 주도적으로 이끌어가는 행위와 물리적 시설물을 만들어 내기 위한 행위를 주된 구성요소로 한다. 사업의 시행은 개발사업을 주도하는 행위를 말하고, 시공은 건설사가 물리적 시설물을 만들어 내는 행위를 뜻한다. 개발사업을 주도하는 자를 사업시행자, 공사를 담당하는 자를 시공자라 한다. 얼핏 보면 사업시행자와 시공자는 전혀 다른 주체로서 쉽게 구별될 것으로 생각되지만 실무에서 이를 구별하는 것이 매우 어렵다.

사업시행의 개념

사업시행이란 사업의 기획, 토지소유권 확보, 자금의 조달, 주택의 분양 등 개발사업의 전(全)과정을 자신의 책임하에 주도적으로 진행하는 일체의 행위를 말한다(최광의의 사업시행). 사업시행자는 이를 수행하는 자로서 사업비용을 조달하며 개발사업의 결과로 발생하는 개발이익이나 손실을 최종적으로 부담하는 주체이다.

시공의 개념

개발사업에 있어 물리적 시설물을 설치하기 위한 각종의 공사를 행하는 것을 시공이라 한다. 개발사업법의 일반법적 기능을 하는 건축법은 시공자를 건설산업기본법에 의한 '건설공사를 하는 자'로 정의하고 있는데(건축법 제2조 제16호), 물리적 시설공사를 시공이라 보는 것이다. 시공자는 사업시행자와 도급계약을 체결하고 수급인으로서 주택이나 시설 등을 건설하는 행위를 담당한다.

시행의 보조자

사업시행자 이외의 자로서는 컨설팅, 시행대행(주택법 제11조의2), 분양대행 등 사업시행의 단계별로 시행을 보조하는 자들이 있다. 이들은 사업시행과 유사한 행위를 하지만, 자신의 이름으로 사업을 시행하는 것은 아니고 제3자의 시행을 보조하는 역할에 그친다. 만약 이들이 그 한계를 넘어 사업을 시행하는 실질을 갖는다면 실질적인 관점에서는 사업시행자로 해석하고 책임을 귀속시킬 수 있다.

2. 사업시행자의 법적 지위

정비사업의 시행자 또는 사업시행자는 건축법상 건축주와 유사한 지위를 갖는다. 재건축 · 재개발 사업을 직접 추진하는 주체이면서 권한과 의무의 최종 귀속주체이고 개발이익도 사업시행자에게 귀속된다. 사업시행자는 한편으로 행정청의 행정처분의 상대방이라는 지위를 갖지만, 다른 한편 조합원 등 토지등소유자에 대해 행정청의 지위를 보유하는 경우도 있다.

조합의 사업시행

정비사업에 있어서 원칙적인 사업시행자는 조합이 된다. 이런 점에서 정비사업에서는 사업의 주체로서 사업시행자를 만들고 그 내부적인 관계를 규율하는 것이 중요한 의미를 갖는데, 특히 비용부담이나 권리배분에 관해서 특별규정들이 필요하다. 일반적으로 정비사업을 이해하기 어려운 이유도 사업시행자인 조합과 관련된 규정이 복잡하기 때문이다.

비용과 개발이익의 귀속

사업시행자는 개발사업에 소요되는 비용을 부담해야 하며(법 제92조, 도시개발법 제54조 등), 개발이익이 발생하는 경우 그 귀속주체가 된다. 사업시행자가 조합인 경우 비용조달을 위해 조합원에게 경비부과처분을 내릴 수 있고 조합원의 부동산을 신탁 받아 이를 활용해서 재원을 마련할 수도 있다. 개발이익이 발생하는 경우 일차적으로 사업시행자가 그 개발이익을 향유하며 세법상으로도 그 이익의 주체로 간주된다. 다만 조합이 사업시행자가 된 경우 개발이익이 권리배분계획 등을 통해 조합원에게 다시 귀속될 수 있다.

사업시행자는 개발사업의 결과 조성된 택지 또는 주택을 보유하며 이를 일반에 분양 또는 공급하게 된다. 사업시행자인 조합은 사업대상지의 토지소유권 전체를 확보해야 하므로 사업에 반대하는 토지등소유자의 재산권을 박탈해야 한다. 이를 위해 도시정비법은 재개발사업에 대한 수용권과 재건축사업에 대한 매도청구권을 조합에 부여하고 있다.

사업시행자는 개발사업과정을 주도하는 중요한 역할을 하는 자로서 행정청에 의해 지정되거나 설립인가를 받는다. 개발사업법이 사업시행자에게 개별적인 행정처분권을 부여하고 있는 한도에서 사업시행자가 누리는 지위는 행정주체로서 행정청이며, 그 행정처분에 대하여 불복하고자 하는 자는 행정소송을 통하여 권리구제를 받게 된다.

3. 정비사업의 사업시행자

공동시행 가부

재개발 · 재건축사업은 토지등소유자로 구성된 정비조합이 시행하는 것이 원칙이다. 예외적으로 시장 · 군수 등은 재건축 · 재개발사업이 천재지변 등 특수한 요건을 충족하는 경우에는 직접 정비사업을 시행하거나 토지주택공사 등을 사업시행자로 지정하여 정비사업을 시행하게 할 수 있다.

또한 조합이 조합원의 과반수 동의를 얻어 시장 · 군수 또는 토지주택공사 등과 또 건설산업기본법에 따른 건설업자, 주택법 제12조 제1항에 따른 건설업자로 보는 등록업자와 공동으로 시행할 수 있다(법 제25조 제1항, 제2항). 조합이 원칙적인 사업시행자이지만 조합원 과반수 동의를 얻어 위에 열거한 자들과 함께 공동시행을 할 수도 있다. 2016년까지 재건축사업은 건설업자를 공동시행자로 선택할 수 없었으나 현행법상으로는 재건축사업에서도 조합은 건설업자를 공동시행자로 선정할 수 있다.

토지등소유자가 시행하는 재개발사업

'토지등소유자가 시행하는 재개발사업'은 20명 미만의 토지등소유자가 정비구역내 존재할 때 조합을 결성하지 않아도 되는 특별한 경우이다. 정비구역내 토지나 건물의 소유자가 서너 명에 불과한 경우에 도시정비법이 정하는 추진위원회나 조합 관련규정을 적용하는 것이 부적당하므로 예외적인 조항이 마련된 것인데, 이는 종전 도시환경정비(노심재개발)사업으로 불리던 것이다.

4. 정비사업의 시공자

시공자 개념의 등장

종래 개발사업법은 사업시행자와 시공자를 구별하여 권한과 책임을 나누는 것에 관심을 기울이지 않았으며, 시공자라는 용어 자체가 법에서 명시적으로 사용되기 시작한 것은 2003년 도시정비법 제정 이후이다. 2003년 제정된 도시정비법은 처음으로 재건축 · 재개발사업에 간여하는 건설업자를 '시공자'로 칭했고, 이들이 사업시행계획(제2차계획)의 인가 이후에 선정될 수 있도록 제한했다(제11조 제1항). 재건축의 과열을 초래한 주범을 민간건설업자로 보고 이들이 개발사업의 초기에 개입하는 것을 막기 위해서였다. 그 후 도시정비법은 다시 재개발사업에 한해 건설사가 '공동시행자'가 될 수 있도록 허용하고 그 선정시기를 제한하지 않다가(2005년 개정 도시정비법 제8조 제1항) 다시 재개발에 대해서도 시공자선정시기를 제한하는 방식으로 개편되었다.[188)]

최근에는 다시 재건축의 경우에도 공동시행이 가능한 것으로 법률이 개정되어(2015년 9월 개정 도시정비법 제8조 제2항) 현행 도시정비법은 재개발사업과 재건축사업의 경우 모두 공동시행이 가능하도록 규정하고 있고(법 제25조), 조합설립인가를 받은 이후에 시공자를 선정할 수 있도록 규정하고 있다(법 제29조 제4항). 법조문상 여전히 '공동시행자'의 선정시기는 명시적으로 규율되지 않고 있는 것이기 때문에 건설사가 시공자가 아니라 공동시행자로만 선정될 때는 시기적 제한이 없다.

도입사례의 해결

갑은 건설사로서 일단 도급공사의 수급인이 된다. 다만 조합과 공동시행자가 되면 조합과 둘 사이에 다시 조합계약(공동사업의 협약)이 체결되므로 갑이 을과 체결하는 계약에는 최소한 두 개의 계약이 포함된다. 실무에서는 하나의 도급계약처럼 총공사비 등이 약속되지만 총공사비는 도급액과 함께 사업시행비용도 포함되어 있다는 점에 유의해야 한다.

188) 이에 대해 자세히는 김종보, 정비사업의 시공자선정과 형사처벌, 서울대학교 법학 2007. 12. 206-236 참조.

제25강 추진위원회

>> 도입사례

재건축구역내 추진위원장 갑은 협력업체로부터 일정한 금원을 수령하였고 뇌물죄로 기소되었으나 형사사건 진행 중에 을이 제기한 추진위원회 승인처분 무효확인소송에서 추진위원회의 승인이 무효인 것으로 판결이 선고되어 확정되었다. 추진위원장이 왜 뇌물죄로 기소되어야 하는가? 추진위원회의 승인이 무효이면 추진위원장의 형사처벌은 어찌 되는가?

1. 들어가면서

추진위원회는 조합설립 이진단계에서 조합을 대신해서 정비사업을 준비하는 예비적 사업시행자이다. 추진위원회가 맺은 각종 계약 등은 조합으로 이전되는 것이 원칙이고, 추진위원장도 뇌물죄 적용에 있어서는 공무원으로 의제된다. 2003년 도시정비법이 시행되기 전에는 추진위원회라는 제도가 재건축에도 재개발에도 없었다. 다만 재건축은 사업이 활황이었기 때문에 사실상의 추진주체라는 뜻에서 추진위원회라는 명칭이 사용되는 단체들이 많이 있었다. 이런 점을 고려해서 도시정비법은 추진위원회를 통제하기 위해 법률로 규율하고 통제의 대상으로 삼았다.

2. 추진위원회의 의의와 업무

1) 추진위원회의 개념

조합설립과 추진위

추진위원회란 정비조합의 전(前) 단계로서 토지등소유자 과반수이상의 동의를 전제로 토지등소유자의 5인 이상으로 구성되는 모임이다(법 제31조 제1항). 이 추진위원회는 정비사업의 준비행위와 조합설립을 위한 창립총회를 개최하도록 하며, 행위의 결과가 조합에 포괄승계된다(법 제34조 제3항). 추진위원회를 구성하고자 하면 운영규정 및 추진위원장과 위원의 명단을 제출해서 시장 · 군수 등의 승인을 받아야 한다(법 제31조 제1항). 이렇게 받은 추진위의 승인처분은 조합설립인가처분에 대해 예비적 결정의 성격을 갖는다.

단체설립을 위한 준비조직

일정한 단체를 설립하는 준비조직은 단체의 설립을 주된 목적으로 결성되어 단체설립을 향해 업무를 추진한다. 그리고 이러한 준비조직은 주된 단체를 만들어냄으로써 그 목적을 달성하고 해산하거나 주된 단체에 흡수된다. 준비조직이 행했던 대부분의 행위와 그로 인한 법적 효과도 새롭게 설립되는 주된 단체로 승계된다. 도시정비법이 제정되는 즈음에 이르면 추진위원회의 과열경쟁에 대한 법적 규제가 필요하다는 인식이 넓게 확산되었다. 도시정비법은 추진위원회에 대한 명시적 규정을 마련함으로써 하나의 주택단지내에 한 개의 추진위원회만 가능하도록 제한하고 구성과 역할들을 규율하게 되었다(법 제31조 제1항).

정비조합을 설립하고자 하는 경우에는 정비구역지정 고시 후 위원장을 포함한 5인 이상의 위원 및 추진위원회 운영규정에 대한 토지등소유자 과반수의 동의를 얻어 조합설립을 위한 추진위원회를 구성하여[189] 국토부령이 정하는 방법과 절차에 따라 시장 · 군수의 승인을 얻어야 한다(법 제31조 제1항). 조합설립인가의 신청권은 추진위원회에게만 있으므로(법 제35조 제2항, 제3항), 조합설립을 위해서는 추진위원회를 구성하는 것이 원칙이지만, 공공지원의 특례가 있다(법 제31조 제4항).

2) 추진위원회의 업무

추진위원회는 다음 각 호의 업무를 수행할 수 있다(법 제32조 제1항).

1. 제102조에 따른 정비사업전문관리업자(이하 “정비업자”라 한다)의 선정 및 변경

189) 이 때 구성한다는 것은 승인 전 단계에 실체를 갖춘다는 의미일 뿐 법적으로는 승인처분에 의해 추진위원회가 비로소 성립한다는 점에 유의해야 한다.

2. 설계자의 선정 및 변경
3. 개략적인 정비사업 시행계획서의 작성
4. 조합설립인가를 받기 위한 준비업무
5. 그 밖에 조합설립을 추진하기 위하여 대통령령으로 정하는 업무

추진위원회는 추진위원회가 행한 업무를 조합총회에 보고하여야 하며, 추진위원회가 행한 업무와 관련된 권리와 의무는 조합이 포괄승계한다(법 제34조 제3항).

3. 추진위원회와 동의

추진위원회의 구성을 위한 동의는 토지등소유자에 대해서만 과반수의 동의를 받아야 하며, 토지면적에 대한 동의는 필요하지 않다. 재개발사업에서 토지등소유자는 '토지소유자, 건축물소유자, 지상권자'를 합한 것으로 하며 그들 총수의 과반수 동의를 얻어야 한다. 공동주택 재건축의 경우에는 건축물 및 그 부속토지소유자의 과반수의 동의를 얻어야 한다.

4. 추진위원회 승인의 법적 성질

1) 예비결정과 본처분

본처분과 예비결정의 효력

추진위원회의 승인은 조합설립인가에 선행하는 예비결정적 성격을 갖고 있다. 예비결정이란 원자력발전소의 부지선정이나 건축법상 사전허가와 같이 본처분의 허가요건 중 일부를 선취하여 본처분보다 앞서 판단하는 결정을 말한다.[190] 예비결정이 내려진 후 본처분이 발급되면 예비결정은 본처분에 흡수되고 따라서 예비결정에 대한 취소소송은 소의 이익을 상실한다.

추진위 설립의 예비결정적 성격

추진위원회는 조합이라는 주된 단체를 위해 존속하다 소멸하는 종속적 단체

190) 김동희, 행정법Ⅰ, 2017, 236면 참조.

이고, 따라서 추진위원회에 대한 행정청의 승인처분도 역시 조합설립인가라는 처분에 대해 일정한 종속관계에 있다고 보아야 한다. 추진위원회 승인처분이 조합설립인가 후 소멸되고, 조합설립인가의 요건 중의 일부가 추진위원회 승인의 요소로 검토되는 관계에 있다.

2) 조합의 소멸과 추진위의 운명

조합설립인가처분이 판결에 의하여 취소되는 경우 이전의 추진위원회가 부활하는가 하는 문제가 있다. 조합설립인가에 흡수된 추진위원회의 승인은 종국적으로 효력이 소멸된 것으로 해석하고 사후에 조합설립인가가 판결에 의해 취소되어도 추진위원회가 다시 부활하지 않는 것으로 해석하는 견해와 조합설립인가의 효력이 소급적으로 소멸할 때 추진위승인처분도 다시 살아나는 것으로 해석하는 견해가 대립하고 있다. 대법원은 후자의 견해를 취하고 있는 것으로 보인다.[191]

도입사례의 해결

갑은 추진위원장으로서 공무원으로 의제되어 형법상 뇌물죄가 적용되는 자이다. 만약 뇌물을 수령하였다면 뇌물죄인 것은 맞지만 추진위원회의 승인이 무효라면 법적으로는 추진위원회가 구성된 적이 없는 것으로 의제될 여지가 있다는 점이 문제이다. 대법원은 이와 유사한 사례에서 형사처벌할 수 없다는 입장을 내 놓았다.

---

191) 대법원 2016. 12. 15. 선고 2013두17473 판결(추진위원변경신고반려처분취소), "조합설립인가처분이 법원의 판결에 의하여 취소된 경우에는 추진위원회가 지위를 회복하여 다시 조합설립인가신청을 하는 등 조합설립추진 업무를 계속 수행할 수 있다."

제26강 정비조합의 설립(인가와 동의)

>> 도입사례

재건축사업에 맹렬히 반대하는 갑은 토지등소유자 3/4 이상의 동의 등을 얻어 조합설립인가가 발급되자 재건축을 저지하기 위한 소송을 제기하고자 한다. 갑의 소송은 창립총회의 무효확인을 구하는 민사소송이 되는가, 또는 조합설립인가의 취소를 구하는 행정소송이 되어야 하는가?

1. 정비조합의 의의와 설립요소

1) 정비조합의 의의

정비조합의 공공성

정비조합은 정비사업을 진행하는 사업시행자 중의 하나이고, 그 외 구청이나, 한국토지주택공사 등이 사업시행자가 될 수 있다. 정비조합은 사적인 이익을 추구하는 개인들로 구성된 단체이지만, 조합설립인가를 통해 공법인으로 승인되고 구청에 준해 공법상의 권한과 의무를 지게 된다. 정비조합은 일정한 처분권이 있고 취소소송의 피고가 될 수도 있다.

설권행위인 조합설립인가

구법시대 재건축에서 조합설립인가가 강학상 인가라는 대법원 판례가 있었고, 이에 따라 행정법 교과서와 실무가 모두 조합설립인가를 강학상 인가로 취급하고 있었다.[192] 2003년 도시정비법 제정 이후에도 이러한 해석은 변경되지 않고 통용되다가 2009년 대법원 판결에 의해 번복되었다.[193] 2009년 대법원은 도시정비법상 조합설립인가는 설권행위라는 입장으로 선회하면서, 종래 민사소송으로 다투어지던 재건축결의무효, 조합설립동의무효 소송을 모두 파기·이송하였다. 이에 따라 조합설립인가가 강학상 인가라는 잘못된 해석은 수정되었으나, 설권행위의 소급효문제, 단체법상 조합설립의 합의와 인가의

192) 대법원 2000. 9. 5. 선고 99두1954 판결.등

193) 대법원 2009. 9. 24. 선고 2008다60658 판결.

우열 등 여전히 해결되지 않고 있는 문제가 남아 있다.

2) 정비조합의 연혁

우리나라에서 1970년대 초반에 불량정착촌 정비를 위해 도입된 재개발사업은 전면철거, 전면재개발을 원칙으로 하고 있었다. 사업의 주체도 국가 등 공행정주체가 되는 것이 원칙이었다. 전면철거를 전제로 하는 이러한 사업방식은 주민들의 강한 반발을 불러 왔다. 지역주민의 반발에 대응하여 1970년대 중반 재개발사업상 의사결정에 주민들을 참여시킬 수 있는 방안이 모색되기 시작하였다. 도시재개발법은 주민들로 구성된 재개발조합에게 사업시행자의 지위를 우선적으로 부여하는 방식으로 개정되었고, 1980년대 초반 건설업자를 공동 시행자로 참여시키는 이른바 합동재개발 방식이 등장하게 되었다.

이러한 과정을 겪으면서 현재 재개발사업은 구역내의 토지등소유자로 구성되는 조합이 사업시행자가 되는 것을 원칙으로 삼게 되었다. 다만 조합이 구성되지 않거나 특수한 공익상의 요청이 있을 때에 한하여 국가 또는 자치단체가 직접 시행할 수 있다. 이로써 국가 등 공행정주체는 도시내 문제지역의 정비를 원만하게 진행시킬 수 있게 되었고, 구역내 토지등소유자 입장에서도 사업의 주요한 의사결정권을 확보하게 됨으로써 만족할 만한 타협점을 찾아낸 것이다.

다른 한편 1980년대 후반 주택건설촉진법에 처음 도입된 재건축조합은 주택조합의 일종으로 설계되었으며 재개발조합과는 무관하게 임의가입제, 매도청구권 등을 이용하며 사업주체로 인정되었다. 다른 과정을 거쳐 발전된 재건축조합도 역시 토지등소유자로 구성되는 조합으로 행정청의 인가를 통해 성립되었다는 점에서 재개발조합과 유사한 구조를 갖추고 있다.

3) 조합설립의 2요소

① 조합설립행위(동의)

조합설립의 합의

개발사업에서 단체를 결성하는 것은 건축법상의 건축주를 만들어내는 행위와 매우 유사한데, 이렇게 만들어진 단체가 사업시행자로서 개발사업의 모든 책임을 부담하기 때문이다. 정비사업을 위해 만들어지는 조합은 특정한 사업

목적을 갖고 구성원 개개인의 개성을 존중한다는 점에서 민사상 조합계약에 가까운 합의를 구성요소로 한다. 조합설립을 위한 이러한 합의를 조합설립의 동의 또는 조합설립행위라고 부른다.

② 조합설립인가

조합설립인가란 토지등소유자 중 정비사업에 동의하는 자들의 합의에 의해 작성된 정관과 동의서 양식 등을 심사하여 그 요건이 충족되면 발급하는 행정법상의 행정처분이다. 정비조합은 조합설립인가를 통해 성립하며, 행정청의 인가 없이는 개발사업의 시행자로서 조합의 지위도 인정될 수 없다.

추진위원회가 조합설립인가를 받고자 제출하는 인가신청서에는 정관, 조합원명부, 조합설립동의서, 창립총회 회의록, 주택건설예정세대수, 도시관리계획상의 용도지역, 대지 및 주변현황을 기재한 사업계획서, 건축계획 등이 포함된다(법 제35조 제2항, 시행규칙 제8조 제1항).

2. 조합설립 동의 – 조합설립행위

1) 조합설립행위의 뜻

조합설립행위의 다양한 양태

어떤 단체이든 단체를 설립하기 위해서는 구성원이 필요하고 또 이 구성원들이 동의하는 규약, 정관 등 단체를 운영하는 목적과 구성원의 권리의무 등을 정하는 단체법상의 합의문건이 필요하다. 이렇게 일정한 단체를 만들어내기 위해 회의체의 형태로 구성원들이 정관 등을 작성하고 효력을 부여하기로 의결하는 행위를 법적으로는 단체설립행위라고 한다.

정비조합을 설립하기 위해서 후술하는 조합설립의 인가라는 행정처분이 반드시 필요하지만 그보다 전 단계에서 조합을 설립하기 위해 조합설립행위가 선행되어야 한다. 조합설립행위는 조합을 만들어내기 위한 단체법상의 합의이지만 국면에 따라 다양한 문구로 표현될 수 있다. 합의체의 형태로 의결한다는 의미에서는 정비조합을 위한 '창립총회의 의결'이 조합설립행위로 표현되지만, 그 의결에 의해 법적 효과를 부여받게 된 '정관' 그 자체도 조합설립행위로 인식될 수 있다. 또 구성원 개개인의 입장에서는 조합이 설립되는 것을 전제로 조합에 가입하고 정관이 정하는 권리의무를 진다는 의미에서 '조합설립의 동의'로 표현할 수도 있다.

조합설립동의 규정의 연혁

구법시대 재건축은 단체법상의 합의라는 점을 더 중요하게 보면서 '재건축 결의'라는 표현을 사용하고 4/5 이상의 동의율을 요구하고 있었다. 그러나 구법시대 재개발은 특별한 용어를 사용하지 않고 토지등소유자 2/3 이상의 '동의'를 얻어 조합설립인가를 신청하는 것으로 표현하고 있었다(2002년 도시재개발법 제12조 제2항). 2003년 도시정비법이 제정될 당시 입법자는 구법과 달리 조합설립행위에 대해 '조합설립의 동의'라는 별도의 명칭을 부여하였다(제정 도시정비법 제39조 참조).

조합설립동의와 매도청구

도시정비법 제정 이후 재건축에서 조합설립의 동의는 매도청구권 행사의 중요한 요소였고, 오히려 조합설립인가와 같은 처분은 매도청구의 요건이 되지 못했다. 2018년 도시정비법이 전문개정되면서 현재는 사업시행인가의 고시가 있은 후에 비로소 매도청구가 가능하도록 변경되었다(법 제64조 제1항). 사업시행인가라는 행정처분을 매도청구권 발생의 기준시점으로 보았다는 점에서 진일보한 입법이며 이를 통해 매도청구권이 재개발사업의 수용재결보다 과도하게 일찍 행사되었던 점이 조정되었다. 다만 현행법의 문구가 개정됨에 따라 매도청구의 요건으로 여전히 조합설립동의를 요구할 것인가 하는 점은 해석에 맡겨지게 되었다. 이 책은 매도청구의 요건으로 법이 정한 동의율은 필요한 것으로 해석한다.

2) 동의율과 동의내용

① 동의율

정비사업의 동의요건

정비사업에 있어 적법한 동의요건은 동의율과 동의의 내용으로 구성된다. 우선 동의율은 전체 토지등소유자 및 토지면적 중에서 동의하는 비율을 말하며, 동의의 내용은 동의자들이 동의하기 위한 구체적인 대상을 말한다. 조합원들의 조합설립 동의내용은 크게 정관에 대한 합의와 정비사업 자체에 대한 합의로 이뤄진다.

법률상 동의요건

정비사업을 시행하려는 자는 일정한 동의요건을 충족하여 조합설립인가를 신청하여야 한다(법 제35조). 재개발사업은 토지등소유자의 3/4 이상 및 토지면적의 1/2 이상의 동의를 얻어야 하고, 재건축사업은 각 동별 구분소유자 과반수 동의와 주택단지의 전체 구분소유자의 4분의 3 이상 및 토지면적의 4분의 3 이상의 토지소유자의 동의를 얻어야 한다.

② 동의의 내용

구법시대 재개발사업의 동의의 내용

구법시대 재개발사업은 동의율만을 충족하면 되며, 그 동의의 내용이나 방식은 별도로 법령에서 규정하지 않았다. 공법상 동의의 전형적인 형태로 재개발사업을 추진하는 것에 큰 틀에서 찬성한다는 의미 정도가 재개발의 동의라고 해석되었다. 형식도 백지에 사업에 동의한다는 취지를 적어 기명날인하는 것으로 충분했다.

구법시대 재건축사업의 동의의 내용

구법시대 재건축사업도 주택건설촉진법 자체에는 동의의 내용에 대하여 별도 규정이 없었다(주택건설촉진법 제44조의3 제7항). 다만 주택건설촉진법상의 재건축사업은 불가피하게 집합건물법상의 매도청구를 활용할 수밖에 없었기 때문에, 크게 보면 동 규정도 재건축사업의 근거법이라 볼 수 있고, 매도청구를 위해 비용분담과 권리귀속에 관한 사항(집합건물법 제47조 제3항)이 포함되어야 했다.[194]

194) 대법원 1998. 6. 26. 선고 98다15996 판결, "재건축의 결의를 할 때에는 건물의 철거 및 신건물의 건축에 드는 비용의 분담에 관한 사항과 신건물의 구분소유권의 귀속에 관한 사항을 정하여야 하고, 위와 같은 사항은 각 구분소유자 간의 형평이 유지되도록 정하지 않으면 안 된다고 규정하고 있는바, 위 재건축비용의 분담에 관한 사항은 구분소유자들로 하여금 상당한 비용을 부담하면서 재건축에 참가할 것인지, 아니면 시가에 의하여 구분소유권 등을 매도하고 재건축에 참가하지 않을 것인지를 선택하는 기준이 되는 것이고, 재건축 결의의 내용 중 가장 중요하고 본질적인 부분으로서, 재건축의 실행단계에서 다시 비용 분담에 관한 합의를 하지 않아도 될 정도로 그 분담액 또는 산출기준을 정하여야 하고 이를 정하지 않은 재건축 결의는 특별한 사정이 없는 한 무효이다."

구법시대 재건축에서 동의의 내용

이와 같은 이유로 재건축의 실무에서는 조합설립인가를 위한 동의에는 주택건설촉진법이 정하는 동의율과 함께, 집합건물법이 요구하는 재건축결의의 방식까지 같이 갖추어져야 하는 것으로 이해되었다. 이는 재개발에서 생각하는 단순 동의와 전혀 다른 것이고, 일정한 계약에 합의한다는 의미에 더 가깝게 해석된다.

재개발사업의 동의의 내용 변화

도시정비법이 제정되면서 종래 재건축사업에서만 요구되던 동의의 내용(비용분담 등)이 재개발사업에서도 조합설립 동의의 내용이 되었다. 즉, 동의서에 동의를 받는 방법으로서 '① 설계의 개요, ② 공사의 개략적 비용, ③ 비용의 분담, ④ 신축건물의 귀속에 관한 사항, ⑤ 조합정관' 등이 별도로 필요하다(2003년 영 제26조 제2항). 이러한 법령의 개정은 재개발사업에서도 토지등소유자의 동의를 조합계약에 대한 합의에 가깝게 해석하는 견해를 낳았다. 이런 견해는 재개발사업의 동의에서 구체적 의사합치가 없으면 단체법상의 조합설립행위도 무효라는 주장으로 이어졌다. 그러나 조합설립동의를 재건축제도에 준해서 과도하게 민사적 합의에 가까운 것으로 만든 도시정비법의 태도는 바람직하지 않은 것이었다. 조합설립동의는 조합을 만들어내는 공법상의 요건에 불과하므로 사업의 개요와 그에 대한 동의로 충분한 것이었기 때문이다. 후술하는 조합설립인가의 하자로 동의율을 평가할 때에도 이런 기준에 의하는 것이 옳다.

3. 조합설립인가

1) 조합설립인가의 법적 성질

강학상 허가와 특허, 인가

행정법총론에서는 행정행위를 내용적으로 분류하면서 이들을 강학상의 목적으로 허가, 특허, 인가 등으로 구분하고 있다. 강학상 허가, 특허, 인가라고 하는 것은 실정법상 어떠한 명칭이 사용되었는가와 무관하게 법적 특성에 착안해서 그 처분을 분류한다는 의미이다. 예를 들어 운전면허는 면허라 불리지만 강학상 허가에 해당하고, 버스운송사업면허는 특허에 해당하며, 토지거래허가는 강학상 인가로 분류된다. 설권행위라는 명칭은 강학상 특허의 또 다른 명칭일 뿐 특별한 다른 의미가 있는 것은 아니다.

정비조합설립인가와 특허

대법원은 구법시대에 재건축조합에 대한 행정청의 설립인가를 강학상 인가로 해석하고 이에 대한 취소소송을 허용하지 않았다.[195] 도시정비법 제정 이후에도 정비조합설립인가의 법적 성격에 대해 직접적인 판단을 내리지 않다가, 2009년 가을 종래 강학상 인가로 보던 견해를 바꾸어 이를 설권행위(특허)로 해석하는 입장으로 선회했다.[196] 대법원의 견해변경으로 이제 정비조합에 대해서는 설립인가 자체에 대한 취소소송이 허용되는 것으로 이해되며, 종래 민사소송의 형태로 진행되던 조합설립무효확인소송 등은 부적법한 것으로 바뀌었다.[197]

조합설립인가를 취소소송의 대상으로 변경하고 소송의 피고가 시장 · 군수 등이 되는 순간 사업의 인 · 허가권을 보유한 행정청은 매우 긴장하고 사업의 절차를 더 이상 진행시키기 어렵다. 또한 조합설립인가가 법원에 의해 취소되면 그 이후 구청이 용인해서 진행하던 모든 절차가 법적 근거를 상실해서 효력을 잃게 된다는 점이 구청과 조합, 조합원들 모두에게 자명하게 받아들여

---

195) 대법원 2000. 9. 5. 선고 99두1854 판결, "기본행위인 조합설립에 하자가 있는 경우에는 민사쟁송으로써 따로 그 기본행위의 취소 또는 무효확인 등을 구하는 것은 별론으로 하고 기본행위의 불성립 또는 무효를 내세워 바로 그에 대한 감독청의 인가처분의 취소 또는 무효확인을 소구할 법률상 이익이 있다고 할 수 없다.": 이에 대해 자세히는 건설법의 이해, 제6판, 473면 참조.

196) 대법원 2009. 9. 24. 선고 2008다60568 판결, "행정청이 도시 및 주거환경정비법 등 관련 법령에 근거하여 행하는 조합설립인가처분은 단순히 사인들의 조합설립행위에 대한 보충행위로서의 성질을 갖는 것에 그치는 것이 아니라 법령상 요건을 갖출 경우 도시 및 주거환경정비법상 주택재건축사업을 시행할 수 있는 권한을 갖는 행정주체(공법인)로서의 지위를 부여하는 일종의 설권적 처분의 성격을 갖는다고 보아야 한다."

197) 구 판례에 대한 비판에 대해서는 김종보, 강학상 인가와 정비조합 설립인가, 행정법연구 제10호, 2003. 10, 325-344면; 김종보, 재건축창립총회의 이중기능, 인권과 정의(2006년 8월호), 124-135면; 김종보, 재건축결의무효의 공법적 파장, 서울대학교 법학 2008. 6. 193-216면; 김종보, 재건축재개발 비용분담론의 의의와 한계, 행정법연구 제24호 2009. 8. 131-158면 등 참조.

진다. 조합설립인가에 대해 행정소송으로 취소소송을 허용해야 하는 이유는 바로 여기에 있다.

2) 조합설립인가의 법적 효과

법적 효과일반

도시정비법에 의해 조합이 설립되면, 조합은 법률의 수권에 따라 일정한 행정처분을 발급할 행정청의 지위를 얻게 된다(법 제63조, 제92조 등). 조합이 행정청으로서 행하는 처분은 조합에 일정한 행정법상의 지위가 부여되어 있음을 전제로 하는 것이며, 이와 같은 행정법상의 지위가 부여되는 포괄적인 기초는 바로 조합설립인가라는 행정처분(설권행위)이다.

조합설립인가는 사업시행자인 조합을 확정하고,[198] 조합이 각종 처분을 내릴 수 있는 포괄적 기초를 부여는 행위(설권행위)이다. 조합설립인가가 설권행위로서 취소소송의 대상이 된다. 조합설립인가 취소소송의 피고는 시장 · 군수 등 인가처분을 한 행정청이다. 이는 관리처분계획에 대한 취소소송의 피고가 조합인 것과 대조된다.

사업시행자의 창설

정비조합인 재개발조합과 재건축조합은 정비사업에 있어 주된 사업시행자이다. 예외적인 경우를 제외하고 정비사업은 정비조합이 진행하는 것이 원칙이며 건설사와 공동시행도 가능하다(법 제25조 제1항, 제2항). 정비조합은 도시정비법 규정에 의해 명시적으로 법인격이 인정되므로 공법상 사단법인이다.

사업시행자인 정비조합은 정비사업과정에서 중요한 기능을 하는 행정계획의 입안권을 보유한다. 정비구역이 확정된 후 정비조합은 정비사업의 설계도면에 해당하는 사업시행계획을 작성하며 이는 시장 · 군수 등의 인가를 통해 확정된다(법 제50조 제1항). 이렇게 조합에 의해 작성되고 행정청의 인가를 통하여 확정된 사업시행계획은 정비조합이 사업을 시행하는 데 필요한 개별적 행정처분권을 위한 포괄적 기초가 된다.

---

198) 도시개발법상 사업시행자의 지정에 준하는 것이며(도시개발법 제11조 제1항), 대법원도 별다른 고민 없이 시행자지정의 처분성을 승인하고 있다(대법원 2006. 10. 12. 선고 2006두8075 판결: 강일도시개발사업시행자지정처분무효확인).

정관의 효력발생

최근 도시정비법 시행령의 개정 조문을 보면 창립총회에서 정관이 확정되고 이에 따라 조합장 등을 선임할 수 있는 것으로 규정하고 있다(영 제27조 제4항, 제5항). 조합정관의 효력발생시기에 관한 명시적인 대법원 판례는 없으나, 우선 조합창립총회에서 정관이 통과되면 일단 구성원들에 대해서는 효력을 발생하고, 대외적인 관계에서는 조합설립인가에 의해 정관이 효력을 발생한다고 해석하는 것이 바람직하다.

조합임원과 조합원의 지위확정

조합설립인가라는 처분 속에는 조합원승인, 조합임원승인 등의 처분이 포함된 것으로 해석해야 한다. 조합원의 지위도 역시 정관 및 인가내용에 의존하게 되며, 조합임원의 지위도 역시 변경인가 등에 의존하는 것으로 해석해야 한다.

주택법상 지위의 의제

정비조합은 정비사업을 시행하는 경우 「주택법」상 주택을 공급할 때 사업주체로 보며, 조합설립인가일부터 주택건설사업 등의 등록을 한 것으로 본다(법 제35조 제6항). 이는 정비조합이 사업시행인가 속에 포함된 주택건설사업에 대해서도 주택법상 사업주체로 인정된다는 의미를 갖는다.

4. 조합설립인가의 취소

1) 서 론

조합설립인가는 2009년까지 취소소송의 대상이 되지 않았고, 법원에 의해 취소될 가능성이 거의 없었다.[199] 조합설립인가가 설권행위로 해석되는 현재는 조합설립인가 취소소송이 제기되거나 무효등확인소송이 제기되어 인가가 취소되거나 무효선언을 받을 수 있게 되었다.

취소판결은 소급효가 있기 때문에 조합설립인가가 취소되면 3, 4년 넘게

199) 물론 이론적으로는 인가 자체의 하자로 인해 취소될 수 있었고, 일부 하급심에서는 이런 결론을 내린 경우도 있었다.

진행된 정비사업의 시행자인 조합이 법적 기초를 상실해서 소멸할 수 있다. 이에 따라 조합설립인가가 취소된 후 남아 있는 소송 등에서 조합의 지위를 어떻게 취급할 것인가 하는 새로운 문제들이 제기된다.

조합설립인가가 법원에 의해 취소판결을 받는 경우와 달리 행정청이 직권으로 이를 취소하는 경우도 있을 수 있다. 조합설립인가가 행정처분이므로 처분 당시의 위법성을 이유로 인가를 취소할 수 있다는 일반론 외에도 뉴타운사업 출구전략의 일환으로 도시정비법 자체에 일정한 요건이 되면 조합설립인가를 직권으로 취소하도록 정하고 있다.

2) 직권취소 – 뉴타운 출구전략

뉴타운사업 시작

이명박 전 서울시장에 의해 2002년 3곳의 시범뉴타운이 지정된 후 2003년 1차 뉴타운 12곳, 2004년 11곳의 2차 뉴타운이 지정되었다. 뉴타운은 강북과 강서지역에서 재개발구역을 여러 개 묶어서 커다란 단위(2~30만평)의 재개발사업을 추진하는 방식이었는데, 강남의 재건축이 참여정부에 의해 사실상 금지되면서 강북의 뉴타운은 크게 인기를 끌었다.[200] 그러나 뉴타운은 최초 지정 당시 근거법도 없었고, 2005년 근거법이 만들어져 2006년 시행되었지만 법을 부실하게 설계해서 작동되기 어려웠다.

뉴타운 출구전략의 목적

2011년 말 박원순 시장이 취임하면서 사업이 지연되고 분쟁이 만연한 뉴타운사업을 떠안게 되자, 이에 대한 책임을 벗어나는 것이 가장 중요한 과제가 되었다. 서울시의 건의로 도시정비법이 개정되면서 뉴타운으로 지정된 정비구역을 해제하거나 뉴타운 내 이미 설립된 재개발조합을 퇴출시키는 것을 내용으로 하는 뉴타운 출구전략이 마련되었다.

2012년 개정된 도시정비법은 조합설립인가를 직권으로 취소할 수 있는 사유들을 새롭게 추가하였다. 추진위원회도 일정비율의 동의를 얻어 해산을 신청할 수 있고, 조합도 1/2 이상의 동의로 해산을 신청할 수 있으며 시장 · 군수

---

200) 이에 대해 자세히는 김종보, 서울시 뉴타운의 법적 한계와 특별법의 쟁점, 행정법연구, 제14호, 2005. 10. 273-317면 참조.

는 추진위원회 승인 또는 조합설립인가를 취소해야 한다(위 법 제16조의2 제1항). 이렇게 사업이 종료되면 이에 대해 국가가 재정적인 지원을 줄 수 있는 방안이 일부 도입되었다(동조 제4항).

3) 판결에 의한 취소

① 취소판결의 소급효

취소판결의 의의

조합설립인가를 종래 강학상 인가로 보던 시절에는 법원에 의해 조합설립인가 취소판결이 나기 어려웠다.[201] 당연히 조합설립인가가 취소되는 것의 법적 의미를 평가할 필요가 없었으며, 조합설립동의 또는 재건축결의가 무효라는 민사법원의 판결은 조합설립인가의 효력에 영향이 없는 것으로 잘못 해석되고 있었다.

그러나 2009년 조합설립인가가 설권행위 또는 특허라고 대법원이 판례를 변경한 이후 조합설립인가는 취소소송에 의해 취소되거나 또는 무효등확인소송에 의해 무효로 선언되고 있다. 그렇게 되면 종래 조합이 유효하게 인가되었음을 전제로 행해지던 각종의 민사상 계약, 총회결의, 심지어는 추진위원회에서 체결되어 조합에 이전된 계약의 효력 등에 대해 법적으로 모호한 상태가 초래된다.

취소판결의 소급효

이론적으로는 조합설립인가가 취소되면 조합이 소급해서 소멸하므로 조합설립이후 이루어진 모든 행위는 무효가 된다. 그러나 조합설립인가에 의해 매도청구권이 행사되어 조합에 이전된 소유권의 문제(판결에 의해 이전된 소유권) 등은 그렇게 간단히 해결되지 않는다. 또 추진위원회가 조합설립인가의 취소로 인해 부활하는가 여부도 역시 논란의 대상이란 점은 추진위원회 부분에서 설명한 바 있다. 장차 오랜 기간 깊은 연구와 토론이 있어야 하지만 법원의 취소판결 또는 무효판결로 인해 조합의 모든 절차는 종료되는 것으로 해석하는 것이 옳다.

---

201) 예외적으로 인가 자체의 하자를 이유로 본안판단을 하는 하급심의 예들은 적지 않게 발견된다.

② 조합설립인가의 하자

동의율의 하자

조합설립인가가 설권행위로서 항고소송의 대상이 되면 취소소송에서 인가의 위법성이 다투어지고 무효등확인소송에서는 하자의 중대 · 명백성이 다투어진다. 조합설립은 조합설립행위 또는 조합설립동의라는 민사상 합의와 조합설립인가라는 행정처분으로 구성되며 2009년 판례변경 전까지는 특히 재건축사업을 중심으로 조합설립에 대한 불만은 조합설립무효확인을 구하는 민사소송으로 제기되었다. 이러한 민사소송에서는 당사자의 자발적 의사합치가 없다고 생각되면 법률관계는 무효가 된다. 그 당시 원고들은 조합설립을 위한 토지등소유자의 동의가 법령이 정하는 비율에 미달한다고 주장하거나 또는 동의율은 충족되어도 비용분담에 관한 구체성이 결여되었다는 이유로 개별 동의서의 효력을 부인함으로써 조합설립무효를 인정받을 수 있었다. 그러므로 민사소송인 조합설립무효소송에서 동의서와 동의율은 소송의 가장 중요한 요소였으며 동의율이 미세하게 부족한 경우에도 조합설립은 무효로 판단되었다.

인가의 하자사유

조합설립에 대한 민사소송이 불허되고 이제 조합설립인가에 대한 취소소송이 허용되는 것으로 법원의 입장이 변경된 후 현재에 이르기까지 여전히 법원과 법률가들은 조합설립인가 취소소송에서조차 동의율을 가장 중요한 것으로 생각하고 있다. 그래서 조합설립에 대한 취소소송이 제기되면 조합은 동의율을 보완하기 위해 조합설립변경인가를 준비하고, 상대방은 조합설립에서 동의율이 부족하므로 조합설립인가가 하자가 있거나 또는 무효라는 주장을 반복하고 있다(속칭 '동의율 싸움').[202] 특히 제소기간을 놓친 원고들이 항고소송으로 무효등확인소송을 제기하면서 동의율에 미달되는 것을 무효사유로 주장하는 것은 너무 익숙한 일들이다.

그러나 조합설립인가에서 고려되어야 하는 사항은 조합원들의 동의율에 한정되는 것은 아니고 상가에 대한 충분한 고려, 대형평형과 소형평형의 이익안분, 주변 아파트단지나 학교에 대한 재건축의 영향 같은 것이 처분의 위법사

202) 이는 조합설립인가만에만 국한된 것이 아니다. 당사자들은 관리처분계획 및 사업시행계획의 인가 취소소송에서도 모두 동의율을 둘러싼 공격과 방어에 주력할 뿐이다.

유로 주장되고 그 기준이 마련되어야 한다. 또 75%의 동의를 받도록 정하고 있는 조항에 위반하여 72, 73%의 동의율밖에 이르지 못했다는 점이 사후에 밝혀지더라도 그것만으로 조합설립인가가 무효가 되는 것으로 판단하는 것은 옳지 않다. 동의율은 조합설립인가의 요건일 뿐 그 요건이 미달되는 것만으로 처분을 무효로 만드는 중대한 하자가 되는 것은 아니기 때문이다.

무효사유의 제한

조합설립인가 처분이 무효가 되면 매도청구권이나 사업시행인가 등도 모두 법적 기초를 상실하게 된다는 점에서 법적인 파장이 매우 크다. 그래서 조합설립인가의 무효범위가 현재 판례와 같이 너무 넓으면 법적 안정성을 확보하기 어렵다. 조합설립변경인가가 최초의 인가를 흡수해서 새로운 인가처분이 되어야 한다는 후술하는 대법원의 판례들도 사실은 조합설립인가의 무효사유를 너무 넓게 보고 있는 대법원의 입장이 만들어낸 부작용이다.

4) 조합설립변경인가와 소의 이익

본처분과 변경처분의 관계

조합설립인가는 본처분이고 조합설립 이후 일정한 사항이 변경되어 이루어지는 조합설립변경인가는 변경처분이다. 이들의 관계는 일단 본처분이 가장 중요한 기준이 되어야 하고 본처분이 이루어진 시점이 처분의 효력발생시점이므로 본처분에 대한 취소소송이 제기되면 본처분의 하자의 치유는 허용되지 않는다. 그러므로 본처분에 대한 취소소송 중 그 하자를 치유하기 위한 변경처분은 허용되지 않는 것이 원칙이고, 만약 변경처분이 있었다 해도 본처분에 대한 취소판결이 내려지면 변경처분은 소급적으로 효력을 상실하는 것으로 보아야 한다.

변경인가와 하자의 치유

정비사업에서는 조합설립과정에 하자가 있다는 점을 사후에 발견한 조합들이 최초 조합설립과 유사한 절차를 거쳐 사실상 새로운 조합설립인가를 받듯이 조합설립변경인가를 받는 경우가 있다. 그러나 조합설립변경인가의 실질이 새로운 조합설립에 가까운 것이라 해도 이를 통해 조합설립인가가 소급적으로 적법해지는 것은 아니고, 또 조합설립인가가 소멸되어 변경인가로 흡수되는 것도 아니다. 그러므로 제소기간 내에 조합설립인가에 대한 취소소송이 제기되어 취소판결이 내려지면 조합설립인가는 소급해서 소멸하고, 그에 터잡아 이루어진 조합설립변경인가도 법적 근거를 상실해서 무효가 된다고 새겨야 한다.

이른바 '전면적 변경인가'

최근 조합설립 이후 그 하자를 이유로 취소소송이 제기되면 조합은 마치 처음 조합설립인가를 받듯이 동의율 등 요건을 다 갖추어서 조합설립변경인가를 신청하는 경우가 많아지고 있다(전면적 변경인가). 조합의 주장은 앞의 본처분은 전면적 변경인가로 흡수되었고 그에 대한 취소소송은 소의 이익이 없어 부적법해진다는 것이다. 그리고 이러한 주장은 적지 않은 사례들에서 법원에 의해 받아들여지고 있다.[203]

관리처분계획의 변경인가

이러한 오해들은 대법원이 관리처분계획의 변경인가에 의해 구 관리처분계획이 흡수되고 더 이상 다툴 수 없게 된다는 잘못된 판결을 내린 이후[204] 더욱 강화되고 있다. 관리처분계획 변경인가에 대한 판례의 법리가 다시 조합설립변경인가로 확대되고 있다는 점은 경계의 대상이다.

도입사례의 해결

갑은 조합설립인가의 취소소송을 제기해야 한다. 대법원에 의하면 조합설립인가는 설권행위이고 창립총회는 처분에 이르는 과정에 불과하기 때문에 총회 자체의 무효확인을 구하는 소송은 허용되지 않는다. 2009년까지는 반대로 이러한 불만은 민사소송으로만 다툴 수 있었다. 대법원이 조합설립인가를 강학상 인가로 보았기 때문이다.

---

203) 이에 대해 자세히는 김종보, 재건축ㆍ재개발사업의 전개과정과 소의 이익, 행정법연구, 제56호, 2019. 2. 1-29

204) 대법원 2012. 3. 22. 선고 2011두6400 전원합의체 판결, "관리처분계획의 주요 부분을 실질적으로 변경하는 내용으로 새로운 관리처분계획을 수립하여 시장ㆍ군수의 인가를 받은 경우, 당초 관리처분계획은 효력을 상실하는지 여부(원칙적 적극)."

제27강 조합원제도

>> 도입사례

갑은 재건축조합원의 아파트를 새롭게 매입함으로써 재건축아파트를 분양받으려는 자이다. 조합 을에게 자신이 새로운 소유자임을 알리고 조합원이 되었다고 믿었던 갑은 며칠 뒤 개최되는 조합원총회에 참석하려 했으나 조합원이 아니라는 이유로 입장이 거부되었다. 갑은 왜 조합원이 아니라는 것일까? 조합원은 소유권 이외에 어떤 조건이 필요한가?

1. 들어가면서

조합원은 정비사업시행자인 조합의 구성원이다. 조합원은 토지 또는 건물 소유권이라는 민사적 징표에 연결해서 도시정비법이 부여한 공법상 지위이다. 통상 토지등소유자와 조합원은 동의어처럼 보여도 잘 분석해보면 하나는 민사적, 하나는 공법적 출발점을 가지고 있다는 점에서 크게 다르다. 조합원은 조합장이 될 수도 있고, 조합총회에 참석해서 사업시행자인 조합의 의사결정에 참여하는 공법적 지위를 누린다. 다른 한편 조합원은 조합으로부터 수용재결, 경비부과처분 등을 받는 상대방이 되어 취소소송의 원고가 될 수도 있다.

2. 소유권과 조합원의 지위

1) 공법적 지위로서 조합원

민사법과 공법의 결합

도시정비법은 조합원이 될 수 있는 자격의 전제로서 토지 또는 건축물의 소유권을 요구하고 있다. 소유권이 공공조합의 조합원 자격을 구성한다는 점에서 민사법과 공법이 깊이 연결된다. 조합의 조합원은 정비사업의 과정에서 중요한 의사결정권을 갖고 정비사업의 비용을 부담하거나 조합에 소유권을 이전해야 할 의무를 지는 등 다양한 공법상 권리의무의 주체가 된다. 이러한 지위는 근본적으로 정비구역내 토지나 건축물의 소유권을 가지고 있다는 점에 연유하는 것이므로 소유권을 상실하거나 이전하면 조합원의 지위도 상실된다.[205]

민사상 권리의 범위와 조합원의 지위

재개발사업처럼 토지 또는 건축물의 소유권 중 하나만 있으면 조합원이 될 수 있는 경우도 있고, 재건축사업처럼 토지와 건축물을 동시에 가지고 있어야 조합원이 될 수 있는 경우도 있다(법 제2조 제9호). 이렇게 도시정비법이 조합원의 자격으로서 민사적 권리의 범위를 어떻게 설정하는가에 따라 정비사업의 결과로 건설된 아파트를 분양받을 수 있는 권리가 좌우된다.

소유권이전과 조합원지위

재건축 · 재개발사업 등 개발사업에서 조합원이 토지나 건축물 소유권을 제3자에게 매도하고 이를 조합에 신고하면 제3자가 조합원의 지위를 승계하는데 이 또한 민사적 소유권과 조합원지위가 견련되어 있음을 잘 보여준다.

2) 토지등소유자의 개념

토지등소유자는 재건축과 재개발에서 다른 의미로 사용된다. 재건축사업에서는 건축물 및 그 부속토지의 소유권(대지지분)을 동시에 갖고 있어야 토지등소유자로 인정한다. 따라서 토지만을 소유하고 있거나, 건축물을 소유하고 있지만 그에 대한 대지지분이 없는 자는 재건축사업의 토지등소유자가 될 수 없고, 조합원도 될 수 없다. 반면 재개발사업에서는 토지만의 소유자, 건축물만의 소유자 또는 지상권자인 자 모두가 '토지등소유자'이다(법 제2조 제9호 가목). 재개발은 동의여부와 무관하게 토지등소유자가 모두 조합원이 되며, 재건축은 동의한 토지등소유자만이 조합원이 된다.

3. 정관과 조합원지위

조합원 지위의 의의

조합원의 지위란 정비사업의 결과로 건설되는 아파트를 분양받을 수 있는

205) 대법원 1998. 3. 27. 선고 97누17094 판결(무허가건축물의 조합원지위).

자격과 그를 위해 필요한 각종 의무가 불가분적으로 결합되어 있는 법적 지위를 의미한다. 이러한 지위는 법률의 규정에 의해 직접 부여되기도 하지만, 이론적으로는 조합설립인가에 의해 승인된 조합정관이 조합원의 지위를 형성하는 주된 근거라 보아야 한다. 그러므로 사업의 초기에 조합원이었던 자들도 정관이 정하고 있는 의무불이행을 원인으로 정관의 규정에 의하거나 또는 직접 법률에 근거해 조합원의 지위를 상실할 수 있다.

임의가입제 및 강제가입제

조합정관은 조합원에 대한 임의가입제를 취하는가 또는 강제가입제를 취하는가에 따라 약간 다른 의미를 갖는다. 임의가입제인 재건축사업의 경우에는 조합설립에 동의하는 토지등소유자만 조합원이 되므로, 스스로 동의한 정관에 구속된다는 점에서 특별한 문제가 없다. 반면, 강제가입제인 재개발사업에서는 구역 내 토지 또는 건축물 소유자라면 조합설립에 동의하지 않은 자들도 모두 조합원이 되고 정관의 구속을 받는다. 따라서 그 조합정관의 구속력은 당사자의 합의가 아닌 강제가입제를 규정하고 있는 도시정비법의 조항으로부터 나온다고 해석된다.

정관에 의한 조합원 지위

조합정관은 또한 법이 정하고 있는 이외에 조합원이 될 수 있는 자에 관하여 정할 수 있다. 예컨대 조합의 정관은 법령의 취지에 반하지 않는 범위 내에서 무허가 건축물의 소유자 등 사업구역 내 이해관계인의 일부를 조합원으로 인정할 수도 있다.

4. 강제가입제와 임의가입제

임의가입과 강제가입의 뜻

강제가입제와 임의가입제라는 개념은 통상 정비사업에서 재건축과 재개발을 구별하기 위해 사용되는 개념이다. 강제가입제는 사업구역내 토지소유자 전원이 법률의 규정에 의해 조합원이 되는 제도이고, 임의가입제는 조합원 자격이 있는 자들 중에서 조합설립에 동의하는 자들만 조합원으로 인정하는 제도이다.

재개발과 강제가입

재건축사업에서 '정비구역안의 토지등소유자로서 조합설립에 동의한 자'만이 조합원이 될 수 있는 것(법 제39조 제1항)과 달리 재개발사업에서는 정비구역안의 토지등소유자 전원이 조합원이 된다. 재개발조합의 경우 조합설립에 동의하지 않더라도 정비구역내의 토지등소유자이면 조합원이므로, 조합설립에 동의하지 않더라도 조합원의 지위를 갖는다. 이들은 사후에 관리처분의 단계에서 분양대상자와 현금청산대상자로 나뉜다.

임의가입제와 동의

재개발사업에서 조합설립에 동의하지 않는 토지등소유자가 사업시행과정에서 계속 등장하고 여전히 조합원인 것과 달리, 재건축사업에서 동의하지 않는 토지등소유자는 사업초기에 조합에서 배제되는 운명에 놓인다. 재개발사업에서 조합설립에 동의하지 않는 것은 장래 진행될 절차에서 일정한 불이익을 받을 것을 예정하는 정도의 의미를 갖지만, 재건축사업에서의 동의는 조합의 구성원지위를 부여함과 동시에 향후 아파트 등을 분양받을 수 있는 요건과 불가분적으로 연결된다. 이렇게 임의가입제인가 강제가입제인가에 따라 동의가 갖는 법적 효과가 달라진다.

5. 조합원지위의 소멸과 변환

1) 소유권의 박탈과 조합원

사업에 반대하거나 협조하지 않는 자들의 토지소유권 박탈에서도 재건축과 재개발사업은 조합원제도를 다르게 취급한다. 재개발사업의 경우 토지수용이라는 강력한 제도가 마련되어 있으므로 그 자가 조합원이건 그렇지 않건 분양신청을 하지 않거나 철회한 경우 등에는 그 토지를 수용할 수 있다(법 제63조). 그리고 수용재결에 의해 소유권을 상실하면 더 이상 토지등소유자가 아니므로 조합원의 지위도 같이 상실하게 된다.

재건축사업의 경우에는 조합설립에 동의하여 조합원이 된 자에게는 정관에 따른 신탁의무가 있으므로 이를 원인으로 한 '신탁등기청구소송'을 제기하고, 조합설립에 동의하지 않은 자들을 상대로는 매도청구소송을 제기할 수 있다(법 제64조).

그러므로 재건축사업에서는 조합원인가 아닌가 하는 점이 소송방식의 결정에 있어서 매우 중요한 의미를 갖는다.

2) 아파트 분양권의 근거

재개발사업은 전통적으로 사후의 아파트 분양과 관련해서도 관리처분계획이 공식적으로 수립되어 인가되었으므로, 조합원 지위라는 측면보다는 관리처분계획에 의해 확정된 '분양받을 지위(수분양권)'라는 것이 더 중요한 의미를 갖는다. 그러므로 수분양권을 오히려 조합원 지위로 인식하는 경우가 적지 않다.

그러나 구법시대 재건축사업에서 분양받을 수 있는 지위는 조합원의 권리 및 그에 따른 의무의 이행(비용부담, 소유권이전, 자발적 이주 등)에서 나오는 것으로 이해되었다. 특히 구법시대에는 재건축사업에 관리처분계획이 존재하지 않았으며, 최초 조합설립에 동의한 조합원이 아닌 한 분양받을 수 있는 지위가 부여될 수 없었다.

도시정비법이 시행된 후 재건축사업도 관리처분계획을 수립해야 하고 이를 통해 수분양권이 부여되도록 제도가 개편되었다. 그러나 처음 조합설립에 동의하지 않은 토지등소유자는 분양신청 자체가 불가능하고 또 조합원도 아니므로 재개발과는 여전히 커다란 차이가 있다.

도입사례의 해결

갑이 취득한 민사상 소유권은 조합원이라는 공법상의 지위를 얻기 위한 전제일 뿐 소유권을 취득한 것만으로 조합원이 되는 것은 아니다. 조합원의 지위는 법령과 정관이 정한 바에 의해 부여되는 것인데, 일단 조합이 소유자변경신고를 받고 이를 수락하면 조합원 지위가 변경된다고 해석하는 방법과 조합이 행정청에 조합원변경신고를 하고 행정청이 이를 수리함으로써 조합원이 변경된다고 해석하는 방법이 있다. 실무상으로는 후자의 해석이 더 우세한 것이 아닌가 판단된다.

제28강 정비조합의 법률관계

>> 도입사례

재개발조합 갑은 아파트를 분양한 후 조합원의 취득세를 납부하였으나, 사후에 조합원들도 각자 취득세를 납부했다는 것을 발견하고 환급을 청구하였다. 조합원과 일반분양분의 취득세는 누가 납부하는 것이 옳은가?

1. 정비조합의 법률관계 일반

정비조합은 정비구역내에서 진행되는 정비사업의 시행자로서 사업과 관련된 일체의 법률관계를 자신의 책임과 이름으로 맺는다. 이렇게 형성된 각종 권리의무는 조합에 귀속되며, 조합원과 상대적으로 독립된 것으로 이해된다. 조합을 둘러싸고 조합과 법률관계를 맺는 자로서는 조합원, 행정청, 건설사, 일반분양자 등 다양한 주체들이 존재한다.

1) 조합원에 대한 관계

사업시행자인 조합은 조합원을 내부의사결정의 기초로 삼고, 한편으로는 조합원을 상대방으로 하여 사업을 시행해 나가게 된다. 조합 내부적 의사결정의 과정에서 조합원은 조합원총회라는 조합 기구의 참여자들이지만, 다른 한편 조합은 행정청의 입장에서 사업시행에 필요한 처분권을 행사하여 조합원의 의무를 강제할 수도 있다(수용재결, 부과금부과처분, 청산금부과처분, 이전고시 등).

2) 행정청에 대한 관계

조합은 행정청과 협력하면서 일정한 경우에는 행정청의 감독을 받고, 행정처분의 발급을 신청하게 된다. 사업시행계획의 안을 작성하여 인가를 신청하거나, 관리처분계획의 안을 작성하여 인가를 신청하는 경우가 그러한 경우이다. 행정청이 조합에 일정한 행정처분을 거부하는 경우라면 조합은 행정청을 피고로 거부처분 취소소송을 제기할 수 있다.

3) 사업관계자에 대한 관계

조합은 사업시행자로서 건축주와 유사한 지위를 누린다. 도시정비법은 조합이 시공사, 정비사업전문관리업체 등 사업관계자와 맺는 법률관계에 대해 특별한 행정처분권을 부여하고 있지 않다.

4) 시행자변경과 권리의무의 승계

사업시행자와 정비사업과 관련하여 권리를 갖는 자의 변동이 있은 때에는 종전의 사업시행자와 권리자의 권리 · 의무는 새로이 사업시행자와 권리자로 된 자가 이를 승계한다(법 제129조).

2. 정비조합의 단체법적 성질 – 조합과 사단

1) 공법상 조합과 민법상 조합계약

민사상 조합과 공법상 조합

민사상 조합은 계약관계의 일종이다. 조합계약은 2인 이상이 상호출자하여 공동사업을 경영할 것을 약정함으로써 그 효력이 생긴다(민법 제703조). 2인 이상으로 구성된 단체가 발생한다는 점, 공동사업의 목표가 있다는 점을 특징으로 한다. 공법상의 조합제도도 역시 단체라는 점, 공동사업의 목표가 있다는 점에서 민사상의 조합과 유사하다.

조합설립의 승인

정비조합은 공적 목적을 위해 설립이 예정된 것이므로 그 설립을 위해 행정청의 승인을 받아야 한다. 민사상 계약에 의한 조합이 행정청의 승인과 무관하게 효력을 발생하고 당사자를 구속하는 것과 차이를 보인다. 또 정비조합은 단순히 정관 또는 규약에서 정한 바에 따라 구성원의 내부관계가 정해지지 않고 공법규정에 의해 많은 변형을 겪는다.

2) 조합 또는 사단

조합과 사단

정비조합은 일정한 목적을 달성하기 위해 결성된 조합원의 단체이다. 조합의 법적 성격을 사단으로 규정하면 조합원은 단체의 배후에 숨고 시공자 등 제3자와의 직접적인 관계는 약화된다.[206] 그러나 조합의 법적 성격을 조합(민법 제703조)으로 보면 조합원은 조합이라는 단체와 함께 개발사업에 대한 권한과 책임을 분담하는 지위를 갖는다. 후자로 해석하는 경우 조합채권자는 각 조합원에 대하여 그 권리를 행사할 수 있으므로(민법 제712조) 시공자도 조합원에 대해 직접적인 법률관계를 주장할 수 있다.

조합의 내부관계

조합은 조합원의 단체로서 사업시행자이지만, 내부관계에서 조합은 조합원으로 구성되는 총회의 의결에 따라 운영된다.[207] 특히 조합정관을 변경한다거나, 시공자를 선정 또는 변경하는 경우, 예산에서 정해진 것 외에 조합원에게 부담이 되는 계약을 체결하는 경우와 같이 조합의 운영과 관련된 중요한 사항을 결정하기 위해서는 반드시 총회의 의결을 거쳐야 한다(법 제45조). 이처럼 조합원은 사업시행자를 구성하여 자신의 의사를 관철시키는 적극적 지위를 갖는다. 개발사업에서는 사업시행자가 사업에 소요되는 비용을 부담하고 그로 인해 발생하는 수익을 향유하는 것이 원칙이므로 공공조합이 사업비용을 부담하고 수익을 향유한다. 이때 조합에 귀속되는 비용부담의무와 사업수익은 다시 조합원에게 이전되는 관계에 놓인다.

정비조합의 이중적 성격

공공조합은 개발사업법에 의해 탄생된 공법상의 단체로서 매우 다층적인 법률관계를 가지고 있다. 이러한 법률관계들 중에는 그 법적 성격면에서 사단으로 규정되어야 할 것들과 조합으로 해석되어야 할 것들이 혼재되어 있다.[208]

---

206) 대법원 2005. 6. 23. 선고 2004다3864 판결; 대법원 2005. 4. 29. 선고 2005다9463 판결; 대법원 1997. 1. 24. 선고 96다39721 판결.

207) 조합의 내부관계에 대해서는 김종보, 재건축창립총회의 이중기능, 인권과 정의, 2007. 8, 127면.

208) 같은 취지, 곽윤직, 민법주해 XVI, 채권(9), 박영사, 2003, 16면; 김종보 · 전연규, 새로운

이 둘을 선명하게 구별하기는 어렵지만 조합이 시행하는 사업의 대상을 조합원분과 일반분양분으로 나누어 살펴보는 것은 유용한 기준을 제시해 준다.

3) 조합적 성격[209)]

조합원분 공동주택의 특수성

정비조합은 사업시행자로서 통상 일반분양분을 포함한 조합원분의 공동주택을 건설하게 된다. 조합원분의 공동주택에 한정해서 살펴보면, 조합원은 단독주택의 건축주와 유사하게 자신에게 분양되는 부분을 겨냥하여 건축공정에 따라 공사비를 부담하면서 소유권을 취득한다. 이때 조합원에게 분양되는 공동주택은 조합을 경유하여 이전등기되는 것이 아니라 조합원 개개인에게 원시취득되고,[210)] 조합원명의로 보존등기가 이루어진다.

조합원의 무한책임

조합원분 공동주택의 소유권귀속에 대응하여 공사비의 부담도 조합원 개개인에게 독립적으로 이루어지므로, 그 한도에서 정비조합의 법적 성격은 '조합'에 가깝다. 정비조합의 조합원이 조합사업의 성패에 거의 무한대에 가까운 책임을 부담하게 되는 것도 역시 자신의 전유부분에 대한 건축주로서의 측면 때문이다.

조합원과 시공자의 관계

정비조합의 조합원은 자신의 분양분과 관련된 한도에서 조합적 성격을 강하게 띠는 단체의 구성원으로서 지위를 갖는다. 그러므로 경우에 따라 조합원은 조합을 매개하지 않고 시공자에게 직접 청구권을 행사하거나 시공자에 대해 직접적인 책임을 질 수 있다고 해석된다.

재건축 · 재개발 이야기, 한국도시개발연구포럼, 2006, 390면.

209) 정비조합의 조합적 성격에 대해 조금 더 자세히는 김종보, 재건축에서 상가단체의 법적 성질과 상가의 관리처분, 행정법연구, 제51호, 2017. 12. 140면 이하 참조.

210) 대법원 1996. 4. 12. 선고 96다3807 판결; 같은 취지 대법원 1995. 1. 24. 선고 94다47797 판결; 대법원 1994. 9. 9. 선고 93누16369 판결; 대법원 1994. 6. 24. 선고 93누18839 판결 등; 원시취득에 대해 유보적인 입장을 취하는 판례, 대법원 2005. 7. 22. 선고 2003다3072 판결.

정비조합에 대한 민법규정의 준용

도시정비법은 조합에 법인격을 부여하면서(법 제38조), '조합에 대해 이 법에 규정된 것을 제외하고는 민법 중 사단법인에 관한 규정을 준용한다'(법 제49조)고 정하고 있다. 이러한 특별법상의 조합이 조합의 실체를 갖춘 경우는 민법의 조합규정의 적용이 언제나 배제되는 것은 아니다.[211)]

4) 공공조합의 사단성

다른 한편 조합은 개발사업을 시행하는 사업의 주체로서 일정한 한도에서 구성원 개개인으로부터 독립된 실체일 필요가 있다. 조합원 분양분과는 달리, 정비조합이 일반에게 분양하는 일반분양분의 경우에는 조합이 일정한 단체로서 일차적인 사업의 책임을 지며 일반분양분(또는 체비지)은 조합이 이를 취득하여 일반분양자에게 이전하는 과정을 겪는다.

이처럼 조합과 일반분양자 사이의 법률관계에서 정비조합의 법적 성격은 사단에 가까운 것이며 조합원 개인의 개성은 큰 의미를 갖지 못한다. 정비조합이 진행하는 개발사업에서 일반분양분이 조합명의로 등기되어야 하므로, 이때 조합은 독자적인 권리의무의 주체로서 조합원과 구분되는 독립성(단체성)이 있어야 한다. 따라서 민법상 사단법인에 관한 규정을 유추적용하여도 좋고, 기타 법률들에 의해 구성원으로부터 독립된 단체성을 인정받아도 좋다(부동산등기법 제30조, 민사소송법 제52조 등).

도입사례의 해결

갑은 일반분양분에 대해서는 자신이 소유권을 취득한 후 이전등기하지만, 조합원 분양분은 조합원이 원시취득해서 조합원 개개인 앞으로 보존등기 한다. 따라서 일반분양분에 대해서만 갑이 취득세를 납부하면 충분하고 조합원분에 대한 취득세는 납부할 의무가 없다.

211) 민법주해 제16권 채권(9), 박영사, 4면 및 16면.

제29강 사업시행의 인가

>> 도입사례

재개발조합의 조합원 갑은 사업시행계획을 심의하기 위한 조합원 총회에 참석해서 현재 사업시행계획이 정하고 있는 건물배치와 층수가 잘못되었다고 주장했으나, 다수결에 의해 사업시행계획(안)이 통과되었다. 그 후 구청장 을이 사업시행계획을 인가하자 갑은 소송을 제기하고자 한다. 구청장을 상대로 사업시행계획인가의 취소를 구하는 소송을 제기하면 정당한 소송인가?

1. 들어가면서

사업시행의 인가는 중요한 두 개의 요소로 구성된다. 하나는 사업시행계획에 대한 조합총회의 결의이고, 또 다른 하나는 총회결의에 의해 정해진 사업시행계획을 인가하는 행정청의 행위이다. 사업시행인가의 단계에서 존재하는 유일한 처분은 (인가된)사업시행계획이고, 이는 취소소송에 의해서만 다툴 수 있다. 피고는 사업시행인가를 한 구청과 조합이 공동피고가 되는 것이 맞지만 최소한 구청이 피고가 되어야 한다. 문제는 사업시행계획 속에서 정해지는 조합원의 권리배분에 관한 사항에 대해 조합원이 불만을 제기할 때이다. 이런 경우라면 구청의 인가는 보충적인 것으로 보이고 당사자들의 다툼은 총회결의라는 행위에 집중되는 것처럼 보이기 때문이다. 근본적인 해결책은 사업시행인가를 순수한 건축허가로 해석하고 그 외 총회결의로 비용분담에 관한 사항이 구속적으로 정해지지는 않는다고 해석하는 것이다. 비용에 관한 것은 관리처분계획에서만 정해지는 것이라 해석하는 것이 옳기 때문이다. 이런 해석은 사업시행총회에 대한 민사소송을 불허하는 해석으로 연결된다.

2. 사업시행계획의 의의

설계도의 승인

사업시행계획이란 정비사업이 목적하는 건축물 및 정비기반시설 등을 위한 설계도이면서 동시에 그 설계도대로의 시공을 위해 필요한 각종의 계획을 포괄하는 것이다. 사업시행계획은 정비구역내 토지등소유자의 권리 · 의무에 관한 사항을 정하는 것이므로, 인가를 통해 확정되면 그 내용은 이해관계인과 관계행정청을 구속한다.[212] 사업시행계획의 인가는 전형적인 재량처분으로 분류된다. 사업시행자는 사업시행계획의 인가를 통해 신축될 아파트를 건축할 포괄적이고 일반적인 권원을 부여받지만 이를 위해 추가로 필요한 수용권 등 개별적 집행권한은 법률의 규정에 의해 추가로 부여되어야 한다.

사업시행계획의 내용

사업시행자는 정비계획에 따라 토지이용계획, 정비기반시설의 설치계획, 건축물의 건축계획, 주민이주대책, 정비사업비 등 법률이 규정하고 있는 사항을 포함하는 사업시행계획서를 작성하여야 한다(법 제52조). 여기서 정비사업비가 정해지는 이유는 시공을 위한 구체적 설계도가 마련되었기 때문이지 새롭게 또는 종국적으로 정비사업비에 대한 결정을 내리기 위한 것은 아니다.

3. 사업시행계획 인가의 법적 성격

행정계획인 사업시행계획

사업시행계획은 전형적인 행정계획이고 인가는 행정계획을 결정하는 행위이다. 도시계획의 결정에서 도시계획을 입안하는 자는 시장 · 군수 · 구청장 등이고 결정권자는 광역자치단체장인 것과 유사한 관계이다. 이미 조합설립인가 취소소송을 허용한 대법원 판례가 조합의 행정주체성을 인정하고 있으므로 사업시행계획은 조합이라는 행정주체가 입안하는 행정계획의 안(案)의 단계를 거쳐 시장 · 군수 등의 인가 및 고시에 의해 확정되어 법적 구속력을 확보한다. 따라서 관리처분계획의 취소소송과 마찬가지로 사업시행계획을 다투는 소송은 인가된 사업시행계획의 위법성을 소송물로 하는 소송이고, 피고는 조합과 시장 · 군수 등이 공동피고가 되는 것이 이론상 옳다.

사업시행인가와 총회결의

실무에서는 사업시행계획에 대한 총회가 개최되는 것을 계기로 사업시행계

212) 대법원 2008. 1. 10. 선고 2007두16691 판결; 대법원 1997. 2. 28. 선고 96누10676 판결.

획도 총회의 결의에 의존하는 것으로 해석하고 동의율이 충족되지 못하는 사업시행계획의 무효를 주장하는 민사소송들이 적지 않게 등장하고 있다. 그러나 사업시행계획은 순수하게 시설설치허가라는 차원에서 건축허가적 성격이 강한 것이고 그 초안을 마련하는 과정에서 총회를 통해 동의를 받도록 정하고 있는 절차의 요소일 뿐 총회의 결의가 사업시행계획의 본질적 구성요소라고 보는 것은 무리다. 그리고 총회결의를 독립시켜 민사소송으로 무효확인을 구하는 소송은 잘못된 것이다. 사업시행계획을 다시 총회의 결의와 그에 대한 행정청의 인가로 보고자 하는 강학상 인가이론은 처음부터 잘못된 것이라는 점에 유의해야 한다.

취소소송의 피고

피고는 인가권자인 시장 · 군수 등이 되어야 하며 조합을 피고로 하는 것은 잘못된 것이다. 도시계획결정처분에 대한 취소소송에서 결정권자를 피고로 하고, 도시계획의 위법성을 소송물로 하는 것과 마찬가지로, 사업시행계획인가처분 취소소송에서 피고는 시장 · 군수 등(및 조합)이 되어야 하고 소송물은 (인가된)사업시행계획의 위법성으로 이해하는 것이 옳다.

4. 사업시행계획인가의 절차

1) 자선(입안)권자와 인가(결정)권자

사업시행계획의 작성권자

사업시행계획을 입안하는 주체는 사업시행자이다. 공동시행의 경우에도 조합이 작성권자가 되는 것이라 해석되고(법 제52조 제1항), 시장 · 군수의 직접시행인 경우라면 사업시행자가 행정청이 되므로 사업시행계획의 작성권도 시장 · 군수 · 구청장에게 있다(법 제50조 제1항). 조합이 시행하는 정비사업은 사업시행계획서를 작성할 때 총회의 결의를 거쳐야 한다(법 제50조 제3항).

사업시행계획의 인가권자

사업시행계획의 입안단계가 모두 종료되면 사업시행계획의 인가신청을 위해 인가권자에게 제출되며, 정비사업의 인가권자는 원칙적으로 시장 · 군수 · 구청장이다. 인가권자가 진행하는 절차는 공람 및 의견청취(법 제56조), 인가의 고시(법 제50조 제7항) 등이며, 고시는 인가의 효력발생요건으로 해석된다.

2) 총회의결 등

수립절차로서 총회의결

사업시행자는 사업시행인가를 신청하기 전에 미리 총회의 의결을 거쳐야 한다(법 제50조 제3항). 지정개발자인 경우에는 정비구역안의 토지면적 50퍼센트 이상 토지소유자의 동의와 토지등소유자 과반수의 '동의'를 각각 얻어야 한다(법 제50조 제5항). 토지등소유자가 시행하는 정비사업의 경우에도 역시 '동의'를 받는 것으로 표현되고 있다(동조 제4항). 조합과 행정청이 공동시행하는 경우에도 동의를 받아야 하지만, 시장 · 군수 · 구청장이 직접 시행하는 경우에는 이러한 요건이 불필요하며, 경미한 사항의 변경인 경우에도 동의가 생략될 수 있다.

동의의 대상과 동의율

동의의 대상은 법 제52조에서 정하고 있는 사업시행계획서의 내용이다. 따라서 총회의 결의 또는 토지등소유자의 동의를 받기 위해서는 사업시행계획서가 구체적인 형태를 갖추고 있어야 한다. 구법시대 사업시행인가에 대한 동의는 도시재개발사업에서만 필요한 것으로 규정되어 있었고, 주택건설촉진법에 의한 재건축사업(의 사업승인)에서는 요구되지 않았다. 도시정비법 제정초기에는 재건축사업에 대해서는 동의를 요구하지 않고, 재개발사업 등에 대해 토지면적의 2/3, 토지등소유자의 4/5 동의를 요구하고 있었다(구 도시정비법 제28조 제4항). 그러나 2005년 3월 도시정비법이 개정되면서 재건축사업도 재개발사업과 마찬가지로 동의를 요하는 것으로 바뀌었고, 법률이 직접 정하고 있던 동의율을 삭제하고 개별 조합의 정관으로 정하도록 위임했다.

경미한 사항의 변경

사업시행인가를 최초로 신청하는 경우 뿐 아니라, 사업시행인가를 받은 후 변경인가를 신청하는 경우에도 역시 동의를 받아야 한다. 다만 대통령령이 정하는 경미한 사항의 변경인 경우에는 토지등소유자의 동의를 필요로 하지 아니하고, 시장 · 군수에게 신고하는 것으로 충분하다(법 제50조 제1항 단서).

3) 사업시행인가와 건축위원회 심의

2018년 도시정비법 개정전에 정비구역이 아닌 구역에서 시행하는 재건축사업의 사업시행인가에 대해 건축위원회의 심의를 받도록 정하고 있는 경우가 있었다(구법 제28조 제2항). 그러나 이론적으로는 사업시행계획에 대한 인가를 통해 건축법상의 건축허가와 주택법상 사업승인이 의제되므로 건축심의의 대상이 되는 건축허가와 사업승인은 정비구역에서 시행하는 재건축사업의 경우에도 건축심의를 받아야 한다고 해석하는 것이 옳았다. 실제 실무상으로도 사업시행계획의 인가의 발급 전에 건축심의가 진행되는 것이 관행이다. 그러나 법적으로 이 둘의 관계가 명확하지 않아 건축심의를 먼저 거친 후 사업시행인가를 신청해야 하는 것인지, 또는 사업시행인가를 신청하고 그 절차의 하나로 건축심의를 거쳐야 하는 것인지 분명하지 않다. 서울시의 실무는 전자로 운영되고 있는 것으로 판단되는데, 이렇게 되면 건축심의가 사업시행인가절차와 공식적으로는 분리되는 사실상의 절차가 되고, 이 둘이 법적으로 어떤 관계인지도 모호해진다. 건축심의는 사업시행인가의 내부적 절차이자 필수적 절차로 해석하고 사업시행인가의 주된 내용도 건축심의의 대상이 되는 것으로 해석해야 한다.

4) 공람 등

공 람

공람절차란 일정한 행정계획을 공식적으로 확정하기 전에 이해관계인에게 그 내용을 열람시키고 의견을 제출하게 하는 일종의 주민참가절차이다. 시장 · 군수 등은 사업시행계획인가를 하려는 경우에는 관계 서류의 사본을 14일 이상 일반인이 공람할 수 있게 하여야 한다(법 제56조). 이해관계자는 의견을 제출할 수 있으며 시장 · 군수가 의견의 채택 여부를 정한다(동조 제2항, 제3항). 시장 · 군수는 사업시행인가를 하거나 사업시행계획서를 작성함에 있어서 의제되는 인 · 허가 등에 해당하는 사항이 있는 경우에는 미리 관계행정기관의 장과 협의하여야 한다(법 제57조 제4항).

공보에 고시

시장 · 군수는 사업시행인가(시장 · 군수가 사업시행계획서를 작성한 경우를 포함)를 하거나 그 정비사업을 변경 · 중지 또는 폐지하는 경우에는 그 내용을 당해 지방자치단체의 공보에 고시하여야 한다. 다만, 경미한 사항을 변경하고자 하는 경우에는 그러하지 아니하다(법 제50조 제7항).

5. 사업시행인가의 법적 효과

착공할 수 있는 지위

사업시행계획은 건축법상의 건축허가와 유사한 기능을 한다. 사업시행계획이 행정청에 의해 인가 · 고시되면 그 법적 효력이 발생하고, 그 효력 중에 가장 중요한 것이 바로 공사에 착수할 수 있는 법적 지위가 부여된다는 점이다. 만약 사업시행계획의 인가 없이 사업을 시행하는 경우 형벌에 처해진다(법 제137조 제7호).

수용권 · 매도청구권의 부여

수용권은 재개발에 대해서만 부여되므로 사업인정의 의제도 재개발사업의 사업시행의 인가에만 부여된다. 즉 사업시행인가의 고시가 있은 때에는 토지보상법 제20조 제1항 및 제22조 제1항의 규정에 의한 사업인정 및 그 고시가 있는 것으로 본다(법 제65조 제2항). 이 조문에 의해 사업시행계획은 사업인정으로 의제되고 다음 단계의 수용재결이 가능해진다. 재건축사업의 경우에는 반대하는 자들에 대한 매도청구소송이 사업시행인가 이후에 가능하게 되어 매도청구의 법적 근거로 작동하게 되었다(법 제64조).

주민이주 등의 기초

사업시행계획은 주로 정비구역내 건축물 및 정비기반시설의 설치를 위한 설계도의 역할을 담당하는데, 이러한 설계도가 현실화되려면 여러 후속 조치가 필요하다. 우선 기존건축물 내 거주하고 있는 조합원 또는 토지등소유자를 이주시켜야 하며, 이들 중 소유권의 이전을 거부하는 자들을 수용재결 또는 매도청구소송으로 배제시켜야 한다(수용재결 등). 도시정비법은 이와 같은 집행행위들을 위하여 사업시행계획의 내용이 이들을 포함하도록 정함으로써(법 제52조 제1항 제3호, 제4호 등), 사업시행계획의 수립 시 이들이 충분히 고려될 수 있도록 정하고 있다.

권리배분단계의 개시

사업시행계획은 그 자체로서 사업시행의 단계를 규율하기 위한 목적에서 인가되는 것이지만, 다른 한편 다음 단계의 절차를 개시할 수 있는 법적 기초가 된다. 사업시행의 단계에 연이어 진행되어야 할 절차는 권리배분을 위한 단계인데, 권리배분의 단계는 사업시행의 인가와 거의 동시에 진행되지만 유형적 시설물의 설치가 아니라 그 분배만을 목적으로 진행되는 절차이다.

사업시행계획이 인가 · 고시된 후 120일 이내에 사업시행자는 토지등소유자에게 분양대상 목적물, 부담금의 내역, 분양신청기간 등을 정하여 일간신문에 공고하여야 한다(법 제72조). 고시한 날로부터 30일~60일의 기간내에 토지등소유자의 분양신청을 받게 되고 이를 기초로 관리처분계획이 작성된다(동조 제2항, 제3항).

인 · 허가 의제

정비조합이 정비사업 진행을 위해 개별법률에 따른 인 · 허가의 대상이 되는 행위(국유재산법에 따른 사용허가, 국토계획법에 따른 개발행위 허가 등)를 해야 할 경우 해당 법률에 따른 별도의 인 · 허가 절차를 거쳐야 하는 것이 원칙이다. 그러나 이렇게 사업을 진행하는 경우에는 상당한 시일 등이 소요되므로, 절차간소화를 위하여 정비사업의 시행인가를 받은 경우에는 이러한 절차나 허가를 받은 것으로 간주하는 규정이 있는데 그것이 바로 인 · 허가 의제 규정이다. 도시정비법은 사업시행계획인가의 고시가 있은 때에는 관계 법률이 정하고 있는 인 · 허가가 있는 것으로 의제한다(법 제57조 제2항). 유의할 것은 인 · 허가 의제규정으로 다른 법령이 요구하고 있는 인 · 허가의 요건이 생략되는 것은 아니고 당해 인 · 허가를 위해 필요한 서류들은 모두 제출되고 심사받아야 한다는 점이다(법 제57조 제3항).

국 · 공유재산관련 기준시점

정비사업을 목적으로 우선 매각하는 국 · 공유지의 평가는 '사업시행인가의 고시가 있은 날'을 기준으로 하여 행한다(법 제98조 제6항).

6. 사업시행계획의 집행행위

집행행위 일반

정비사업시행이 인가되어 구체적인 사업에 착수하는 단계에서 필요한 것은 사업구역내에 존재하는 기존의 권리관계를 소멸시키는 것이다. 물론 사업시행의 인가로 기존의 토지소유권이 박탈될 운명에 놓여 있다고 하여도, 이는 수용재결신청이나 매도청구와 같은 시행자의 구체적인 행위를 매개로 하여 완성되는 것이고 사업시행의 인가 자체로 기존의 토지소유관계가 직접 변동되거나 건축물이 철거되는 것은 아니다.

철거행위

정비사업의 진행을 위해 선행되어야 할 것으로 대표적인 것은 기존 건축물의 철거이지만, 이를 위해서 시행자는 그 건축물을 주거용으로 사용하고 있는 자들에게 대체거주지를 마련해 주어야 한다. 따라서 법은 철거대상 건축물에 거주하고 있는 자들에 대하여 임시거주시설 · 임시상가를 마련하거나 이에 상응하는 조치를 정비사업시행의 요건으로 정하고 있다(법 제61조 제1항, 제2항).

이에 상응하는 조치란 주택자금 융자의 알선 또는 주택의 입주권의 부여 등으로, 사업승인 단계에서 이미 사업계획서의 내용으로 정해져 있다(법 제52조 영 제47조). 이는 당사자간의 합의 등으로 그 적용을 배제할 수 없는 강행규정이다.[213]

토지수용권

건축물의 철거와는 별도로 사업대상구역의 토지를 수용할 필요가 있는 경우에는 토지보상법의 규정을 준용하여 그 소유권을 확보할 수 있다(법 제63조, 제65조, 재건축사업은 법이 정하는 제한된 경우에 한정).[214] 수용재결 신청은 토지보상법상 사업인정 이후 1년 이내에 하도록 되어 있으나, 정비사업의 경우에는 도시정비법의 특칙에 따라 사업시행인가시에 정하여진 정비사업의 시행기간 내에 하면 된다(법 제65조 제3항).[215]

---

213) 대법원 1993. 10. 13. 선고 91누10862 판결.

214) 대법원 1992. 12. 22. 선고 91다22094 전원합의체 판결.

215) 대법원 1997. 10. 24. 선고 97다31175 판결.

시공자선정

법률상 정비조합은 조합설립인가 후 건설업자를 시공자로 선정할 수 있게 되어 있다(법 제29조 제4항). 그러나 서울시의 경우 공공지원에 관한 조항(법 제118조 제7항)에 따라 공공지원에 해당하는 사업은 조례에 따라 조합이 사업시행인가를 받은 후에야 시공자를 선정할 수 있다.

도입사례의 해결

갑이 불만을 갖는 것은 건축계획의 안(案)으로서 조합내부적인 견해대립이고 하나의 안이 다수결에 의해 정해지면 특별한 사정이 없는 한 이에 대해 무효확인을 구할 법률상 이익은 없다고 보는 것이 옳다. 더욱이 사업시행계획의 안이 구청에 의해 인가되면 그 인가는 조합에 대해 수익적인 것이기 때문에 총회결의에 참여한 조합원이 이를 다툴 이익은 역시 없다고 해석하는 것이 옳다. 판례는 민사소송도 소의 이익을 따지지 않고 허용하는 것이 주류인 것으로 보이며, 행정소송에서는 취소소송을 허용하는 입장과 강학상 인가라는 이유로 각하하려는 입장으로 나뉘고 있다.

제30강 시공자 선정시기의 제한

도입사례

재건축 추진위원회 갑은 시공자를 선정하는 주민총회를 개최해서 건설사 을이 90% 이상의 압도적인 찬성을 얻었다. 그 후 시공자와 도급계약을 체결하였으며 추가로 조합을 설립한 후 다시 추진위원회의 결의를 추인하는 안건을 조합원총회에서 80% 이상의 찬성으로 가결하였다. 갑과 을 사이에 체결된 도급계약의 효력은 어떻게 되는가?

1. 들어가면서

시공자 선정시기 제한의 중요성

2003년 제정된 도시정비법의 가장 중요한 조문은 시공자 선정시기를 제한하는 제11조였다. 이 조항은 현재 별 의미를 갖지 못하지만, 그 당시에는 도시정비법 전체를 지배하는 막강한 조항이었다. 도시정비법이 제정될 당시 강남 재건축과열이 가장 커다란 사회적 문제였고 이를 막기 위한 강력한 제동장치가 시공자 선정시기를 제한하는 제정 도시정비법 제11조였다.

구법시대 정비사업에서의 건설사의 지위

구법시대에 건설사는 재건축에서는 공동사업주체, 재개발에서는 공동사업시행자였다. 전자는 의무적인 형태로 후자는 임의적인 형태로 규정되어 있었지만, 둘 다 건설사를 사업시행자로 인정하고 있었다는 점에서는 차이가 없다. 물론 구법시대에도 건설사들은 당연히 시공자였다는 점에는 차이가 없었다. 그러나 어떠한 법률조항도 건설사를 시공자로 한정하는 경우는 없었으며 건설사가 공동시행자인지 시공자인지도 항상 불분명했다.

시공자 선정시기 제한의 불완전성

2003년 제정된 도시정비법은 건설사의 명칭을 '시공자'로 바꾸고 이렇게 정해진 시공자들을 일정시점(사업시행인가) 이전에는 선정하지 못하도록 제도화했다(제11조). 이 조항은 건설사의 사업시행권을 박탈하기 위한 조항이기도 하면서 동시에 건설사가 사업에 참여할 수 있는 시기도 제한하고 있다. 그러나 시공자로 선정되는 시기만을 제한하고 있을 뿐 시공자로 선정된 이후에 어떤 행위가 금지되는지 모호한 태도를 취했다. 2005년 도시정비법이 개정되면서 재개발사업에 한해 건설사가 공동시행자가 될 수 있도록 개정되었는데, 이 때문에 건설사가 시공자라는 것인지 공동시행자라는 것인지 또다시 불분명해졌다.

시공자 선정제도의 변화

초기 도시정비법이 시공자 선정시기를 사업시행인가 이후로 규제하던 입장은 서서히 변화되어 조합설립인가 후 시공자를 선정하는 것으로 제도가 개편되었다. 또 건설사들은 현행법상 재건축과 재개발을 불문하고 공동시행자가 될 수 있도록 제도가 변경되었다.

2. 시공자선정 제도의 변천

1) 제도의 도입

시공자 개념의 등장

개발사업법에서 사업시행이라는 행위의 개념이 명시적으로 정의되어 있지 않듯이 시공 또는 시공자라는 개념이 정의된 바 없다. 전통적으로 개발사업법에서는 사업시행과 관련된 참가자들의 역할과 책임에 대해 무관심했으며 건축법을 제외하면 “시공자”라는 용어가 법에서 명시적으로 사용되기 시작한 것도 2003년 도시정비법 제정 이후이다.

2003년 제정된 도시정비법은 재건축의 과열을 초래한 주범을 민간건설업자로 보고 이들을 정비사업의 단순한 ‘시공자’로 규정하면서, 그 선정시기를 사업시행계획의 인가 이후로 제한했다(동법 제11조 제1항). 최초로 제정된 도시정비법상 시공자선정제한 제도에 따라 재건축 · 재개발, 도시환경정비사업(현행 토지등소유자의 재개발)을 불문하고 건설업자는 시공자일 뿐 공동시행자가 될 수 없는 것으로 취급되었다(동법 제8조).

> [2002. 12. 30.(2003. 7. 1. 시행)] 도시정비법 제정법률
>
> - 제11조(시공자의 선정) ① 조합 또는 토지등소유자는 사업시행인가를 받은 후 건설산업기본법 제9조의 규정에 의한 건설업자 또는 주택건설촉진법 제6조의 3 제1항의 규정에 의하여 건설업자로 보는 등록업자를 시공자로 선정하여야 한다

2) 재건축과 재개발의 분리(2005년 개정법률)

재개발에 대한 완화조치

건설업자의 공동시행을 전면적으로 금지시켰던 도시정비법에 의해 가장 큰 타격을 받았던 분야는 사업이 부진했던 재개발사업이었다. 조합이 시행하

는 재개발사업에 대해 건설업자의 공백을 채워 줄 다른 대안이 없었고, 정부는 재개발과 도시환경정비사업에 대해 시공자선정시기 제한을 완화하기 위해 도시정비법을 개정한다.

[2005. 3. 18.] 도시정비법 개정법률

- 제11조(시공자의 선정) ① 주택재건축사업조합은 사업시행인가를 받은 후 건설업자 또는 등록사업자를 시공자로 선정하여야 한다.
- 제8조(주택재개발사업 등의 시행자) ① 주택재개발사업은 제13조의 규정에 의한 조합(이하 "조합"이라 한다)이 이를 시행하거나 조합이 조합원 과반수의 동의를 얻어 시장·군수, 주택공사등, 「건설산업기본법」 제9조의 규정에 의한 건설업자(이하 "건설업자"라 한다), 「주택법」 제12조 제1항의 규정에 의하여 건설업자로 보는 등록사업자(이하 "등록사업자"라 한다) 또는 대통령령이 정하는 요건을 갖춘 자와 공동으로 이를 시행할 수 있다.
- 제84조의2(벌칙) 다음 각 호의 1에 해당하는 자는 3년 이하의 징역 또는 3천만 원 이하의 벌금에 처한다.
  1. 제11조의 규정을 위반하여 시공자를 선정한 자 및 시공자로 선정된 자

시공과 시행의 혼동

2005년 도시정비법의 개정결과 재건축에서는 건설업자를 시공자로 보고 시공자 선정시기가 제한되지만, 재개발과 도시환경정비사업에 대해서는 건설업자가 다시 공동시행자로 규정되고 선정시기의 제한을 받지 않게 되었다 (2005년 개정 도시정비법 제8조 제1항 및 제3항).

이처럼 도시정비법이 시공자와 시행자를 구별하였던 최초의 태도를 바꾸어 다시 시공과 시행이라는 개념을 혼동하여 사용한 것은 입법적으로 큰 잘못이다. 재건축과 재개발은 사업의 법적 성격에 있어 본질적으로 다른 것이 아니므로 법적 성격이 동일한 건설업자를 시공자로 규정하기도 하고 공동시행자로도 규정하기도 하는 것은 법적용에 혼란을 가져오기 때문이다.

3) 재개발 시공자선정제도의 부활(2006년 개정법률)

건설업자의 선정시기

2005년 개정 법률은 재건축에서 활로를 찾을 수 없었던 건설업자들에게 아쉬우나마 재개발사업에서 돌파구를 열어주었다. 정부는 2005년 개정법률 이후 뉴타운을 중심으로 건설경기가 과열되는 조짐을 보이자 재개발사업도 조합이 설립된 이후에 건설업자를 선정하게 하려는 목적으로 도시정비법 제11조를 또다시 개정한다.

> [2006. 5. 24.(2006. 9. 25. 시행)] 도시정비법 개정법률
> - 제11조 (시공자의 선정) ① 주택재개발사업조합 및 도시환경정비사업조합은 조합설립인가를 받은 후, 주택재건축사업조합은 사업시행인가를 받은 후 건설업자 또는 등록사업자를 시공자로 선정하여야 한다.

법률개정의 취지

이처럼 재개발 등에 대해 시공자 선정시기를 제한한 주된 이유는 이들 조합을 형사처벌하기 위한 것이 아니라 재개발사업에서 건설업자를 선정할 수 있는 시기에 대한 불명확성을 해소하기 위한 것이라는 측면이 더 강하다. 이 조항의 개정으로 건설업자들이 이 조항 시행일(2006. 8. 25.) 이전에 각 사업장의 추진위원회를 조합으로 전환하기 위해 일대 혼란이 벌어졌는데, 이는 공동시행자로 선정된 지위를 상실하지 않기 위한 것이었다.

4) 재건축에 대한 규제완화

규제완화의 계기

참여정부의 시대가 지나고 정부가 바뀌면서 재건축에 대한 규제를 풀기 위한 다양한 방법들이 모색되었다. 2003년부터 5년간 가파르게 오르던 부동산 가격은 2008년을 정점으로 안정세로 돌아서고 2009년 전세계적인 금융위기가 한국에도 강력하게 영향을 미치자 재건축에 대한 규제완화가 가능하게 되었다. 재건축을 강력하게 통제하던 시공자 선정시기에 대한 조항이 개정된 것도 이러한 환경에 영향을 받은 것이었다.

[2009. 2. 6.] 도시정비법 개정법률
제11조(시공자의 선정)조합은 제16조에 따른 조합설립인가를 받은 후 조합총회에서 국토해양부장관이 정하는 경쟁입찰의 방법으로 건설업자 또는 등록사업자를 시공자로 선정하여야 한다.

3. 시공자의 선정과 도급계약

총회와 도급계약

정비사업을 시공할 시공자는 철거업자 및 설계자와 마찬가지로 총회결의를 거쳐 선정 또는 변경하여야 한다(법 제45조 제1항 제5호). 시공자의 선정 또는 변경은 사업추진과 조합원의 권익에 직결되는 매우 중요한 사항이므로, 총회의 결의에 의하도록 정한 것이다. 시공자를 선정하는 것은 조합총회이지만 조합총회결의에서 정해지는 것은 우선협상대상자이고 조합과 협상이 순조롭게 진행되어 도급계약을 맺으면 비로소 시공자가 되는 것이라 해석된다. 그러므로 시공자선정이라는 절차는 총회의 결의와 계약의 체결이라는 두 개의 요소로 구성된다. 그 중에서도 시공자 선정총회에서 우선 협상대상자를 선정하는 것이 시공자 선정의 핵심절차이다.

공사계약 및 공동시행계약

조합과 시공자가 체결하는 공사계약은 형식상 도급계약의 형태를 띠지만 그것에 그치는 것은 아니다. 건설사는 주로 시공자로서 수급인이지만 다른 한편 법적으로 또는 실질적으로 공동시행자의 역할을 담당하기 때문이다. 건설사가 '공동시행자'로 조합과 맺는 계약의 내용은 조합계약과 위임계약이 혼합되어 있다.

지분제와 도급제

공사계약은 시공자의 개발이익 참여 여부에 따라 지분제와 도급제로 나뉜다. 지분제는 조합원지분을 우선 결정하고 나머지는 모두 시공자가 자신의 이익 또는 손실로 사업을 진행하기로 하는 것이고, 도급제는 시공자가 대금으로 확정금액을 지급받기로 약속하는 방식이다. 지분제로 계약이 체결될 때 건설사는 공동시행자로서의 지위를 더 강하게 띠게 된다. 물론 도급제라고 해도 공사금액 속에는 여전히 시행대행비 등이 포함되어 있다는 점에는 지분제와 차이가 없다. 따라서 이론상으로는 지분제와 확정금액제로 부르는 것이 더 옳다.

도입사례의 해결

갑이 추진위원회 단계에서 시공자를 선정하는 것은 무효이다. 현행 법률이 조합설립인가 후 시공자를 선정하도록 정하고 있기 때문이다. 따라서 사후적으로 이를 추인하는 결의가 조합설립 이후에 있었다 해도 최초의 무효였던 총회결의가 유효로 바뀌지 않는다. 다만 2005년 이전에는 재개발사업에서 건설사가 공동시행자로만 규정되고 공동시행자의 선정시기의 제한이 없었던 적이 있다.

제31강 정비사업전문관리업자

도입사례

재개발조합의 정비업자 갑은 구청으로부터 기습적인 철거를 하지 못하도록 명령을 받았으나 철거업자가 개별적으로 건축물을 철거하는 것을 적절하게 저지하지 못했다. 갑은 구청에 의해 고발되어 도시정비법 위반으로 기소되었다. 정비업자는 철거업자의 철거를 감독할 책임이 있는가? 만약 없다면 누가 그 책임을 지는가?

1. 들어가면서

제도도입의 계기

구법시대 재건축에서 컨설팅이라 불리던 직역에 대해 도시정비법이 제정되면서 정비사업전문관리업자(이하 '정비업자라' 함)라는 명칭을 주고 많은 특권을 주었다. 이는 사업시행을 조합에 대신해서 진행하던 건설사들의 힘을 줄이기 위한 고육지책이었는데, 정비업자 집단은 2003년 제도 도입 당시에 준비가 되어 있지 않았다. 그리고 현재까지도 정비업자는 전문성이나 신뢰성 면에서 아직 자리를 잡지 못하고 있다.

도시정비법은 건설사를 시공자로 격하하고, 정비업자의 조력을 받은 조합이 독점적 사업시행자의 역할을 하도록 제도를 설계했지만, 건설사 없는 정비사업은 여전히 불가능하다. 결국 다양한 형태의 탈법과 불법이 법률에 의해 예정되어 있다고 보아도 무리는 아니다.

2. 정비업자의 의의

구법시대의 재건축·재개발사업은 시공자가 사업초기 단계부터 추진위원회를 만들어 내거나 이들에게 대여금을 지급하는 등의 방법을 통하여 사업을 주도했다. 과열된 수주경쟁에서 투입된 자본은 사후 공사비에 반영되고 이는 조합원의 추가부담금으로 이어진다. 이를 해소하기 위하여 도시정비법에서는 조합의 조력자로서 시공자와 별개의 전문가를 탄생시켰고, 그 역할을 담당하도록 한 것이 정비업자이다.

정비업자는 '정비사업의 시행을 위하여 필요한 사항을 추진위원회 또는 사업시행자로부터 위탁받거나 이와 관련한 자문을 하고자 하는 자'이다(법 제102조 제1항). 이러한 업무를 업으로 하고자 하는 자는 반드시 등록을 하여야 하며, 등록 없이 이러한 행위를 하는 경우 처벌된다(법 제137조 제9호).

한편 추진위원회나 사업시행자는 자문이나 업무의 일부를 위탁하기 위해 필요하면 정비업자를 선정할 수 있으나, 선정하는 것이 법에 의해 강제되는 것은 아니다. 정비업자를 선정하고자 하는 추진위원회 또는 조합은 경쟁입찰의 방법으로 정비업자를 선정해야 한다(법 제29조 제1항, 제3항).

3. 정비업자의 업무

정비업자 업무 범위

정비업자는 ① 조합설립의 동의 및 정비사업의 동의에 관한 업무의 대행, ② 조합설립인가 신청에 관한 업무의 대행, ③ 사업성 검토 및 정비사업의 시행계획서의 작성, ④ 설계자 및 시공자 선정에 관한 업무의 지원, ⑤ 사업시행계획인가 신청에 관한 업무의 대행, ⑥ 관리처분계획의 수립에 관한 업무의 대행 등 법률이 정하는 업무를 자문하거나 위탁받을 수 있다(법 제102조 제1항).

시공자 시행권과의 충돌

정비업자의 업무는 사업초기 조합설립인가에 필요한 업무 즉 동의서의 징구, 사업성검토 및 사업시행계획서의 작성 외에도 사업시행인가를 받은 후의 업무를 포함한다. 그러므로 시공자가 선정되고 시공자가 시행에 간여할 때 시공자의 공동시행권과 충돌이 생기는 문제가 있다.

정비업자의 업무제한

기존의 정비사업에서 정비업자와 유사한 기능을 수행하던 자들은 철거업자 · 세무사 및 건축사 등이었다. 이러한 직역의 전문가들과 정비업자가 중복되면 정비업자의 중립성에 문제가 있을 수 있어 도시정비법은 그 업무의 중복을 제한하고 있다. 정비업자는 동일한 정비사업에 대해 건축물의 철거, 정비사업의 설계 · 시공 · 회계감사 및 그 밖에 정비사업의 공정한 질서유지에 필요하다고 인정하여 대통령령이 정하는 업무를 병행하여 수행할 수 없다(법 제103조).

4. 정비업자의 등록

1) 등록의무와 등록기준

정비사업의 시행을 위하여 필요한 사항을 추진위원회 또는 사업시행자로부터 위탁받거나 이와 관련한 자문을 하고자 하는 자는 대통령령이 정하는 자본 · 기술인력 등의 기준을 갖춰 국토부장관에게 등록하여야 한다(법 제102조 제2항).

2) 등록하지 않는 정비업자

등록하지 않는 업체들

도시정비법이 시행되면서 정비업체가 추진위원회 또는 정비조합에 초기 사업자금을 조달해 줄 것을 예상하면서 '설계자 및 시공자 선정에 관한 업무'를 조합 대신 대행하도록 권한을 주었다. 이 조항은 추진위원회나 조합이 등록된 정비업자를 선택하는 것이 아니라, 정비업자가 조합의 업무를 위탁받거나 자문하려면 등록하라는 애매한 형식을 취하고 있다. 따라서 법적으로는 정비업자가 사업시행자의 위탁이나 자문을 받으려는 의사 없이 외부에서 시공자선정만 알선하거나 단순히 동의서만 징구하는 업무(이른바 OS 업체)를 하려면 이 법에 따른 등록이 필요하지 않다.

등록제의 허점

조합이 시행하는 사업은 다양한 업무들을 포괄하며 그 중 정비업자의 업무로서 조합을 조력하는 업무들도 그에 포함된다. 그러나 동의서만을 징구하는 업무는 정비업자가 조합을 대행할 수 있으므로, 정비업자가 대행하는 업무를 다시 등록하지 않은 외부업체에 위탁할 수 있다. 이렇게 동의서 징구만을 업무로 하면서 등록하지 않은 업체들이 다양하게 생겨나면서 정비업자의 등록제도는 본래의 기능을 점점 잃고 있다.

3) 공무원의제

공무원의제의 대상

추진위원장 · 조합임원 · 청산인 · 전문조합관리인 및 정비업자의 대표자(법인인 경우에는 임원을 말한다) · 직원 및 위탁지원자는 「형법」 제129조부터 제132조까지의 규정을 적용할 때에는 공무원으로 본다(법 134조). 이에 따라 정비업자의 대표자나 직원은 형법상 뇌물죄를 적용할 때 공무원으로 본다. 정비업자가 뇌물죄로 처벌된다는 의미는 조합이 수행하는 임무가 공적 임무라는 전제하에 가능한 것이고, 이러한 임무를 대행하거나 지원하는 자의 지위도 그에 준하는 것이라는 이해를 전제로 한다.

도입사례의 해결

갑은 정비사업을 전반적으로 자문하는 정비업자인데, 그 법적 지위에 대해 해석상 견해 대립이 있을 수 있다. 정비업자를 공무원으로 의제하는 조항이 있다는 점 등을 고려하면 정비업자는 현장을 지배하는 지위에 있다. 그러나 사업시행자는 조합일 뿐 정비업자는 자문을 하는 지위에 머문다면 이들은 현장의 감독책임도 지지 않는다. 판례는 사안에서 정비업자를 처벌할 수 없는 것으로 해석하고 있지만, 정비사업의 현장마다 정비업자의 지배력이 다르기 때문에 일률적으로 판단하는 것은 옳지 않다.

제32강 정비기반시설의 무상양도

도입사례

새로운 정비기반시설을 설치한 재개발조합 갑은 자신이 설치한 금액의 범위에 훨씬 미달하는 정비구역내 존재하던 공원과 사실상의 도로를 정비기반시설로 무상양도받으려고 한다. 그러나 구청 을은 공원을 무상으로 양도하는 것에는 동의하지만, 사실상의 도로에 대해서는 유상으로 매입하도록 요구하고 있다. 갑은 사실상의 도로부지는 유상으로 매입해야 하는가?

1. 들어가면서

정비기반시설과 사업시행자

재건축이나 재개발사업은 사업구역 내에 새롭게 설치해야 하는 기반시설과 사업과정에서 폐지되어야 할 기반시설이 서로 맞물려 있는데, 사업시행자는 전자에 대해서나 후자에 대해 모두 일정한 의무를 부담하는 위치에 있다. 폐지되는 정비기반시설은 무상양도를 받거나 유상으로 매입해야 할 의무를 지게 되며, 신설되는 시설은 사업시행자가 자신의 비용으로 설치해서 이를 행정청에 귀속시켜야 하기 때문이다. 최근 실무에서는 정비기반시설과 관련된 주요 사항을 정하기 위해 행정청이 부가하는 유상매입의 부관이 일반화되고 있다.

서울시는 정비사업이 활발하게 시행되던 2008년 전후에 폐지되는 정비기반시설을 사업시행자에게 매각함으로써 얻는 수익이 급증하자, 무상양도를 가급적 어렵게 하여 유상매각 비율을 증가시키는 지침과 해석기준을 발하였다. 사업비용을 절감하려는 조합과 서울시, 구청간의 갈등이 심화되면서 다양한 형태의 소송이 전개되었다.

2. 정비기반시설의 의의

1) 정비기반시설의 뜻

정비기반시설의 개념

정비사업은 주거환경이 불량하거나 기능적으로 낙후되어 있는 주거지나 도심지를 정비하기 위해 시행되는 개발사업의 일종이다(법 제1조). 정비사업은 주로 주택을 건설하는 기능을 주된 것으로 하지만, 주택단지가 건설되는 과정에서 이에 부수해서 설치되거나 폐지되는 기반시설도 정비사업의 내용에 포함된다. 도시정비법은 이러한 기반시설을 정비기반시설이라 칭하면서 도로 · 상하수도 · 공원 · 공용주차장 · 공동구 그 밖에 주민의 생활에 필요한 열 · 가스 등의 공급시설로서 대통령령으로 정하는 시설로 정하고 있다(동법 제2조 제4호). 정비기반시설은 도로나 공원 등이며, 신설되는 시설은 정비구역에서 새롭게 생겨나는 주택단지의 주거환경을 결정하는 중요한 요소가 된다.

정비기반시설에 대한 규율

정비기반시설은 도시정비법에서 정하고 있는 개념이지만, 법체계 전체의 관점에서 보면 도시정비법에 고유한 개념은 아니다. 국토계획법에서 이미 이와 유사한 '공공시설'의 개념을 정하고 공공시설의 무상양도 등이 규율되고 있으며(동법 제65조), 이에 영향을 받아 주택법(제29조), 도시개발법(제66조) 등에서도 이와 유사한 규율이 존재하고 있다. 도시정비법의 정비기반시설은 그 뿌리를 국토계획법에 두고 있는 것이므로 국토계획법상 공공시설에 대한 조항을 이해하는 것은 정비기반시설의 개념을 이해하는 출발점이 된다.

2) 공공시설과 정비기반시설의 관계

유사한 시설과의 관계

도시정비법에 의하면 도로나 공원 외에도 상하수도, 공용주차장, 공동구, 녹지, 하천 등이 정비기반시설에 해당하는데(법 제2조 제1항 제4호, 영 제3조) 이는 국토계획법상 공공시설의 범위와 크게 차이를 보이지 않는다. 다만 국토계획법상의 공공시설은 항만, 공항, 운하 등을 포함한다는 점에서 정비기반시설의 범위를 넘는다.

도시정비법의 일반법으로 작용하는 국토계획법에는 기반시설, 도시계획시설, 공공시설 등 다양한 형태의 공적(公的) 시설이 규율되고 있다. 국토계획법은 공적 시설의 개념을 정하고 있는 조항에서 그 시설의 가장 넓은 범위를 기반시설로 정하고(제2조 제6호), 도시계획결정을 통해 설치되는 기반시설을 '도시계획시설'로 정의하고 있다(동조 제7호). 그리고 동법은 같은 조에서 도로, 공원 등을 '공공시설'로 칭하면서 별도로 정하고 있는데(동조 제13호), 이 조항만으로 도시계획시설, 기반시설과 공공시설의 관계가 선명하게 드러나지 않는다.

3. 무상양도의 의의와 범위

행정청의 선택여지

구도시재개발법은 제정당시 도시계획법의 관련 조항을 준용하고 있었지만, 현재의 도시정비법은 국토계획법상 공공시설 조항을 준용하지 않고 '정비기반시설 및 토지 등의 귀속'이라는 별도의 조문을 두고 있다. 도시정비법의 규정에서는 '양도할 수 있다'는 국토계획법의 규정과 달리 '양도된다'는 문구가 채택되었다. 무상양도의 범위를 행정청이 결정할 수 있도록 하는 경우 실제 무상양도가 원활히 이루어지지 않고, 사업시행자로서는 합리성을 결여한 무상양도 조건이 부가되더라도 이를 따를 수밖에 없다는 문제점을 개선하기 위한 것이었다.

무상양도조항의 효력

도시정비법의 무상양도 조항은 행정청에 무상양도 여부와 무상양도의 범위에 대한 일차적 판단권을 주지 않는다는 점을 그 특징으로 한다. 이 조항은 우선 행정청에 그 범위결정에 대한 재량을 주고 있지 않다는 의미를 가지므로 행정청에 일차적 판단권을 부여하는 국토계획법과 차이를 보인다. 다음으로 이 조항이 강행규정이라는 의미는 사업시행자와 행정청간에 이 원칙을 위반하는 민사상 계약이 금지된다는 의미를 갖는다. 마지막으로 "무상양도 된다는" 조항의 문구는 처분의 상대방에게 공권을 인정하는 계기가 되며, 행정청에 의무가 부과되므로 사업시행자의 청구권이 인정될 수 있다.

강행규정성

민사법에서 강행규정이라는 표현은 이에 반하는 민사상 계약의 효력을 부인하기 위해 사용되는 개념이다. 판례도 무상양도에 대해 정하는 도시정비법 조항을 '강행규정'이라고 표현하고 있으며 이는 민사적 효력을 의식한 표현인데,[216] 이에 반하는 민사상 계약의 효력을 부인하고자 하는 취지이기 때문이다. 그러므로 '강행규정'이라는 표현은 이 조항에 위반하는 계약에 대한 이 조항의 효력을 의미하는 것일 뿐이다.

사업시행자가 폐지되는 정비기반시설 중 매입해야 하는 시설은 도시정비법에 의해 무상양도 받을 수 있는 시설을 제외한 부분이 된다. 그러므로 유상매입 해야 하는 시설의 범위는 독자적으로 판단되는 것이 아니고, 폐지되는 정비기반시설 중 무상양도 되는 부분이 확정되면 이에 부수해서 정해진다.

무상양도에 대해 행정청의 의무를 정하고 있는 도시정비법은 이를 통해 유상으로 매입해야 할 정비기반시설의 범위도 정하는 기능을 한다(법 제97조 제2항). 그러나 이 조항은 유상매입 되는 토지의 매입가격에 대해서는 아무런 규율을 담고 있지 않기 때문에 해석을 통해 보충되어야 한다. 유상매입의 가격에 대해서는 행정청이 일단 재량을 가지고 있는 것으로 판단되므로 행정청은 자신의 재량범위 내에서 유상매입부분의 가액을 정할 수 있다.

216) 대법원 2007. 7. 12. 선고 2007두6663 판결.

도입사례의 해결

국토계획법 등에서 정하는 공공시설의 무상양도 제도와 다르게 정비기반시설의 무상양도조항은 행정청에 재량을 주지 않고 있다. 따라서 신설되는 시설의 가액범위 내에서 폐지되는 시설은 양도의 대상이 되어야 한다. 대법원은 폐지되는 시설 중 무상양도의 대상은 도시계획시설결정이 내려진 시설에 한한다는 판결을 내린 바 있지만(대법원 2008.11.27. 선고 2007두24289 판결) 이는 옳지 않은 판결이었다. 현재는 판례를 극복하기 위해 법률이 명시적으로 이러한 요건을 배제하고 있다(도시정비법 제97조 제3항).

第33강 매도청구소송

도입사례

재건축구역내 일부 토지만을 소유한 갑은 재건축사업에 찬성해서 조합원이 되고자 한다. 추진위원회 을을 방문한 갑이 조합설립에 동의하겠다고 하자 을은 갑이 조합원이 될 수 없다고 통보하였다. 조합이 설립된 후 갑은 자신을 피고로 매도청구소송이 제기되었다는 통지를 받게 되었다. 갑이 구제받을 수 있는 길은 없는가? 헌법적으로는 어떤가?

1. 들어가면서

수용소송

매도청구소송은 구법시대 재건축사업에 반대하는 토지등소유자의 소유권을 박탈하기 위해 주택건설촉진법과 집합건물법을 결합해서 운용되던 수용소송(收用訴訟)이었다. 판사가 재산권박탈을 최종 결정한다는 점에서 토지수용위원회의 수용재결과 다르지만, 판결에 의해 소유자의 의사에 반하는 소유권박탈을 수권하고 있다는 점에서 헌법 제23조 제3항에서 말하는 '수용'에 해당된다. 매도청구소송은 도시정비법 전체의 공법적 기능을 이해하고 재개발의 수용재결과 잘 비교해 보아야 비로소 정체가 드러난다.

재건축사업과 수용권

도시정비법이 제정될 때 재건축에 대해서도 수용권을 부여할 것인가를 둘러싼 논란이 있었지만, 결국 수용권을 부여하지 않는 것으로 정리되었다. 그래서 재건축은 종래 구법시대에 사용하던 집합건물법상의 매도청구권을 사용해서 반대하는 자들을 사업에서 배제하는 것으로 제도가 마련된 것이다. 그러나 재개발의 수용보다 매도청구소송이 반대하는 소유자들에 대해 훨씬 가혹한 측면이 있다는 점은 잘 알려져 있지 않다.

재개발사업과 재건축사업의 탈퇴 방식

재개발에서는 사업에 반대하는 토지등소유자들도 조합이 설립되었을 때 자동적으로 조합원이 된다. 그리고 사업시행인가, 관리처분계획의 인가절차까지도 조합원의 지위를 계속 보유한다. 그러므로 조합이 설립되고 몇 년 가까이 재산권이 박탈되지 않는다. 이들에 대해서는 관리처분계획에 '청산대상조합원'으로 명단이 확정된 후, 현금청산의 절차를 거쳐 다시 수용재결을 신청해야 한다. 재개발사업에 대해서는 전통적으로 토지수용위원회가 수용재결을 내리는 데 인색해서 사업시행자인 조합이 마지막까지 협의매수에 성실히 임해야 했다.

이에 비해 구법시대 재건축사업에서는 조합설립을 위한 동의율만 충족되면 심지어는 조합설립인가도 받지 않은 상태에서 매도청구를 할 수 있었다. 도시정비법이 제정된 후에도 2018년까지 조합은 동의율만 충족되면 매도청구를 할 수 있었으므로 재건축에서 사업에 반대하는 자는 조합원도 될 수 없고, 조기에 매도청구를 당해 1심에서 패소하고 가집행당하는 경우도 적지 않았다. 사업의 초기에 매도청구소송을 당하고 소유권을 조기에 박탈당하는 것은 수용재결과 비교할 때 반대하는 토지등소유자에게 커다란 불이익이다. 물론 재건축의 매도청구소송에서 보상액은 '시가'라는 점에서 재개발에 비해 유리하지만 그것만으로 양자간의 불균형이 해소되는 것은 아니다.

2. 매도청구의 의의와 기능

1) 매도청구의 의의와 연혁

매도청구의 뜻

매도청구제도란 재건축사업을 반대하는 자들의 소유권을 확보하기 위한 것으로서, 사업시행자가 조합설립에 동의하지 않은 자에게 토지 및 건축물의 매도(賣渡)를 청구하는 제도이다. 이 장에서 설명하는 매도청구제도는 재건축사업에만 해당한다는 점에 유의해야 한다. 매도청구권은 형성권으로 상대방의 동의 없이 일방적으로 이루어지며 그 의사표시에 의해 법적 효과가 발생한다. 그러므로 매도청구의 의사가 적법하게 표시되면, 사업시행자와 미동의자 사이에는 매매계약과 유사한 법률관계가 생긴다.

매도청구조문의 완성

2018년 개정된 도시정비법은 매도청구권의 시간적 요건을 사업시행인가 이후로 미루고 청구기간도 인가 고시 후 30일 이내로 한정하였다(법 제64조 제1항). 종래 도시정비법이 조합설립동의만 있으면 사업시행자가 매도청구를 할 수 있도록 정하고 있던 것에 대한 반성적 고려가 있었던 것이라 보아도 좋다.

공법상 매도청구

2018년 개정은 도시정비법 자체에 매도청구조문을 완결적으로 규정한 것이라는 점에서 매도청구제도에 대해서는 커다란 변화가 있었다. 도시정비법은 공법으로서 헌법상 공공필요를 충족하는 정비사업에 대해 규율하는 법률이다. 개정 전 법률에서 헌법의 수권에 따라 재산권을 박탈하는 근거조항을 민사법의 일종인 집합건물법에 의존한다는 것이 법체계에 맞지 않는 것이었다.

민사상 매도청구

집합건물법에서 매도청구권을 인정하는 취지는 헌법상 공공필요라기보다는 집합건물 자체가 가지고 있는 특수성을 고려해서 구분소유자들의 재산권의 내용을 제한하는 취지가 강하다. 개별적 건축물의 소유자가 갖는 일반적 소유권의 범위와 달리 집합건물법은 집합건물 구분소유권의 내용과 한계를 정하고 있으며(헌법 제23조 제1항 2문) 매도청구권도 그 내용과 한계의 일환이다.

구법시대 매도청구제도

구법시대 주택건설촉진법 제44조의3 제7항에서는 재건축결의율(구분소유자 및 의결권의 각 2/3 이상 결의와 전체 구분소유자 및 의결권의 4/5 이상의 결의)에 대한 규정이 있었지만 재건축결의의 4가지 요건이나 매도청구권의 절차에 대해 별도의 조문이 없이 집합건물법에 전적으로 의존하였다. 도시정비법이 제정되면서 매도청구에 관한 조문(법 제39조)을 별도로 두고 집합건물법의 일부 조항(동법 제47조)을 도시정비법상 조합설립동의 조항에 받아들이고 제48조만을 준용하는 형태를 취했다. 재건축결의라는 용어 대신 조합설립 동의라는 표현을 사용함으로써 도시정비법 시대에는 재건축결의라는 용어가 사라졌다.

2) 매도청구제도의 기능

① 토지수용과 유사한 기능

소유권의 박탈

공공개발사업으로서의 정비사업은 조합 또는 사업시행자가 대상지역의 토지소유권을 확보하고 그 지상에 아파트 등을 건설하여 조합원에게 배분하는 과정을 거친다. 이때 정비조합이 토지소유권을 확보하는 방법은 합의에 의해 이전하거나, 반대하는 자들에 대한 소유권박탈이라는 요소로 구성된다. 이 중 정비사업에 반대하는 토지등소유자의 권리를 박탈할 수 있는 제도적 장치가 바로 재개발사업의 토지수용과 재건축사업의 매도청구소송이다.

매도청구와 수용의 비교

재개발사업의 경우, 토지등소유자가 이를 자발적으로 이전하지 않는 경우 토지수용권을 발동할 수 있다(법 제63조). 이에 비해 재건축사업에서는 토지수용권이 부여되지 않으므로 매도청구제도를 활용하여 반대하는 토지등소유자의 권리를 확보하게 된다(법 제64조). 그러므로 매도청구제도는 재개발사업에 있어 토지수용과 매우 유사한 기능을 수행한다. 다만, 토지등소유권 이전의 시기, 행사방법 등의 면에서 토지수용과 차이를 보일 뿐이다.

② 정비사업과 소유권 확보의 필요성

신탁부분에서 더 설명되겠지만, 정비조합은 그 성격상 사업에 동의하는 자(조합원)들의 소유권을 전체적으로 조합으로 이전받는 것이 원칙이다. 정비조합에 법인격이 인정되는 가장 중요한 이유가 바로 토지소유권을 이전받아 기존의 노후 · 불량 주택을 철거한 뒤, 그 지상에 아파트 등을 건설하기 위하여 조합소유의 재산을 확보하기 위한 것이기 때문이다.

재개발사업과 달리 재건축사업은 '찬성하는 조합원'들의 재산을 신탁받고 '반대하는 토지등소유자'에 대해서는 매도청구권을 행사한다. 찬성하는 조합원에게 신탁을 요구하는 근거는 신탁의무를 정하는 조합정관이며, 신탁은 매도청구와 함께 조합의 소유권확보를 돕는다. 이러한 점에서 보면 재개발사업의 경우에도 사업시행인가시에 동의자들의 소유권확보를 요청하는 것이 바람직하다.

3. 매도청구제도와 헌법상 공공필요

1) 수용소송인 매도청구소송

재산권 보상과 공공필요

헌법 제23조는 모든 국민의 재산권을 보장하면서(제1항), 공공필요에 따른 수용 · 사용 · 제한 및 보상에 대해 법률로 정하되 정당한 보상이 지급되도록 정하고 있다(제3항). 헌법 제23조가 보장하는 재산권의 내용은 원칙적으로 자신의 의사에 반하는 소유권 등 재산권의 박탈이 허용되지 않는다는 것이며, 매우 예외적으로 '공공필요'라는 공익이 존재할 때 법률로써만 그 소유권을 박탈할 수 있고 이에 대해 정당한 보상이 지급되어야 한다는 것이다.

수용소송의 성격

매도청구제도는 그것이 비록 초기에는 민사법의 영역에 속하는 것으로 실무가 운영되어 왔지만, 그 본질은 공법적 영역의 수용에 해당하는 것이었다. 현행 도시정비법은 집합건물법과 절연하여 독자적인 매도청구제도를 마련하고 있으며, 이 조항은 전형적으로 헌법 제23조 제3항이 말하는 소유자의 의사에 반하는 '수용'에 해당된다. 기능상으로도 도시정비법상 매도청구제도는 재개발사업의 토지수용과 대응관계를 이루며, 사업에 반대하는 자들의 소유권을 소멸시키기 위한 목적에서 사용된다. 그러므로 매도청구제도의 정체는 실정법상 비록 수용이라는 단어가 사용되지 않는다고 해도 실질적인 관점에서 공용

수용이라 판단되어야 할 것이다.[217]

매도청구의 법률관계도 공법적 계기에 의한 것이므로 이에 대한 소송은 당사자소송으로 제기되어야 하며, 행정소송법상 당사자소송을 관할하는 행정법원에 제기되어야 한다.

2) 매도청구제도의 헌법 적합성

매도청구제도가 헌법 제23조 제3항의 공용수용에 해당하므로 그 유효한 성립과 행사를 위해 법률이 정하는 요건 이외에도 헌법상의 요청을 동시에 충족하여야 한다. 그 헌법상의 요청은 법률에 근거가 있을 것, 정당한 보상이 제공될 것, 공공필요라는 요건을 충족시킬 것 등이다.

법률에 근거가 있어야 한다는 것은 국회에서 제정된 법률에 의해 권한이 부여되어야 한다는 뜻이며, 현행법상의 매도청구제도는 도시정비법 등에 그 근거를 갖고 있다는 점에서 형식적 요건은 충족된다. 정당한 보상이 제공되어야 한다는 요청은 2018년 이전까지 도시정비법이 '시가에 따라' 매도를 청구할 수 있도록 규정함으로써 재판의 과정에서 정당한 보상이라는 헌법적 관점이 반영되는 것으로 이해되고 있었다. 현행법은 '시가'에 대한 조항을 두지 않고 있기 때문에 종전과 다르지만(법 제64조 제4항), 재판과정에서 정당한 보상이라는 요청은 여전히 대금을 정할 때 고려되어야 하는 헌법상의 원칙이라는 점에 유의해야 한다. 최근에도 헌재는 매도청구권이 헌법에 반하지 않는다는 판단을 내린 바 있다.[218]

4. 매도청구의 요건과 절차

1) 매도청구의 절차

재건축사업의 사업시행자는 사업시행계획인가의 고시가 있은 날부터 30일

217) 실정법에서도 의사에 반하여 토지소유권을 박탈하는 제도를 통상 '수용(재결)'이라 표현하는 것이 일반적이지만(토지보상법 제19조 등) 반드시 이러한 명칭만을 사용하는 것은 아니고 환지처분(도시개발법 제41조 제1항 후단), 징발(징발법 제19조) 등 다양한 명칭이 사용되고 있다.

218) 2020. 12. 1. 자 2018헌바407 결정.

이내에 조합설립에 동의하지 아니한 자에게 조합설립 또는 사업시행자의 지정에 관한 동의 여부를 회답할 것을 서면으로 촉구하여야 한다(법 제64조 제1항). 촉구를 받은 토지등소유자는 2개월의 회답기간을 부여받으며, 회답기간에 특별한 답을 하지 않은 토지등소유자는 조합설립 또는 사업시행자의 지정에 동의하지 아니하겠다는 뜻을 회답한 것으로 본다(동조 제2항, 제3항).

2개월의 회답기간이 지나면 사업시행자는 그 기간이 만료된 때부터 2개월 이내에 조합설립 또는 사업시행자 지정에 동의하지 아니하겠다는 뜻을 회답한 토지등소유자와 건축물 또는 토지만 소유한 자에게 건축물 또는 토지의 소유권과 그 밖의 권리를 매도할 것을 청구할 수 있다.

2) 조합설립동의

동의와 매도청구요건

현행법상 매도청구의 요건으로 가장 중요한 것은 사업시행인가를 받았는가 여부이고, 그 이전 단계의 조합설립 동의나 조합설립 인가 등은 간접적인 요건으로 숨게 되었다. 따라서 2018년 이전에 매도청구소송에서 명시적으로 요구되던 조합설립동의율을 매도청구의 요건으로 여전히 요구할 것인가에 대해 논란이 불가피하다.

두 가지 해석의 가능성

조합설립동의가 현행 도시정비법상 매도청구소송의 요건이 될 것인가에 대해서는 해석에 맡겨져 있다. 종래 재건축에서는 토지등소유자의 동의가 매도청구의 요건으로 정해져 있었지만, 재개발은 그와 무관하게 수용권을 사업시행인가에 의존하고 있었다. 재개발사업과 마찬가지로 현행 매도청구소송은 더 이상 조합설립동의에 소송요건을 의존시키고 있는 것은 아니라고 해석하는 것이 하나의 방법이다. 2018년 도시정비법이 개정된 취지가 매도청구의 시점을 변경하기 위한 것일 뿐 매도청구의 요건을 변경하고자 한 것이 아니라면 조합설립동의는 여전히 숨어 있는 매도청구요건으로 해석할 수 있다. 이 책은 후자의 해석을 따른다.[219] 만약 사업시행인가만으로 수용권을 부여하면 종래 판례가 매도청구를 제한하기 위해 발전시킨 논리들과 그로 인한 권리구제기능

219) 다만 동의의 하자여부는 조합설립인가시를 기준으로 판단한다.

이 모두 폐기되어야 한다는 점도 고려한 것이다.

구법시대 매도청구의 요건

구법시대부터 2018년 도시정비법 개정전까지 재건축결의 또는 조합설립동의가 반대자들에 대한 매도청구의 가장 중요한 소송요건이었기 때문에, 구법하의 재건축결의는 이들의 소유권을 박탈하는 핵심적인 역할을 했다. 초기에는 이러한 매도청구소송에서 대부분은 원고인 조합이 쉽게 승소했고 이 때문에 정당성이 결여된 채 형식적 요건만을 충족하는 재건축결의들도 나타나게 되었다. 형식적으로 서면동의 등을 통해 4/5의 동의율을 충족했으나 정당성이 결여된 재건축결의가 빈발하게 되자, 법원은 매도청구소송에서 재건축에 반대하는 피고들의 소유권을 보호할 방안을 모색하게 된다. 그 후 법원은 '비용분담에 관한 사항'들이 충분히 구체적이지 않은 재건축결의가 무효라는 피고들의 주장을 받아들여 재건축결의의 무효사유를 넓힌다.[220]

초기 비용분담론의 취지

그러나 매도청구소송에서 재건축결의가 무효라는 의미는 매도청구권이 없다는 의미일 뿐이었으며 이 과정에서 탄생한 비용분담론은, 자의적으로 재건축사업을 진행하는 조합의 수용청구를 법원이 받아들이지 않는다는 정도의 의미를 갖는 것에 불과했다.[221] 또한 비용분담이 구체적이지 않아 재건축결의가 무효라는 판단은 주문에 나타나는 것도 아니었고 단순한 피고의 방어방법으로서 원고의 청구를 기각하는 판결이유를 구성하는 것이었다.[222]

---

220) 대법원 1998. 6. 26. 선고 98나15996 판결.

221) 김종보, 재건축결의무효의 공법적 파장, 서울대학교 법학, 2008. 6. 193-216면 참조.

222) 대법원 1998. 3. 13. 선고 97다41868 판결, 대법원 2002. 3. 15. 선고 2001다77819 판결 등.

도입사례의 해결

도시정비법의 재건축사업은 아파트의 구분소유자만을 조합원으로 상정하고 조항이 만들어졌기 때문에 매도청구조항을 설계하면서도 역시 정비구역내 토지만을 소유한 자는 매도청구의 대상으로만 정했다. 그러나 아파트 소유자에 비해 정비구역내에서 토지만을 소유한 자는 조합설립에 동의할 기회도 없었으므로 현저하게 불리한 것은 사실이다. 주택단지내 개별필지의 존재 또는 그 소유가 통상은 이례적인 것이어서 큰 문제가 없지만, 소유권이 법적으로 문제가 없이 취득된 것이라면 헌법 위반의 문제가 생길 수 있다.

제34강 수용과 세입자보상

도입사례

토지등소유자가 시행하는 재개발사업(도심재개발)의 정비구역내에서 식당을 운영하는 상가세입자 갑은 재개발사업의 시행으로 영업을 중단해야 하는 상황을 맞았다. 조합에게 1억이 넘는 권리금을 주장하자 조합은 명도소송을 제기했다. 명도소송에서 갑은 권리금을 받을 수 있겠는가?

1. 들어가면서

토지보상 관련 법제의 체계

토지보상법은 수용과 보상에 관한 일반법으로 이해되고 또 운용되고 있다. 헌법의 규정을 고려하면 입법기술적으로는 토지보상법을 일반법으로 하고 다른 사업에서 이를 준용할 수도 있고, 일반법이 없이 개별법에서 별도의 절차와 기준으로 수용과 보상에 대해 독자적으로 정할 수도 있다. 토지보상법을 일반법으로 운용하면 이해를 위해 편리한 점은 있지만, 개별 사업에 따른 보상기준과 보상대상자가 각각 상이해서 이들을 하나의 법률에서 조율하는 것이 매우 어렵다는 단점이 있다. 또 일반법으로서 토지보상법의 체계적인 위상을 이해하는 것도 쉽지 않다.

정비사업과 세입자

도시정비법과 토지보상법의 상호관계는 토지보상법이 수용과 보상에 대해 일반법적 지위를 갖고 도시정비법은 필요한 범위에서 토지보상법을 준용하는 방식으로 연결되어 있다. 도시정비법에 독특한 보상문제가 발생하면 도시정비법이 개정되지 않고 토지보상법에 그 조문이 반영되는 방식으로 양자의 관계가 정립되었다. 오랜 세월에 걸쳐 토지보상법에 도입된 세입자에 대한 주거이전비, 이사비, 임대아파트 공급 등의 조항은 모두 도시정비법상 재개발사업의 영향을 받은 것이다.

재건축사업과 세입자 보상

앞서 언급한 바와 같이 재개발사업에 대해서는 수용권이 부여되지만 재건축사업에 대해서는 매도청구권만 인정되고 토지보상법상의 수용권은 인정되지 않는다. 토지보상법의 수용조항이 따라오지 않는 한 그와 연동된 보상조항도 따라오지 않고, 재건축은 세입자보상에 대해 전혀 대비책이 없다.

2. 토지보상제도 개관

1) 헌법상 공용수용

법률에 의한 수용

헌법의 재산권보장 체계와 관련해 가장 큰 특징을 보여주는 부분은 역시 재산권박탈을 헌법적 수준에서 용인하고 있는 수용관련규정이다(헌법 제23조 제3항). 헌법은 공공필요에 의한 재산권의 수용과 보상에 관해서 법률이 정하도록 명하고 있는데, 그 근본취지는 재산권을 보호하기 위해 재산권의 박탈은 법률로서만 하도록 제한하는 것이다. 그러나 다른 한편 이 조항은 입법자에게 법률의 제정을 통해 재산권을 박탈할 수 있도록 수권하는 기능도 동시에 한다. 다만 이러한 법률들은 헌법이 정하고 있는 재산권 박탈의 정당화사유로서 공공필요, 형식적 의미의 법률, 정당한 보상이라는 세 가지 요청을 모두 충족해야 한다.

다양한 수용제도

이렇게 헌법에 의해 수용권을 수권받은 법률들은 다양한 절차와 방법으로 각기 다른 수용과 보상의 체계를 마련하고 있다. 행정법총론에 잘 알려진 토지보상법도 그 중의 하나이지만, 그 외 매도청구소송을 허용하는 도시정비법, 환지처분과 청산금을 정하는 도시개발법 등 다양한 형태의 수용과 보상의 체계가 존재하고 있다.

보상제도의 이원화

만약 개별적 개발사업법에 의해 토지보상법상의 수용조항이 준용되는 경우라면 토지보상법은 개발사업법에 활용되고 수용조항뿐 아니라 그에 수반하는 보상조항도 모두 같이 준용된다. 그러므로 토지보상법상 재산권에 대한 보상, 이주대책, 세입자보상 등도 그 가액과 보상기준이라는 면에서 개발사업법의 일부를 구성하게 된다. 그러나 환지처분, 매도청구 등 토지보상법상의 수용권 이외의 소유권박탈이 예정되어 있는 개발사업에서는 토지보상법이 준용되지 않기 때문에 수용조항이나 보상조항도 준용되지 않고 개별법에 별도의 수용의 근거와 보상기준이 마련되어야 한다. 그러나 이렇게 마련되는 보상조항은 토지보상법상의 보상조항에 비해 불완전한 것이어서 법적 공백이 발생할 수 있다.

2) 수용권부여의 법체계

토지보상법의 제정

토지보상법은 토지수용법(1962년 제정)과 공공용지의 취득 및 손실보상에 관한 특례법(이하 '공특법'이라 함: 1975년 제정)을 통합하여 2002년에 제정되었다. 토지수용법은 공식적인 사업인정과 그에 따른 수용 및 보상에 대해 정하는 법률이었지만, 보상에 관한 조항이 충분하지 않았다. 이를 보충하기 위해 '사업인정 전' 사업에 협력하는 자들에게 폭넓은 보상이 가능하도록 공특법이 제정되었다. 공특법에 수용이라는 용어 대신 '취득'이라는 용어가 사용된 것도 사업인정 전의 협의 취득에 한정되기 때문이었다. 공특법은 사업시행자의 편의를 위한 측면이 강했지만, 한편으로는 재산권자를 보호하는 기능도 동시에 수행했다. 현행 토지보상법은 두 법률의 적용범위를 포괄하여 사업인정 이전과 이후의 협의취득 및 사업인정 이후의 수용을 규율대상으로 하고 있다.

토지보상법의 내용

토지보상법은 헌법 제23조 제3항에서 말하는 공공필요에 의해 재산권(특히 토지에 관한 재산권)을 박탈하는 경우와 그에 대한 보상에 대해 규율하는 법이다. 토지보상법에는 동법이 인정하는 공익사업과 이를 위해 사업시행자가 토지를 수용 또는 협의취득하기 위한 절차 및 손실보상의 방법 등이 규정되어 있다.

추상적 공익사업의 목록

토지에 대한 재산권을 수용 또는 협의취득하기 위한 전제로서 토지보상법이 제4조에서 나열하고 있는 공익사업은 헌법이 말하는 공공필요에 대응하는 것이다. 토지보상법은 국방 · 군사사업, 철도 · 도로사업 등 동법이 나열하는 사업이 공익사업이라 한정하고 이러한 사업에 한해서 토지를 수용할 수 있도록 정하고 있다. 이렇게 공익사업이 법률에 나열됨으로써 바로 수용권이 인정되는 것은 아니고 이들은 수용권이 부여될 수 있는 추상적 단계의 공익사업을 의미한다는 점에 유의해야 한다. 이러한 추상적 공익사업의 목록에 해당되는 것을 전제로 다시 후술하는 사업인정을 받아야 구체적인 수용권이 인정된다.

사업인정의 뜻

사업인정이라 함은 통상 개별법에 의해 진행되는 개발사업이 공익사업임을 인정해서 이 사업이 헌법상 공공필요를 충족한다는 것을 선언하는 행정처분이다(토지보상법 제2조). 사업인정은 대상사업이 예정하는 사업대상지 전체에 대해 수용권이 발동될 수 있는 법적 근거로 작용한다. 토지보상법은 사업인정을 '공익사업을 토지 등을 수용하거나 사용할 사업으로 결정하는 것'이라고 정의하고 있다(동법 제2조). 아직 공공필요의 충족 여부를 알 수 없는 개별법상의 개발사업 시행자가 자신의 특정 사업에 대해 토지보상법상 사업인정을 신청하면 행정청은 두 단계의 심사를 거친다. 우선 행정청은 이 사업이 ① 토지보상법이 말하는 추상적 공익사업의 목록에 해당하는지 검토하고 이에 해당하면 다시 ② 이 특정한 사업의 공공성 또는 공공필요의 충족 여부를 판단한다. 그리고 이 두 가지 요건이 충족되면 수용권을 부여하기로 결정하게 된다. 사업인정이란 이 두 단계를 모두 통과한 사업에 대해 그 사업이 수용권이 부여되는 '(공익)사업이라고 인정'하는 행정청의 처분을 말한다.

3. 세입자보상의 의의와 내용

1) 생활보상의 의의

생활보상의 의의

세입자보상은 소유자가 아닌 주택 또는 상가세입자에 대한 보상으로서, 재개발사업의 과정에서 빈발하는 세입자분쟁을 통해 발전되어 온 생활보상의 한 유형이다. 세입자보상을 포함하는 생활보상은 전통적인 유형적 재산권보상의 범위를 넘어 수용에 의해 상실되는 생활권을 보상해주기 위해 만들어진 개념이다.[223] 주거이전비, 영업손실보상, 이주대책 등 전통적으로는 재산권침해의 대상 및 보상내용에 포섭되기 어려운 내용들을 보상의 대상으로 편입하기 위한 정당화근거로서 생활보상의 개념이 유용한 기능을 한다. 연혁적으로 생활보상은 유형(有形)의 재산적 손실에 대한 전통적 보상만으로 공익사업의 원활한 추진이 어렵고 사업이 교착될 때 입법을 통해 발전되었다.

이주대책

토지보상법의 취지에 따라 10인 이상의 주민이 이주대책을 요구하면 사업시행자는 이주단지를 제공해야 할 의무를 지며, 이주대책의 원형은 새로운 주거단지의 제공이었다(토지보상법 제78조 참조).[224] 그 후 이주대책은 새로운 주거단지를 개발해서 주민을 이주시키는 전형적인 수법에서부터, 이주자택지를 공급하거나, 주택을 특별공급 받을 수 있는 지위를 부여하거나, 이주정착금을 지급하는(토지보상법 시행령 제41조) 등의 변형된 모습으로 발전을 거듭해왔다. 다만 생활보상으로서의 이주대책은 세입자에 대한 보상이 아니라 주택소유자

223) 김철용, 행정법, 455면; 생활보상의 일반론에 대해서는 박평준, 현행법상 생활보상에 관한 고찰, 공법연구, 1999. 6, 363면 이하, 유해웅, 생활권보상의 법리와 제도에 관한 고찰, 감정평가연구, 2005, 68면 이하 참조.

224) 이주대책에 대해 자세히는 김종보, 이주대책의 개념과 특별공급의 적용법조, 행정법연구 28호. 2010. 12. 163-182면 참조.

에 대한 보상이라는 점에 유의해야 한다.

세입자보상

세입자에 대한 생활보상은 도시정비법상의 주택재개발사업을 위주로 발전되었으며 부분적으로는 택지개발사업상의 세입자도 같이 고려되었다. 세입자에 대한 보상도 종국적으로는 원활한 이주를 위한 것이므로 건물소유자와 세입자가 같이 보상의 대상이 되는 경우도 있다(주거이전비, 영업손실보상). 그러나 이주대책이 주로 주택소유자의 원활한 이주를 위해 마련된 것이라면 세입자보상의 문제는 주로 세입자들의 생활권을 보상하기 위한 제도들이라는 점에서 양자는 구별되어야 한다.

2) 세입자의 의의와 유형

생활보상과 세입자

전통적으로 수용과 보상에 있어서 재산권침해는 민사상 소유권의 객체가 되거나 또는 민사상 인정되는 권리에 초점이 맞추어져 있었기 때문에, 채권적 성격을 갖는 세입자의 권리는 보상의 대상에 제외되는 것이 원칙이었다. 그 후 생활보상이라는 개념이 등장하고 명확하게 금전적 가치로 환산하기 어려운 각종 생활상의 불이익이 토지보상법상의 보상내용에 편입되었는데 그 중 상당수는 세입자를 겨냥하고 제도화된 것들이었다.

주택세입자와 상가세입자

공익사업과 관련해 보상의 대상이 될 수 있는 세입자는 보상의 내용과 관련해서 크게 주택세입자와 상가세입자로 분류될 수 있다. 주택세입자는 전통적으로 재개발사업의 과정에서 또는 택지개발사업의 과정에서 '철거민'으로 불리며 사업의 강력한 반대세력을 형성하였고 지속적인 법령의 개정을 통해 토지보상법상 생활보상의 내용을 확대해 온 강력한 주체이다. 이에 비해 상가세입자는 그 수가 많지 않고 주로 도심의 정비과정(토지등소유자가 시행하는 재개발사업)에 다수 존재하지만, 재산권침해의 범위를 확정하는 것이 쉽지 않고 민사적 권리도 불분명한 경우가 많아 주택세입자에 비해 상대적으로 보상의 범위가 넓지 않다.

찬성조합원의 세입자, 반대조합원의 세입자

도시정비법상 재개발사업에 반대해서 분양신청을 하지 않은 조합원의 부동산에 대해서는 수용재결이 내려지게 되고, 수용재결이 내려지면 토지보상법이 정하는 보상금액이 지불될 수 있다. 따라서 반대하는 조합원의 세입자에 대해서도 토지보상법에 의해 수용재결이 내려질 수 있고 손실보상의 내용이 수용재결 속에 같이 정해질 수 있다.[225] 그러나 찬성하는 조합원은 조합의 구성원으로서 조합에 점유를 이전할 의무가 있을 뿐,[226] 분양신청을 한 조합원에 대해 수용재결이 내려지거나 손실보상을 해 줄 수 있는 법률상의 근거는 없다. 찬성하는 조합원은 분양신청을 하기 때문에 도시정비법상 수용권이 발동될 수 있는 대상도 아니고, 이는 이론상 조합원의 세입자에 대해서도 마찬가지이다.

재건축세입자, 재개발세입자

재건축사업에서는 조합의 설립에 찬성하지 않는 자의 소유권이 매도청구조문의 적용을 통해 박탈된다(법 제64조). 따라서 재건축사업에 대해서는 처음부터 토지보상법이 준용될 수 있는 길이 막혀있으며, 토지보상법이 정하는 세입자에 대한 생활보상조항은 재건축세입자에 대해 아무런 의미도 갖지 못한다.

3) 세입자보상의 내용

세입자보상 일반

도시정비법과 토지보상법에 의한 손실보상은 토지등소유자에 대한 보상을 위주로 규율되고 있지만, 개별적인 필요에 따라 토지보상법이나 주택법 등에 의해 세입자에 대한 각종의 생활보상조항들이 불규칙적으로 마련되어 있다. 세입자에 대한 생활보상은 주택세입자에 대한 주거이전비, 국민임대주택 특별공급, 상가세입자에 대한 영업손실보상 등을 포괄한다. 상가세입자에 대해서는 권리금보상, 상가의 특별공급에 관한 조항도 마련되어 있지 않고, 시설비보상도 미흡한 것으로 평가된다.

---

225) 그러나 실무에서 세입자에 대해 별도의 수용재결이 내려지는 일은 흔하지 않다.

226) 재건축사업의 경우에는 조합원이 조합에게 신탁등기를 통해 소유권을 이전할 의무를 부담하지만, 재개발사업은 오랜 관행에 따라 소유권 자체를 이전하지 않고 단지 조합이 조합원의 부동산사용권을 획득하는 것으로 해석되고 있다.

주거이전비

주거이전비는 공익사업의 시행으로 주거를 상실하는 자들의 조기이주를 장려하며 사업추진을 원활하게 하려는 정책적 목적에서 도입된 것이다. 주거이전비는 구 공특법령이 1986년 도입한 소유자에 대한 주거비 및 세입자에 대한 주거대책비를 통합해서 토지보상법이 받아들인 개념이다(동시행규칙 제10조 제5항, 제30조의2). 현행 토지보상법에 따르면 토지등소유자에게는 2개월분, 세입자에게는 4개월분의 주거이전비가 보상된다(토지보상법 시행규칙 제54조 제1항, 제2항).

국민주택의 특별공급

또한 재개발사업에 의해 철거되는 주택의 세입자에 대해서는 주택법의 특별규정에 따라 국민주택을 특별공급할 수 있도록 특례조항이 마련되어 있다(주택공급에 관한 규칙 제35조 제1항 제13호).

영업손실의 보상

토지보상법은 주택세입자에 대해 주거이전비, 임대아파트의 공급 등과 같은 적극적 보상내용을 정하고 있는 반면, 상가세입자에 대한 보상은 필요 최소한에 그치고 있다. 토지보상법상 영업손실의 보상은 공익사업으로 인해 잃게 되는 상가세입자의 일실이익을 전보해주는 형태를 띠고 있으며 휴업보상과 폐업보상으로 구성된다.

권리금과 시설비보상

상가세입자가 이전 세입자에게 지불하는 권리금은 민사적 관점에서 임대인에게 대항할 수 없는 것으로 해석되고 있지만, 임대인에게 대항할 수 없다는 것만으로 그 재산권으로서의 가치가 공법적으로도 당연히 부인되는 것은 아니다. 시설비보상도 민사상 세입자의 원상회복의무와 상충되어 임대인에게 요구하기 어려운 것이지만, 권리금과 동일한 근거로 보상의 내용이 될 수는 있다.

권리금 등을 보장하는 것은 사업시행자와 세입자의 관계에 국한되는 것이 이론적으로 옳고 이를 세입자와 소유자의 관계에 적용하는 것은 손실보상의 법리에 맞지 않는다. 이런 점에서 상가임대차보호법을 통해 권리금을 보호하고자 하는 현행법의 태도(동법 제10조의4)는 잘못된 것이다.

4. 명도소송과 세입자보상

명도소송의 근거

정비사업의 세입자가 정당한 보상을 요구하며 건물에 대한 점유를 풀지 않는 경우 그에 대한 정당한 행정강제수단은 존재하지 않는다. 도시정비법에 직접 강제에 대한 조항들을 마련하고 있지 못하기 때문이다. 따라서 정비사업의 시행자가 세입자의 건물을 인도받으려면 불가피하게 명도소송을 제기하게 되는데 그 법적 근거는 도시정비법 제81조 제1항이다. 동조항은 관리처분계획의 인가고시 후 소유자, 전세권자, 임차권자 등의 사용수익권을 이전고시 일까지 정지시키고 있으므로 명도청구의 근거로 기능할 수 있다.

점유이전과 수용소송(收用訴訟)

토지보상법 및 도시정비법에서 세입자에게 소유권 이외의 생활권에 대해 보상을 정하고 있는 계기는 그들이 삶의 터전을 잃게 된다는 점을 고려한 것이다. 이때 생활권의 핵심은 건물에 대한 점유를 계속 유지하는 데 있으므로 점유를 이전하는 것 자체가 재산권의 상실을 의미한다. 그러므로 명도소송에서 사업시행자가 요구하는 점유의 이전은 세입자에 대한 관계에서는 '수용'을 의미하며, 그 소송의 본질은 결국 수용소송(收用訴訟)이다. 이때 법원은 토지수용에 있어서 토지수용위원회가 수용재결을 내리듯이 수용에 관해 판단하는데, 이는 당연히 정당한 보상에 대한 판단과 병행해야 한다.

법령개정과 선보상

2009년 용산사건을 계기로 도시정비법이 개정되어 손실보상이 완료되지 않은 세입자에 대해서는 사용수익이 정지되지 않도록 제도가 개편되었다(2009년 5월). 종래 불분명하던 명도소송과 세입자보상의 문제가 대체로 법률의 개정에 의해 명확해진 것이라 보아도 좋을 것이다.[227] 현행법상으로는 법원이 세입자의 생활권을 수용할 것을 명하는 (수용)판결을 내리고자 한다면 헌법(제23조 제3항)이 정하는 바에 따라 정당한 보상이 지급될 것을 조건으로 해야 한다.[228] 정당한 수용절차에서 사업시행자는 보상액을 먼저 공탁해야 하며

227) 종래 법령이 개정되기 전에도 해석상 동일한 결과를 얻을 수 있었다. 김종보, 재개발사업의 철거와 세입자보상, 행정법연구 제23호, 2009. 4. 109-135면 참조.

이를 이행하지 않으면 수용재결이 실효되므로(토지보상법 제42조), 보상이 명도와 동시이행관계 또는 선이행관계에 있다고 보아도 좋다.

도입사례의 해결

현행 조항상으로는 보상을 받기 전에는 사용수익이 정지되지 않으므로 명도소송에서 세입자가 이를 원용해서 보상을 받을 수 있지만, 세입자 보상에 관한 조항이 토지보상법에만 있으므로 재개발조합의 세입자만 보상을 받을 수 있다. 또한 세입자보상 조항은 주택세입자를 위주로 하고 권리금에 대한 보상조항은 없기 때문에 재개발세입자 중 상가세입자는 명도소송에서 권리금의 선이행의 무를 주장할 수 없다. 재건축은 토지보상법이 적용되지 않으므로 명도소송에서 권리금을 보장받기 어렵다.

제35강 관리처분계획의 개념과 처분성

도입사례

재건축조합의 조합원 갑은 관리처분계획에서 2억의 추가부담금이 확정되었는데, 최초 조합설립 당시에 예상했던 금액의 두 배를 넘는 추가부담금이 커다란 불만이었다. 갑은 조합총회의 무효를 구해야 하는가 아니면 관리처분계획에 대해 취소소송을 제기해야 하는가? 그 이유는 무엇인가?

1. 들어가면서

사업시행계획이 확정되고 나면 아직 건물은 존재하지 않아도 새롭게 건축될 건물의 개요가 정해지므로 이 아파트들의 배분문제와 총공사비, 추가부담금 등이 결정되어야 한다. 도시정비법은 이 단계에 관리처분계획을 배치하고 이

228) 대법원 2011. 11. 24. 선고 2009다28394 판결.

를 위한 분양공고, 분양신청 등의 절차를 정하고 있다.

관리처분계획의 기준은 재건축과 재개발 사업에 공히 존재하는 것이며, 이를 규율하는 도시정비법의 관련규정에 따라 조합과 조합원의 비용분담과 아파트분양권 등이 결정되는 중요한 역할을 한다. 민사로 환원하면 조합이 분양하는 아파트를 조합원이 분양받으면서 그 분양의 조건에 해당하는 가격, 아파트의 종류, 대금납부시기 등을 정하는 것에 해당한다. 도시정비법은 이를 조합원 전원에 대한 관리처분계획으로 작성하도록 명하면서 그 기준까지 법정하고 있으므로 관리처분계획이 인가되면 그 기준들이 민사적 매매의 내용을 대체하게 된다.

관리처분계획은 원래 재개발사업에서 반드시 수립하여야 할 법정계획으로 구도시재개발법(제34조 제4항)에 규정되어 있었다. 그러나 주택건설촉진법에서의 재건축사업에서는 관리처분계획에 대한 관계 법령의 근거나 그 기준이 없었으며, 다만 실무상 대부분의 재건축사업에서 관리처분계획을 수립하고 있었을 뿐이었다. 도시정비법에서는 재건축사업의 경우에도 관리처분계획의 수립을 의무화하고, 그 기준을 제시하고 있다는 점에서 구법과 큰 차이를 보인다.

2. 관리처분계획의 의의와 내용

권리배분과 이전고시

행정청은 정비구역을 지정하고, 조합설립을 인가하는 데 그치는 것이 아니라, 사업의 결과를 분배하는 단계에 있어서도 관리처분계획을 인가한다. 관리처분계획이 정하는 사항은 소유권의 귀속, 비용의 부담 등이며 이는 이전고시와 청산금부과처분에 의해 집행된다. 이때 이전고시나 청산금부과처분은 관리처분계획의 집행행위로서 관리처분계획에 그 법적 정당성의 기초를 두고 있으며 내용적으로도 관리처분계획에 구속된다. 관리처분계획이나 이전고시가 없는 한 새롭게 건설된 시설에 대한 소유권은 인정될 수 없다.[229]

관리처분계획의 성립

관리처분계획이나 사업시행계획은 구속적 행정계획으로서 국민의 권리의무에 영향을 주는 처분이므로[230] 조합의 가장 중요한 의사결정기관으로서 총회가 그 내용을 결정할 권한을 갖는다. 관리처분계획이나 사업시행계획은 정비조합총회의 결의사항이며(법 제45조 제1항 제9호, 제10호), 조합총회가 이에 대하여 세부항목들을 심의하여 결정하면 그 결정내용이 사업시행계획 또는 관리처분계획의 안(案)이 된다.[231] 그리고 이러한 행정계획의 안(案)은 행정청의 인가를 통해 확정되고 대외적으로 고시됨으로써 효력을 발생하게 된다.

관리처분계획의 내용

관리처분계획에서 정해지는 사항은 분양설계, 분양대상자의 주소 및 성명, 분양예정대지 또는 건축물의 추산액과 종전의 토지 및 건축물의 명세와 사업시행고시가 있은 날을 기준으로 한 가액, 정비사업비용의 추산액, 분양대상자의 종전의 토지 또는 건축물에 관한 소유권 외의 권리명세, 세입자별 손실보상을 위한 권리명세 및 그 평가액 등이 있다(법 제74조 제1항).

비례율

비례율은 정비사업이 끝난 후 조합이 벌어들인 총 수입금에서 사업비를 뺀 금액(총이익)을 구역 내 토지 및 건물감정평가액으로 나눈 금액을 말한다. 비례율은 총수익을 각 조합원별로 나누어 이를 종전자산의 가액에 비례해서 부여함으로써 조합원의 권리가액을 높이기 위한 수단이다. 관리처분계획의 비례율은 사업비 등을 기초로 정해지고 모든 조합원들에 대해 동일한 기준으로 적용된다. 따라서 비례율의 하자를 이유로 관리처분계획이 취소되면 그 하자는 관리처분계획 전체에 존재한다.[232]

관리처분이 없는 정비사업

도시정비법에서 정하고 있는 각종 정비사업이 모두 관리처분단계로 이어지는 것은 아니다. 예컨대, 주거환경개선사업의 경우에는 현지개량방식이나 공

229) 대법원 2006. 4. 27. 선고 2004다38150 판결.

230) 대법원 1995. 7. 28. 선고 95누4629 판결; 대법원 1993. 3. 9. 선고 92누16287 판결 등.

231) 대법원 2001. 10. 12. 선고 2000두4279 판결.

232) 대법원 2002. 12. 10. 선고 2001두6333 판결.

동주택방식 모두에서 관리처분의 절차가 적용되지 않는다(법 제23조 제1항 제1호~제3호).

3. 관리처분계획의 절차

1) 관리처분계획의 수립권자

관리처분계획의 절차는 사업시행의 인가 · 고시가 있은 후부터 개시된다. 관리처분계획의 입안의 주체는 사업시행자인 조합이고, 인가의 주체는 시장 · 군수가 된다. 관리처분계획은 도시계획과 마찬가지로 하나의 행정처분이므로 행정처분의 입안권자와 인가권자는 이론상 모두 수립권자이다. 그러므로 취소소송의 피고도 원칙적으로는 조합과 시장 · 군수 등이 공동으로 되는 것이 옳다.

2) 분양공고 및 분양신청

① 분양신청의 의의

분양신청에 대한 종래의 이해는 분양신청이 관리처분을 위한 사실상의 신청행위에 불과한 것이라 보는 것이 일반적이다. 그러나 분양신청은 조합설립동의 후 다시 정비사업에 대한 동의의 의사를 표하는 매우 중요한 절차이다. 조합설립에 동의한 자라 해도 분양신청을 하지 않는 자에 대해 현금청산의 절차를 정하거나 또는 수용재결, 관리처분대상자에서 제외하는 등의 조항이 마련되어 있다는 점이 이를 잘 보여준다.

② 분양신청을 하지 않은 자 등에 대한 조치

사업시행자는 관리처분계획이 인가 · 고시된 다음 날부터 90일 이내에 다음 각 호에서 정하는 자와 토지, 건축물 또는 그 밖의 권리의 손실보상에 관한 협의를 하여야 한다. 다만, 사업시행자는 분양신청기간 종료일의 다음 날부터 협의를 시작할 수 있다(법 제73조 제1항).

1. 분양신청을 하지 아니한 자
2. 분양신청기간 종료 이전에 분양신청을 철회한 자

3. 투기과열지구내 재당첨금지조항(제72조 제6항)에 따라 분양신청을 할 수 없는 자
4. 관리처분계획에 따라 분양대상에서 제외된 자

종래 현금청산으로 정해져 있던 조항에서 현금청산이라는 용어가 배제되고 150일이었던 협의기간을 90일로 단축하고 있다. 협의가 성립되지 않은 경우 수용 또는 매도청구의 방법을 사용할 수 있음이 2018년 개정으로 명시되었다(동조 제2항).

3) 관리처분계획(안)의 작성과 총회의결

사업시행자(주거환경개선사업은 제외)는 분양신청기간이 종료된 때에 분양신청의 현황을 기초로 관리처분계획을 수립하여 시장·군수의 인가를 받아야 한다(법 제74조 제1항). 법 제74조에 따른 관리처분계획의 수립 및 변경의 경우에는 조합원 총수의 과반수 찬성으로 의결한다. 다만, 정비사업비가 100분의 10 이상 늘어나는 경우에는 조합원 3분의 2 이상의 찬성으로 의결하여야 한다(법 제45조 제1항 제10호, 제4항). 이 조항은 비용분담에 관한 사항이 변경될 때 정관변경 동의율을 요구하는 대법원 판례에 의해 강요된 것이지만, 입법적으로 좋은 선택은 아니다. 사업이 종료되는 시점에 이주해서 흩어져 있는 조합원 3분의 2의 찬성을 얻어내는 것은 쉽지 않기 때문이다.

4) 공람 및 의견청취

도시정비법상 사업시행자는 법 제74조에 따른 관리처분계획의 인가를 신청하기 전에 관계서류의 사본을 30일 이상 토지등소유자에게 공람하게 하고 의견을 들어야 한다. 대통령령으로 정하는 경미한 사항을 변경하고자 하는 경우에는 토지등소유자의 공람 및 의견청취절차를 거치지 않을 수 있다(법 제78조 제1항).

5) 관리처분계획의 인가 및 고시

시장·군수는 사업시행자의 관리처분계획의 인가신청이 있은 날부터 30일 이내에 인가여부를 결정하여 사업시행자에게 통보해야 하며, 시장·군수가

관리처분계획을 인가하는 때에는 그 내용을 당해 지방자치단체의 공보에 고시하여야 한다(법 제78조 제2항, 제4항). 관리처분계획의 인가는 고시를 효력발생요건으로 하고, 조합에 대한 통지만으로 그 효력이 발생하지 않는다. 관리처분계획은 처분의 상대방이 조합에 국한되는 것이 아니라 정비구역내 토지등소유자 전원이 그 상대방이기 때문이다.

6) 동 · 호수 추첨회의

관리처분계획이 행정청에 의해 인가되고 나면 일정한 기간내에 조합원의 분양대상 주택을 확정하기 위해 동 · 호수 추첨회의가 개최된다. 이렇게 이루어진 동 · 호수 추첨회의는 사후적으로 관리처분계획과 일체가 되어 그 내용을 이루는 것으로 해석해야 한다. 원래 이론적으로는 동호수 추첨회의까지 이루어진 후에 그것이 반영된 관리처분계획이 인가되는 것이 옳다.

4. 관리처분계획의 처분성과 소익

1) 처분인 관리처분계획

관리처분계획은 국민, 구체적으로는 도시정비사업의 결과에 이해관계를 갖는 자(주로 조합원)의 권리배분에 관한 사항을 구속적으로 확정하는 행정작용이다.[233] 관리처분계획은 조합원에 대해 아파트를 분양받을 수 있는 지위를 확정하고 이전고시는 그에 반할 수 없으므로 국민의 권리의무에 영향을 주는 처분이라 보아야 한다.[234] 또한 관리처분계획은 조합원에게 귀속되는 새로운 아파트의 가액과 그가 제공한 자산 등의 과부족분을 조절하는 청산금부과처분의 포괄적 기초가 된다. 청산금부과처분도 역시 관리처분계획에서 정한 바에 따라 집행되어야 하고 이에 반하는 청산금부과처분은 무효이다.

2) 관리처분과 민사소송

조합원은 관리처분계획이 작성되기 전 단계에서는 아직 공정력 있는 처분이

233) 대법원 2003. 6. 27. 선고 2001두11021 판결(관리처분계획변경 무효확인).

234) 대법원 2001. 10. 12. 선고 2000두4279 판결.

없으므로 조합원의 지위를 확보하기 위한 당사자소송을 제기할 수 있다.[235)] 그러나 관리처분계획이 확정되어 조합원들의 권리의무배분에 관한 사항이 공법적인 효력을 발생하게 되면 분양대상자에서 제외된 이해관계인은 관리처분계획의 공정력에 구속된다.[236)] 따라서 이들이 만약 관리처분계획을 다투지 아니하고 우회적인 방법으로 관리처분계획의 내용과 모순되는 수분양권확인소송 등을 제기하는 경우에도 법원은 관리처분계획의 효력을 부인할 수 없다.[237)] 이는 정비사업의 결과를 관리처분계획이라는 공법상의 처분에 의해 일회적으로 확정하려고 한 도시정비법의 입법취지에 정면으로 반하기 때문이다. 2009년 대법원은 전원합의체 판결을 통해 이러한 원칙을 명확히 받아들이고 있다.[238)]

3) 관리처분계획 취소소송과 소의 이익

원래 소의 이익은 매우 어렵고 기술적인 용어로 취소소송을 제기하기 위한 소송요건의 하나이다. 법관이 취소소송의 본안을 심리하기 전에, 취소소송에서 원고가 승소를 통해 실질적인 이익을 얻는가를 판단하고 그것이 결여되면 소의 이익이 없음을 이유로 취소소송을 각하한다. 취소소송을 각하하면 권리구제를 위한 원고의 청구 자체를 판단하지 않는다는 것이므로 원고의 권리구제의 길은 막힌다.[239)]

관리처분계획의 단계에서 소의 이익과 관련된 오래된 쟁점은 강학상 인가이론이다. 강학상 인가이론은 관리처분계획의 '인가'가 강학상 인가이므로 이에 대한 취소소송은 소의 이익이 없다는 판례이론이다. 또 하나 소의 이익이 문제되는 경우는 변경처분과 본처분의 관계를 전제로 하는 취소소송의 소송요건에 관한 것이다. 변경처분과 소의 이익이론은 본처분(관리처분계획인가)이 내려지고 이에 대해 취소소송이 계속되고 있을 때 관리처분계획변경인가가 있으면 그 취소소송

235) 대법원 1999. 11. 9. 선고 99다34420 판결.

236) 자세히는 김종보, 관리처분계획의 처분성과 공정력, 2002. 12, 행정판례연구 제7집 참조.

237) 대법원 1996. 2. 15. 선고 94다31235 전원합의체 판결(수분양권존재확인 등).

238) 대법원 2009. 9. 17. 선고 2007다2428 전원합의체 판결.

239) 이에 대해 자세히는 김종보, 항고소송에서 협의의 소익, 행정법연구 제63호, 2020. 11. 1면 이하 참조.

이 소의 이익을 잃고 각하된다는 대법원의 이론이다. 이에 더해 이전고시라는 종국적 처분이 내려지면 관리처분계획에 대한 취소소송이나 무효등확인소송은 소의 이익을 잃는다는 판례도 있다. 관리처분계획과 관련된 소송에서 소가 각하될 가능성은 이론적으로만 따져도 세 가지가 넘는다.

도입사례의 해결

갑은 관리처분계획에서 정해진 추가부담금에 대해 불만을 지닌 것이므로 이를 해결하기 위해서는 관리처분계획의 취소소송에서 승소하는 것이 권리구제의 유일한 방법이다. 관리처분계획에 대한 주된 불만은 아파트를 분양받지 못하는 것과 추가부담금이 너무 높다는 점이며, 이 둘은 모두 관리처분계획의 취소소송으로 다투어야 한다.

제36강 신탁과 이주

도입사례

재건축조합의 조합원 갑은 조합설립에 동의하고 분양신청도 했지만 최근 아파트 가격이 하락하고 있다는 점이 부담스러워 이주를 망설이고 있다. 조합은 갑이 이주시기가 되었음에도 이주하지 않고 신탁등기에도 협력하지 않는다는 이유로 우선 소유권이전을 청구하고자 한다. 어떠한 근거로 소유권의 이전을 강제할 수 있을까?

1. 들어가면서

신탁과 이주는 전혀 다른 주제이지만, 관리처분이 끝나고 나면 이주의 절차가 시작되므로 서로 견련되어 있기도 하다. 신탁은 재건축에 국한해서 이루어지며 법령에 근거해서 이루어지는 것은 아니고 구법시대부터 표준정관 또는 이에 따른 조합정관에 의해 관행적으로 꾸준히 이루어졌다. 구법시대부터 재건축에서 신탁이 이루어졌던 이유는 사업시행자인 조합의 토지소유권이 확보되지 않으면 건축허가에 준하는 주택법상 사업승인이 발급되지 않았기 때문이다. 또 사업승인 이후 일반분양의 절차를 진행하기 위해서도 조합의 소유권은 필수적인 것이었기 때문에 사업주체인 조합이 주택단지내 토지소유권을 확보하는 것은 불가피했다.

현행법은 도시재개발법을 이어받아 사업시행의 인가를 위해 사업시행자인 조합의 토지소유권을 요구하지 않지만 여전히 재건축사업은 표준정관에 따라 신탁이 이루어지고 있다. 이론상으로는 재개발도 신탁이 이루어지는 것이 옳은데, 오랜 기간 잘못된 관행으로 토지소유권을 확보하지 않았던 것이다. 잘못된 재개발의 관행에 의거해서 재건축의 신탁을 폐지하자는 주장이 일부 제기되고 있지만 이는 이론상 잘못된 주장이다.

정비사업의 이주는 재개발에서 이루어지는 손실보상의 일환인 이주대책문제가 중요한 역할을 하고, 재건축에서는 신탁문제와 연결된다. 이주과정에서 필요한 이주비의 대출은 재건축과 재개발에 공통하는 문제이다. 이주대책은 원래 토지보상법에서 사용하는 전문적인 용어이고 특별공급과 이주대책처럼 매우 한정적인 맥락에서만 사용되는 용어이다. 판례상 나타나는 전통적인 '이주대책'은 공익사업으로 인해 주거를 잃는 '주택의 소유자'에 대해 새로운 집단적 주거단지를 개발해서 토지나 건물을 공급하는 것을 의미한다. 그러나 도시정비법은 토지보상법이 이주대책을 이렇게 고유한 방식으로 오랜 기간 사용해 온 것을 무시하고 용산참사 이후 사실상의 '세입자 대책' 등을 이주대책이라 불러 혼란이 초래되고 있다. 그러므로 도시정비법에서 이주대책을 언급할 때는 토지보상법상의 전통적인 이주대책을 말하는 것인지, 단지 관리처분이 이루어진 후 토지등소유자와 세입자를 이주시키기 위한 대책을 말하는 것인지 잘 구분해야 한다.

2. 재건축과 신탁제도

1) 신탁의 의의

신탁이란 정비사업 조합원(위탁자)이 조합(수탁자)에게 부동산 소유권을 이전하고 조합원의 이익 또는 정비사업 시행의 목적을 위하여 그 재산의 관리, 처분, 운용, 그 밖에 신탁목적의 달성을 위하여 필요한 행위를 하게 하는 법률관계를 말한다(신탁법 제2조 참조). 재건축조합 앞으로 하는 신탁은 등기를 통해 이루어지므로 신탁과 신탁등기는 거의 동의어에 가깝게 사용된다. 신탁등기는 '소유권이전 및 신탁등기'로 불리며 매매나 상속 등을 원인으로 하는 일반적인 '소유권이전등기'와는 전혀 다른 등기이다. 조합을 수탁자로 하여 재건축사업이 완료될 때까지 한시적으로 신탁을 하며 조합은 재건축사업의 시행 등 신탁의 목적 외에는 아무런 소유권행사를 할 수 없고, 사실상 소유권행사는 조합원이 하게 된다.

정비사업에 있어 신탁의 문제는 이주 및 자금조달과 깊이 연계되어 있으며, 재건축조합이 사업을 진행할 때 재개발과 달리 신탁이 자연스럽게 관행화된 것은 정비사업의 방식에 잘 맞는다는 점도 중요한 역할을 했다.

2) 신탁의 필요성

재건축조합 표준정관

신탁의 법적 근거로 원용되고 있는 표준정관을 기준으로 개별적인 재건축조합이 정관을 만들면 비로소 당해 현장에서 법적 효력을 갖는 정관이 성립하게 된다. 재건축표준정관의 신탁관련 규정은 다음과 같다.

> 제10조(조합원의 권리 · 의무) ① 조합원은 다음 각 호의 권리와 의무를 갖는다.
> <u>7. 조합원은 조합으로의 '소유권이전 및 신탁등기' 의무</u>

사업시행인가의 요건

법적으로는 구법시대 사업계획을 승인하기 위해 사업주체가 소유권을 모두 확보하도록 요구하던 조항도 신탁제도가 강력하게 시행되던 계기였다(주택건설촉진법 시행령 제34조의4 제2호). 그러나 구법시대 재개발사업에서는 조합이 소유권을 확보했는가를 중시하지 않았고, 도시재개발법은 사업시행계획을 인가하기 위한 요건으로 소유권을 확보할 것을 명시적으로 정하고 있지 않았다. 도시정비법이 구도시재개발법을 모법으로 제정되는 과정에서 재건축에 대해서도 소유권확보 조항이 같이 누락되었다.

3. 정비사업의 이주비

1) 이주비의 중요성

재건축현장에서 법적으로는 조합원들의 신탁과 이주의무를 조합원 개인의 의무로 보고 조합은 이주기간만을 설정해서 이주를 요청할 수도 있다. 그러나 천 세대 이상의 대단지에서 조합원의 이주문제를 개인의 결정에 맡겨두면 사업이 지연될 수밖에 없다. 이 때문에 조합과 건설사가 이주비의 마련과 이주비 이자에 개입하게 되었고, 이는 신탁등기과정에서 같이 처리되었다.

재개발사업의 경우에도 역시 조합원 개개인의 소유권에 담보가 설정되는 방식으로 이주비가 대출되며 이에 대해서도 조합이나 건설사가 알선하고 보증하는 등의 방식이 사용된다.[240)]

2) 이주비와 근저당권

구법시대 재건축사업에서는 사업계획승인(사업시행인가)에 전후해서 건설사의 주도하에 금융기관으로부터 자금조달이 이루어졌다. 사업계획승인을 받은 후 조합과 조합원은 건설사로부터 직접 또는 건설사의 보증을 매개로 이주비를 대여 받으면서 근저당권 설정등기와 동시에 신탁등기를 했다. 이 때 수탁자를 조합으로 하는 신탁등기가 이루어지면서 그보다 선순위로 저당권이 설정되고 이는 이주비에 대한 담보의 기능을 하게 되었다.[241)]

구법시대부터 현재에 이르기까지 재개발사업에서 찬성하는 조합원 개개인

---

240) 여기서 말하는 이주비는 이사비나 주거이전비와 같은 토지보상법상의 보상을 의미하는 것이 아니고 조합원이 이주하기 위해 개인적으로 금융기관에서 차입하는 금원을 말한다.

241) 김종보 · 전연규, 재건축 · 재개발이야기 Ⅰ, 도시개발연구포럼, 2010, 301면 이하.

의 소유권이 그대로 인정되었으므로 신탁은 이루어지지 않았고 건설사의 도움으로 조합원 소유의 재산권에 담보물권이 설정되는 형태를 취한다. 재건축과 재개발사업이 이주비의 대여형식에서 큰 차이를 보이는 점이 바로 신탁 여부에 있다.

4. 이주와 철거

사용수익의 정지

관리처분계획이 인가되고 나면 토지등소유자는 토지나 건축물의 사용수익권을 상실한다. 다만 사업시행자의 동의를 받거나 손실보상이 완료되지 않은 경우에는 그렇지 않다(법 제81조 제1항). 이렇게 사용수익권이 상실된 조합원들은 제3의 장소로 이주할 의무가 발생하며 조합원들의 이주를 전제로 건축물의 철거도 진행될 수 있다.

철거의 제한

정비사업에서 철거문제는 재개발사업을 중심으로 많은 논쟁을 발생시켰고 재건축은 상대적으로 큰 문제를 일으킨 적은 없다. 재개발은 신속한 사업진행을 위해 기습적인 철거가 많았고 이 때문에 사업에 반대하는 조합원이나 세입자들과 큰 마찰을 빚어왔다. 사업시행자는 관리처분계획인가를 받은 후 기존의 건축물을 철거할 수 있으며(법 제81조 제2항). 다만 시장·군수 등은 일출 전과 일몰 후의 철거를 제한할 수 있다(동조 제4항).

세입자와 철거문제

건축물[242)]이 철거된다는 것은 세입자에 대해서는 계약관계의 종결을 의미하게 된다. 재개발사업에서 찬성하는 토지등소유자는 건축물이 철거된다고 해도 아파트를 분양받을 수 있는 공법상의 지위가 관리처분계획에 의해 담보된다. 반면, 세입자는 수용 또는 보상의 대상인지조차 법적으로 불분명한 상태이기 때문에 건축물이 철거되는 순간 민사적 권리와 공법상 보상청구권이

242) 건물 또는 건축물 모두 실정법에서 사용되는 용어로서 민법, 토지보상법에서는 건물로 건축법, 국토계획법 등에서는 건축물이라는 용어가 사용되고 있다. 물적 시설의 요건 등을 통제할 때 건축물이라 하고, 민사적 소유와 보상의 측면에서 건물이라 부르지만 이를 구별할 특별한 실익은 없다. 단순한 실정법상 용어의 관행 정도로 이해하면 될 것이다.

실질적으로 소멸될 위험에 처한다.

철거를 규율하는 법

종래 철거에 대한 공법적 규율은 건축법과 주택법, 건설산업기본법이었지만, 최근 건축물관리법이 제정되어 철거에 대한 일반적 규제가 마련되었다. 다만 건축물관리법상 해체허가제도가 재건축 · 재개발사업 전반에 어떻게 작동될 것인지는 조금 더 두고 보아야 한다. 종래 건축법은 보통 건축물의 건축행위를 통제하는 것이 목적이기 때문에 건축물을 사용하지 않고 방치하거나 심지어는 건축물을 철거하는 행위에 대해서도 필요 최소한도의 개입만을 하고 있었다. 그래서 건축법상 철거는 건축주가 자유롭게 선택할 수 있는 것을 전제로 단지 사전에 신고할 의무만을 부여하고 있었다(구건축법 제36조 제1항). 건축법 관련조항은 건축물관리법의 제정으로 삭제되었다. 그에 비해 공동주택의 철거는 법조문에 명시적인 조항이 있고(공동주택관리법 제42조) 또 실무의 관행이 주택법상의 사업승인이 없으면 공동주택의 멸실은 불가능한 것으로 운영되어 왔다. 건축물 관리법이 주택법상의 아파트 멸실제도와 어떤 관계를 정립할 것인지는 향후 주목할 만하다.

도입사례의 해결

재건축조합의 조합원 갑은 조합설립에 동의하고 분양신청도 했지만 최근 아파트 가격이 하락하고 있다는 점이 부담스러워 이주를 망설이고 있다. 조합 을은 갑이 이주시기가 되었음에도 이주하지 않고 신탁등기에도 협력하지 않는다는 이유로 우선 소유권이전을 청구하고자 한다. 어떠한 근거로 소유권의 이전을 강제할 수 있을까?

제37강 분양신청과 현금청산

>> **도입사례**

재개발조합원 갑은 조합설립에 동의하지 않은 자로서 분양신청을 하고자 했으나 조합 을은 분양신청을 하려면 조합설립에 동의해야 한다고 주장하고 있다. 이러한 을의 주장은 옳은 것인가?
같은 재개발조합의 조합원 병은 조합설립에 동의했지만 아파트가격이 하락하는 시점이라 보고 분양신청을 하지 않았다. 조합 을은 병을 현금청산 해야 하는가 아니면 현금청산을 거부할 수 있는가?

1. 분양신청의 의의

분양신청의 의의

분양신청은 관리처분단계에서 조합원이 신축되는 아파트 중 일정한 평형을 분양받겠다는 취지를 조합에게 밝히는 행위를 말한다. 구법시대부터 재개발사업에서 분양신청을 하지 않은 자들에 대해 합법적으로 소유권을 박탈하기 위해 현금청산조항이 활용되었다. 아파트 가격 상승기에 아파트를 배정하지 않고 금전으로 청산할 수 있다는 것은 조합의 입장에서는 이익이었고 조합원의 입장에서는 커다란 불이익이었다. 이에 비해 구법시대 재건축은 조합이 설립되고 동의한 자들에 한해 조합원이 되었으므로 이들에 대한 현금청산조항은 존재하지 않았다.

분양공고와 분양신청

조합설립인가에 의해 그 실체가 갖추어진 조합은 일정한 기간 후 사업시행인가를 획득하고 조합원들과 관리처분을 위한 절차를 진행한다. 관리처분의 절차는 조합이 사업시행인가 후 120일 이내에 분양신청할 것을 공고함으로써 시작되며, 분양대상자별 종전의 토지 또는 건축물의 명세 및 사업시행계획인가의 고시가 있은 날을 기준으로 한 가격, 분양대상자별 분담금의 추산액, 분양신청기간 등을 내용으로 한다. 조합은 분양공고의 내용을 토지등소유자에게 통지하고 이를 일간신문에 공고한다(법 제72조). 토지등소유자가 분양신청을 하면 그에 기초하여 권리배분을 위한 관리처분계획이 수립된다.

분양신청의 다양한 의미

분양신청을 하지 않는 것은 다양한 의미가 있다. 특히 조합설립에 동의한 자가 분양신청을 하지 않는 것과 조합설립에 동의하지 않은 자가 분양신청을 하지 않는 것은 법적 평가가 달라져야 한다. 재건축조합은 조합설립에 동의하지 않은 자는 조합원이 아니고 분양신청을 할 기회조차 없기 때문에 분양신청을 하지 않는다는 의미는 찬성한 조합원이 분양신청을 하지 않는 경우이다.

재개발의 경우에는 조합설립에 동의한 조합원이 분양신청을 하지 않은 경우와 동의하지 않은 조합원이 분양신청을 하지 않은 것이 각각 존재할 수 있다. 이들 중 분양신청을 하지 않고 자연스럽게 손실보상협의의 대상이 될 수 있는 자는 재개발조합원 중 조합설립에 동의하지 않은 자뿐이며, 원래 손실보상협의(현금청산)제도는 이들을 대상으로 해서 설계된 것이다.

2. 분양신청의 법적 효과

효과일반

분양신청을 한 경우에는 관리처분의 기준이 되므로 관리처분의 전체절차에 영향을 미치고, 다른 한편 분양신청을 하지 않은 경우에는 손실보상의 협의를 거쳐 소유권을 박탈하기 위한 절차가 예정되어 있다. 실무상 분양신청을 하지 않는 것은 사업에서 이탈하겠다는 의사를 밝히는 것인데, 이러한 행위만으로 조합의 법률관계에서 이탈할 수 있는가는 해석에 의존하는 문제이다.

분양신청과 조합원 지위

분양신청이 조합설립동의와 긴밀하게 연동되지만 이 둘이 동일한 것은 아니므로 분양신청을 하지 않는 것을 조합설립동의를 하지 않은 것과 동일하게 평가될 수는 없다. 따라서 대법원이 토지등소유자에 대해 분양신청을 하지 않는 순간 조합원 지위를 상실한다고 판단하는 것은 잘못이다.[243] 이 판결은 재개발사업에서 정비구역내 토지등소유자를 조합원으로 보도록 정하고 있는

243) 대법원 2010. 8. 19. 선고 2009다81203 판결

조항(법 제39조 제1항)에 정면으로 반한다. 토지나 건축물에 대한 소유권을 보유하고 있는 한 토지등소유자이고, 토지등소유자인 한 조합원이기 때문이다.

조합탈퇴의 제한

재건축의 조합원이나 재개발사업의 찬성조합원은 사업의 진행에 책임이 있는 자들이므로 관리처분계획의 단계에서 분양신청을 하지 않고 사업에서 임의롭게 이탈하는 것은 정당하지 않다. 이들은 초기에 조합설립에 동의함으로써 매도청구나 수용의 요건이 충족되었고 이 점에서 이들은 사업에 반대하는 토지등소유자의 소유권을 박탈하는 데 적극적으로 기여한 자들이다. 또한 이들이 가입한 조합은 단순한 사단이 아니라 수익과 손실을 분담하기로 하는 운명공동체로서의 조합이다. 따라서 아파트 가격하락기 등 사업의 수익성이 악화되었을 때 '조합설립에 동의한 자'들이 분양신청을 하지 않고 손실보상을 요구하는 것에 대해서는 제한적 해석이 불가피하다. 이론적으로는 조합설립에 동의한 토지등소유자는 분양신청을 하지 않은 경우에도 관리처분계획에 분양대상자로 정해질 수 있다고 해석할 수 있다.

손실보상의 협의

분양신청을 하지 않은 자들에 대해서 사업시행자는 손실보상의 협의 절차 등 소유권을 정리하기 위한 절차를 진행할 수 있다. 분양신청을 한 이후에 이를 철회한 자들도 역시 그 대상이 된다(법 제73조). 과소토지소유자도 분양신청을 할 여지가 있으므로 절차면에서 약간 다를 수 있지만, 현금청산대상자가 된다는 점에서는 분양신청을 하지 않은 자들과 큰 차이가 없다.

3. 손실보상협의와 수용재결의 관계

손실보상협의의 의의

강제가입제로 진행되는 정비사업은 정비구역내 토지등소유자 전원이 조합원의 지위를 갖지만 조합원이라고 해서 모두 분양을 받는 것은 아니다. 분양받을 자격은 관리처분계획을 수립하는 과정에서 정해지는데 ①분양신청을 하지 않거나 ②분양신청을 철회한 자 ③그리고 과소필지 소유자로서 관리처분계획의 수립기준에 따라 분양대상에서 제외되는 자 등은 손실보상협의 대상자가 된다(법 제73조). 손실보상협의제도는 구법시대부터 2018년 도시정비법 개정 전까지 현금청산이라는 명칭으로 운영되어 왔다. 손실보상협의가 성립되지 않을 때 매도청구를 할 수 있도록 조항이 만들어졌다는 점에서 재건축에서 분양신청을 하지 않은 조합원들도 매도청구의 대상이 될 수 있다는 점이 명확해졌다.

손실보상협의와 현금청산의 차이

종래 사용되던 현금청산이라는 용어는 현금청산이라는 독립된 별도의 절차가 있고 이 제도가 탈퇴하는 조합원에게도 권리를 부여하는 것과 같이 잘못 이해될 소지가 있었다. 또 현금청산과 소유권박탈 문제가 선명하지 않아서 현금청산이 결렬되었을 때 후속하는 절차와의 관계도 불분명했다. 우선 현금청산은 조합에게 분양신청하지 않은 자를 정리할 수 있는 기회를 준 사실상의 절차였고 조합설립에 동의했던 조합원에게 탈퇴의 청구권을 준 것으로 볼 수는 없었다. 그러한 취지에서 현금청산이라는 용어 대신 조합이 손실보상의 협의를 하도록 용어를 변경한 것이다.

협의와 수용청구기간 등

사업시행자는 분양신청을 하지 않은 자들에 대해 관리처분계획의 인가 후 60일 이내에 손실보상의 협의를 시작하되, 사업시행자가 원하면 분양신청기간 종료일 다음 날부터 협의를 시작할 수 있다(법 제73조 제1항). 이 기간내에 협의가 성립되지 않을 때 재개발이면 수용재결의 신청을, 재건축이면 매도청구를 다시 60일 이내에 해야 한다(동조 제2항).[244]

4. 손실보상협의와 매도청구

보상협의와 매도청구의 관계

재건축사업은 조합설립에 동의한 자들만이 조합원이 되고 이들은 매도청구

---

244) 이 또한 대법원의 판례를 받아들인 것이다. 대법원 2015. 12. 23. 선고 2015두50535 판결, "도시정비법 제47조에 따라 현금청산대상인 토지등소유자는 원칙적으로 현금청산기간 내에 협의가 성립되지 않은 경우 사업시행자에게 수용재결신청을 청구할 수 있고, 사업시행자는 이러한 수용재결신청의 청구를 받은 날로부터 60일 이내에 수용재결을 신청하지 아니하면 토지보상법 제30조 제3항에 따라 그 지연된 기간에 대하여 가산금을 지급하여야 한다."

소송의 대상이 되지 않았다. 그러나 이들이 분양신청을 하지 않는 경우에 이들에 대해 현금청산(손실보상)의 절차가 진행될 수밖에 없었으며, 협상이 결렬된 경우에 이들의 소유권을 어떻게 박탈할 것인가 하는 점이 문제되었다. 대법원은 이 경우에 매도청구소송으로 소유권을 박탈해야 한다는 입장을 취했고[245] 도시정비법이 이를 받아들이면서 손실보상협의와 매도청구의 관계가 정리되었다.

현금청산의 중요성

조합원의 입장에서는 현금청산이 사실상의 협의절차이고 협의가 결렬되어도 무방한 것이있기 때문에 금액에 대해 합의가 되지 않으면 그것으로 그만이었지만, 조합은 당해 절차에서 협상을 완성해야 할 부담을 졌고 그래서 청산금액은 중요한 쟁점이 되었다. 이는 앞서 설명한 바와 같이 현금청산의 금액을 산정할 때 개발손실을 얼마나 반영할 수 있는가에 대한 논란으로 이어졌다. 조합이 현금청산에 집착한 이유는 두 가지 정도로 압축되는데, 우선 재건축에서 현금청산의 절차가 결렬되면 조합원의 소유권을 확보할 수 있는 방법을 찾기가 어려웠고, 둘째 만약 매도청구권이 인정된다고 해도 시가로 매수해야 한다는 점이 조합의 부담이었다. 이에 비해 재개발사업은 수용권이 부여되어 있고 가액도 토지보상법에 정한 감정가격으로 책정되므로 현금청산에 크게 의존할 필요가 없었다.

법률의 개정

2018년 이전까지 도시정비법은 여러 차례 개정을 거듭하면서 현금청산금액의 평가를 감정평가사에게 맡기고 금액산정의 방법 등을 공식적으로 규율하였으나(구도시정비법 제47조 제1항 및 동시행령 제48조) 현행 도시정비법은 손실보상협의의 절차를 협의매수절차와 유사하게 보아 보상액에 대해 규율하지 않는다. 따라서 현행 제도를 운영함에 있어서 손실보상의 협의는 조합과 조합원이

245) 대법원 2010. 12. 23. 선고 2010다73215 판결(소유권이전등기절차이행등), [1] 도시 및 주거환경정비법상의 사업시행자인 재건축조합이 같은 법 제47조에 근거하여 곧바로 현금청산 대상자를 상대로 정비구역내 부동산에 관한 소유권이전등기를 청구할 수 있는지 여부(소극), [2] 도시 및 주거환경정비법상의 사업시행자인 재건축조합이 현금청산 대상자를 상대로 같은 법 제39조에 정한 매도청구권을 행사할 수 있는지 여부(적극).

자유롭게 합의하고 협의가 성립하지 않을 때 매도청구 또는 수용의 절차에서 그 가격이 정해지는 것으로 해석하면 충분하다.

도입사례의 해결

갑처럼 조합설립에 동의하지 않은 자는 원칙적으로 사업에 찬성하지 않은 것이므로 조합입장에서는 사업의 결과물인 아파트를 받기 위해서 사업에 찬성해야 분양신청을 할 수 있다고 해석할 수 있다. 사업에 찬성해야 조합원의 권리의무를 구체적으로 부담하게 되는 것이므로 을의 주장은 나름 합리성이 있다. 병처럼 조합사업에 찬성하고 그 동의율 충족을 통해 수용권이 발동된 원인이 되었던 자가 아무런 책임 없이 사업의 수익성이 하락하는 시점에 사업에서 이탈할 수 있다고 해석하는 것은 타당하지 않다. 일단 도시정비법 조항이 잘못 입법된 것이지만, 해석을 통해서도 조합 을은 병을 여전히 분양대상자로 정할 수 있고 손실보상협의를 하지 않을 수 있다고 해석하는 것이 옳다.

제38강 조합원 분양과 일반분양

도입사례

재건축조합의 조합원 갑은 건설사와 조합으로부터 조합원분양계약을 체결하도록 종용받고 있다. 조합 을은 조합원계약을 체결하지 않으면 갑이 현금청산될 수 있다고 주장하고 있다. 조합 을의 주장은 법적 근거가 무엇이며 또 정당한 것인가?

1. 들어가면서

관리처분계획은 새롭게 신축되는 시설을 누군가에게 귀속시키는 기능을 담당해야 하는데 그 중 가장 중요한 부분이 조합원에게 아파트를 배분하는 일이다. 400세대의 아파트가 신축되고 조합원이 300명이면 300세대의 아파트가 조합원에게 분양되는데 이에 대해서는 전적으로 관리처분계획이 규율한다. 그리고 남게 되는 100세대의 아파트는 관리처분계획에서 일반분양분 또는 보류시설로 정해지고 일반분양분은 다시 주택법의 규정에 따라 일반에 공급되는 절차로 이어진다.

조합원분양은 관리처분계획에 의해 이루어지고 그 근거가 처분에 의한 것이지만, 일반분양은 조합에 귀속되는 체비시설(일반분양분)을 주택법상 절차에 따라 일반인에게 매각하는 사법적 행위이다. 조합원분양이 정비사업 자체의 목적을 달성하는 과정이라면 일반분양은 정비사업을 원활하게 이루어지게 하기 위한 하나의 수단이다. 즉, 이러한 일반분양을 통해 정비사업은 사업자금을 공급받고 기존의 낡은 주거 공간을 개선할 수 있게 된다.

2. 조합원 분양과 일반분양의 관계

조합원분양과 일반분양은 관리처분계획에 의해 시작된다는 점에서 공통되지만 그 적용법조와 소유권의 취득계기는 다르다. 조합원이 주택을 공급받게 되는 법적 원인은 관리처분계획으로 이는 공법상 처분이다.[246] 다른 한편 일반분양은 사업시행자와 일반분양자 사이의 매매계약을 통해 주택이 공급된다. 조합원분양은 관리처분계획의 절차와 기준에 따르지만, 일반분양에 대해서는 주택법 제54조와 주택공급규칙의 적용을 받는다.

도시정비법은 조합원이 소유권을 취득한 대지 및 건축물은 도시개발법상의 환지로 보고(법 제87조 제2항), 보류지와 일반분양자가 소유권을 취득한 대지 및 건축물은 동법상 보류지 또는 체비지로 본다고 정하고 있다(동조 제3항). 환지는 환지를 받은 자가 바로 보존등기 하지만 체비지는 사업시행자 앞으로 보존등기한 후 소유권을 이전하므로(도시개발법 제42조 제5항), 조합원분양분은 조합원이 원시취득하고 일반분양분은 조합이 원시취득한 후 일반분양자에게 이전해야 한다.

---

246) 대법원 1996. 2. 15. 선고 94다31235 전원합의체 판결.

3. 조합원 분양의 의의와 절차

1) 조합원 분양의 개념

도시정비법의 재건축과 재개발사업은 새로 지은 아파트를 조합의 구성원인 조합원에게 분양하는 것을 골간으로 해서 구성되어 있으며, 조합원 분양은 정비사업의 목적 자체이다. 그러므로 조합원 분양의 절차는 넓게 보면 정비사업의 절차 그 자체를 의미하며, 도시정비법상 정비사업은 정비구역의 지정, 추진위승인, 조합설립인가, 사업시행계획의 인가, 관리처분계획의 인가, 이주와 착공, 준공인가와 이전고시, 입주 등의 순으로 진행된다. 정비사업에서는 통상 조합원 수를 초과해서 아파트가 건설되는데, 사업비용을 조달하기 위해서 사업시행자가 이를 일반에 매각하는 것을 일반분양이라 부른다. 일반분양은 분양계약의 체결에 의해 처음으로 아파트의 소유권을 이전하고 대금을 지불하기로 하는 쌍방간의 의무가 발생한다. 민사적 계약에 의존하는 일반분양과는 달리 대법원은 조합원이 민사소송으로 수분양권의 확인을 구할 수 없다는 입장을 취하고 수분양권에 대해서 이의가 있으면 관리처분계획 취소소송을 하도록 정리한 바 있다.[247]

2) 조합원 분양계약과 분양대금의 지급방식

조합원 분양계약은 관리처분계획인가 이후 조합이 아파트를 분양하기로 하고 조합원이 그 대가로 일정한 금원을 지불하기로 약속하는 조합과 조합원 간의 계약이다. 조합원 분양계약은 이미 도시정비법과 관리처분계획 등이 예정하고 있는 수분양권과 분담금총액에 대한 합의를 담을 수 있고, 부당하게 수분양권을 부인하거나 분담금총액을 변경하지 않는 한 법령에 반하지 않는다. 문제는 조합원 분양계약에 부수하는 분양대금의 지급시기와 방법에 대한 당사자 간의 합의이다.

일반분양분은 매매계약의 형태로 일반에 공급되며, 조합원 분양계약도 이와 거의 같은 시기에 체결된다. 일반분양분이 입주자모집공고안의 승인절차(주택공급규칙 제8조)를 거쳐 일반에 공급될 때 분양계약이 체결되는데, 분양대

247) 대법원 1996. 2. 15. 선고 94다31235 전원합의체 판결.

금은 계약금 20%를 지불하고 일정한 간격을 두고 60% 가량의 중도금이 지불되며 입주시 마지막 20%를 잔금으로 지불하는 방식으로 납부된다(동규칙 제26조). 조합원 분양계약도 일반분양분의 계약체결시기에 준해서 역시 종후자산에서 종전자산을 뺀 분담금을 기준으로 그 20%를 계약과 함께 지불하고 약 60%의 중도금을 분할하여 지불하다가 입주시(또는 이전고시 이전까지) 20%를 지불하는 방식으로 일반분양분의 계약과 거의 같은 이행기를 예정하는 방식을 취한다.

3) 조합원분양계약의 실질

조합원 분양계약이라는 표현은 법적으로 매매계약(민법 제563조) 또는 그에 준하는 계약으로 읽힌다. 그러나 재건축·재개발사업에서 조합원이 아파트를 분양받게 되는 법적 근거는 관리처분계획이며 이에 의해 아파트의 수분양권은 확정된다(법 제50조 제1항). 또 조합원 분양계약에서 조합원이 지불하기로 약속한 금원도 역시 계약에 의해 새롭게 발생하는 것이라기보다는 조합정관 및 관리처분계획에서 이미 확정된 분담금에 불과하다. 조합원 분양계약에 의해 새롭게 발생되는 권리의무 중에 가장 중요한 역할을 하는 것이 있다면 바로 분담금을 선납하기로 약속하는 조합원의 의무이다. 조합원 분양계약은 보통 금전 납부시기를 이전고시 이전으로 한정해서 사실상 분담금의 납부시점을 앞당기는 기능을 한다.[248] 추가부담금 납부시기를 결정하는 것은 조합의 중요한 업무이므로 이는 총회에서 결정되고 부과금부과처분에 의해 집행되는 것이 옳다. 조합과 시공자가 이를 위반하고 조합원 개개인에게 조합원 분양계약의 체결을 강요하는 것은 위법한 법적용이라는 점에 유의해야 한다.

4. 일반분양

사업시행자는 관리처분계획에서 조합원분양분을 제외하고 잔여분이 있으면 정관 또는 사업시행계획으로 정하는 목적을 위하여 그 잔여분을 보류지(건축물을 포함한다)로 정하거나 조합원 또는 토지등소유자 이외의 자에게 분양할

248) 이에 대해 자세히는 김종보, 조합원분양계약의 위법성, 사법, 23호, 2013. 3. 3-35면 참조.

수 있다(법 제79조 제4항).

일반분양 시 입주자 모집절차는 앞서 언급한 대로 주택법 제54조 및 주택공급규칙의 규정들에 따른다. 다만 조합원에 공급하고 남은 잔여부분이 30세대 이상인 경우에 적용되며 30세대 미만인 경우에는 임의분양이 가능하다(주택공급규칙 제3조 제2항 제7호).

도입사례의 해결

갑에게 체결이 강제되고 있는 조합원 분양계약은 법적 근거는 전혀 없고 단지 표준정관에 의해 처음 규율되는 계약이다. 표준정관과 그에 따른 정비조합의 정관에는 조합원이 조합원 분양계약을 체결하지 않으면 현금청산을 할 수 있다는 조항이 삽입된 경우가 일반적이다. 우선 이러한 표준정관은 도시정비법이 정하는 취지에 반하는 정관으로 무효이고 이에 따라 현금청산(또는 손실보상의 협의)을 하는 것도 위법이다. 조합은 조합원분양계약을 통해 추가부담금을 입주전에 모두 완납받고 싶은 것인데, 그 목적으로 이에 대한 별도의 총회결의와 부과금부과처분이라는 공법적 절차에 의해야 한다.

제39강 이전고시

도입사례

재개발조합의 채권자 갑은 자신이 받아야 할 금전을 보전하기 위해 조합이 사업중에 취득한 일부 재산을 압류하였고 이 재산은 경매절차를 거쳐 을에게 이전되었다. 한편 재개발사업이 계속 진행되어 을이 취득한 구 지적상의 토지는 준공된 재개발아파트 102동의 부지로 사용되고 있다. 을은 어떠한 권리를 취득한 것인가?

1. 이전고시의 의의

1) 이전고시의 뜻

집행행위인 이전고시

이전고시는 정비조합 등 사업시행자가 정비사업으로 조성된 대지 및 건축물 등의 소유권을 관리처분계획에서 정한 바에 따라 분양받을 자에게 이전하는 집행행위이다. 도시정비사업의 시행은 법 제83조에 의한 준공인가의 고시로 완료되며, 이전고시에 의하여 관리처분계획에서 정한 내용에 따라 조합원들 및 사업시행자에게 대지 및 공동주택의 소유권이 귀속되게 된다.

행정처분인 이전고시

사업시행자는 준공인가의 고시가 있은 때에는 지체 없이 관리처분계획에서 정한 사항을 분양받을 자에게 통지하고 대지 또는 건축물의 소유권을 이전하여야 한다(법 제86조 제1항). 이렇게 소유권을 이전하고자 하는 때에는 그 내용을 해당 지방자치단체의 공보에 고시하는데, 대지 또는 건축물을 분양받을 자는 고시가 있은 날의 다음 날에 소유권을 취득한다(동조 제2항). 도시정비법이 구 도시재개발법과 다르게 소유권귀속에 관한 표현을 '이전고시'로 부르고 있다고 하여도 이전고시의 법적 성격은 소유권을 부여하는 행정처분이라는 점에서 구 법상의 분양처분과 차이가 없다.

2) 이전고시의 연혁

도시정비법은 구법시대에 각각 시행되던 재건축 · 재개발사업을 통합하면서 입법과정상의 많은 혼란을 겪었는데 그 중 대표적인 것이 이전고시와 관련된 조항이다. 도시정비법 제정 이전에 재건축사업에는 토지수용재결, 관리처분계획, 분양처분과 같이 권리관계를 공법적으로 확정하거나 변동시키는 행정처분이 존재하지 않았다.

반면 재개발을 규율하던 도시재개발법에서는 행정처분으로서 '분양처분'과 '분양처분고시'라는 용어를 사용하고 있었고, 분양처분이라는 행정처분을 통하여 조합과 조합원은 대지 또는 건축물의 소유권을 원시취득하는 것으로 이해되었다. 사업의 시행이 종료된 후 소유권을 배분하던 전형적인 공법적 성격의 분양처분이 과연 민사적 측면이 강한 재건축에서도 인정될 수 있는가에 대한 불안감이 있었을 것이며, 이에 따라 분양처분과는 다른 '이전고시'라는 표현을 사용하면서, 원시취득이 아닌 것처럼 보이는 외형적 모습을 갖는 현재의 규정이 나타나게 되었다.

2. 이전고시의 요건

1) 준공인가

준공인가는 시장 또는 군수가 사업시행자에 대하여 사업시행계획대로 시공되었는지를 확인하는 행위로서 법적 성격은 확인적 행정행위이다. 이전고시의 절차를 개시하기 위해서는 준공인가가 먼저 있어야 한다.

2) 관리처분계획

이전고시는 조합원총회의 결의와 행정청의 인가 및 고시의 절차를 통해서 유효하게 성립한 관리처분계획의 집행행위이다. 따라서 관리처분계획이 이미 존재하고 그 유효성이 인정된 경우에만 이전고시의 절차가 시작될 수 있다. 만약 관리처분계획이 당연 무효이거나 행정청에 의해 직권 취소된 경우에는 이전고시의 절차도 진행될 수 없다.

3) 토지소유권의 확보

정비사업은 조합에게 일차적으로 토지 등의 소유권을 확보시킨 후 그 지상에 건축물을 건설하여 조합원 등에게 배분하는 구조를 취한다. 토지수용(법 제63조: 재개발) 및 매도청구(법 제64조: 재건축) 등의 제도는 조합이 토지소유권을 확보하기 위한 보충적 수단이다. 그러므로 정비사업에 반대하는 자들의 소유권은 반드시 이전고시 이전에 확보되어야 할 것이다.

이전고시는 구소유권을 소멸시키는 힘을 갖지 못한다. 다만 이전고시 다음 날 대지 또는 건축물에 대해 새로운 권리를 부여할 뿐이다(법 제86조 제2항). 도시개발법상의 환지처분은 구소유권을 소멸시키는 것으로 정하고 있어 이점에서 이전고시와 환지처분은 대조를 보인다(도시개발법 제42조 제1항). 만약 이전고시에 구소유권을 소멸시키는 힘이 인정되지 않는다면, 조합은 구소유권을 유효하게 확보하고 있어야 한다는 것이 이전고시의 적법요건이 된다. 소유권이 이전되려면 구소유자가 적법한 소유권을 보유하고 있어야 하는 것이기 때문이다.

3. 이전고시의 법적 효과

1) 이전고시의 효과 일반

소유권의 변동

이전고시는 소유권을 변동시키기 위한 행정청의 처분이므로, 소유권이전행위는 이전고시라는 형식으로만 이루어지는 것으로 해석해야 한다. 따라서 이전고시가 효력을 발생하는 시점(이전고시의 다음 날)에 소유권은 취득된다. 또한 이러한 소유권변동은 처분에 의한 것이므로 등기를 요하지 않는다(민법 제187조).

대지 또는 건축물에 대한 권리의 이전

대지 또는 건축물을 분양받을 자에게 소유권을 이전한 경우 종전의 토지 또는 건축물에 설정된 지상권 · 전세권 · 저당권 · 임차권 · 가등기담보권 · 가압류 등 등기된 권리 및 주택임대차보호법의 요건을 갖춘 임차권은 소유권을 이전받은 대지 또는 건축물에 설정된 것으로 본다(법 제87조 제1항).

청산금절차의 개시

대지 또는 건축물을 분양받은 자가 종전에 소유하고 있던 토지 또는 건축물의 가격과 분양받은 대지 또는 건축물의 가격 사이에 차이가 있는 경우 사업시행자는 이전고시가 있은 후에 그 차액에 상당하는 금액을 분양받은 자로부터 징수하거나 분양받은 자에게 지급하여야 한다(법 제89조 제1항). 다만 이 조항은 조합원 분양계약이라는 제도에 의해 사실상 사문화되어 있다는 점은 이미 설명했다.

2) 이전고시의 처분성

관리처분계획은 정비사업과정의 가장 마지막에 등장하는 행정계획이다. 도시정비사업은 위치와 면적을 확정하는 제1차계획(정비구역의 지정 및 정비계획), 그 개발행위의 설계도 역할을 하면서 설계도를 현실화시키기 위해 필요한 모든 고권이 조합에 부여되는 제2차계획(사업시행계획), 조합에 모두 귀속되었던 토지와 건축물에 대한 권리의무를 조합원에게 다시 분배하기 위한 포괄적인 계획으로서 제3차계획(관리처분계획)으로 이루어진다. 관리처분계획은 전(前)단계에서 조합에 이전된 모든 권리와 의무를 개개인에게 분배하기 위한 행정계획이며 이전고시에 의하여 소유권 변동이 이루어진다.[249]

이전고시는 관리처분계획이 포괄적으로 확정한 권리의무의 관계를 집행하는 행위이고, 대지 또는 건축물의 소유권이라는 국민의 권리를 직접적으로 변동시키는 고권적 행위로서 처분성이 인정되며, 당연히 취소소송의 대상이 된다. 관리처분계획은 비록 국민의 권리의무를 확정하지만, 그 인가만으로 권리의무의 직접적인 변동이 초래되는 것은 아니고 이전고시라는 집행행위를 기다려 비로소 권리의무가 변동된다. 조합은 이전고시에 의하여 관리처분계획에서 확정한 권리의무관계를 집행할 뿐이며, 이전고시로 새롭게 권리의무에 관한 사항을 정할 수 없다. 이전고시는 관리처분계획의 내용에 따라야 하며, 그에 반하는 내용의 이전고시는 무효라고 보아야 한다.[250] 즉 이전고시의 법적인 정당성의 기초는 관리처분계획에 있으며, 내용적으로도 관리처분계획에 구속된다.[251]

4. 이전고시와 소의 이익

2012년 대법원은 이전고시가 효력을 발생한 이후에는 조합원 등이 관리처분계획의 취소 또는 무효확인을 구할 법률상 이익이 없다는 전원합의체 판결을 내놓았다.[252] 행정소송에서 '소의 이익' 또는 '협의(狹義)의 소익'이란 승소판결을 얻었을 때 원고가 얻을 수 있는 실질적인 이익을 의미하며, 소의 이익이

249) 대법원 2003. 8. 19. 선고 2001두11090 판결.

250) 대법원 1993. 5. 27. 선고 92다14878 판결.

251) 대법원 2006. 4. 27. 선고 2004다38150 판결

252) 대법원 2012. 3. 22. 선고 2011두6400 전원합의체 판결.

인정되지 않으면 원고가 제기한 소송은 각하된다. 예컨대 취소소송이나 무효등확인소송을 제기해 소송에서 승소해도 원상회복이 불가능하거나 또는 취소판결 이전에 이미 당해 처분으로 인한 불이익 상황이 해소된 경우에 소의 이익이 부인된다. 이 판결에서 다수의견은 관리처분계획에 대한 취소소송 또는 무효등확인소송은 이전고시로 소의 이익을 상실한다는 입장을 취하면서, 원상회복이 불가능하기 때문이라는 이유를 들고 있다. 이에 반해 별개의견은 이전고시 이후에서도 관리처분계획에 대한 취소 또는 무효판결에 의해 회복할 수 있는 이익이 있다는 입장을 취했다.

인가된 관리처분계획의 내용은 원칙적으로 처분이므로[253] 공정력을 부여받게 되고 처분의 상대방과 관계행정청을 구속하며, 이에 대한 이견은 관리처분계획의 취소를 구하는 소송 또는 그에 후속하는 이전고시 등 집행행위에 대한 취소소송에 의해서만이 구제될 수 있다. 관리처분계획은 소유권귀속에 관한 부분과 청산금 부과에 관한 부분으로 구성되는데, 청산금의 산정과 관련된 관리처분계획의 취소소송은 이전고시에 의해 영향을 받지 않는다. 따라서 비례율, 자산평가 등 청산금과 관련된 하자를 다투는 관리처분계획 취소소송은 이전고시가 이루어진 경우에도 여전히 다툴 이익이 있다고 보아야 한다.

대법원이 환지처분의 종국처분성을 인정하고 있었던 이유 중의 하나는 환지처분으로 물권적 부분과 금전적 부분이 모두 결정되고 이제 더 이상 바꿀 수 없는 단계에 이르렀다고 보기 때문이었다.[254] 그러나 환지처분은 환지계획이 정하는 물권적 관계만 집행하는 것이고 금전적 부분은 청산금부과처분에 의해 집행되는 것이라는 점에서 이는 옳지 않다.[255] 어찌 되었거나 환지처분에 의해 완성되는 환지의 물권적 법률관계는 한 명의 토지소유자에 대한 환지가 위법해지는 순간 모든 소유권 귀속에 관한 결정이 와해되는 특수성을 띤다.

---

253) 김종보, 관리처분계획의 처분성과 공정력의 범위, 행정판례연구 제7집, 2002. 12. 334면, <u>조합원의 권리 및 의무의 배분에 관한 사항</u>이 아니거나 그에 관한 것이라 해도 간접적인 관련성만 갖고 있는 관리처분계획의 내용은 관리처분계획의 공정력이 미치지 않는 것으로 볼 것이다.

254) 이에 대해서는 김종보, 항고소송과 협의의 소익, 행정법연구 63호, 2020. 11. 89-118면 참조.

255) 이에 대해서는 김종보, 토지구획정리사업법상 환지처분의 실질, 행정법연구 제4호, 1999. 4. 181-198 참조.

이러한 점에서 환지처분의 종국성은 나름 합리적인 근거가 있으며, 환지처분 이후에는 도시개발법에서 발급된 공법상의 처분에 대해서는 불가쟁력과 유사한 효과가 부여되는 것으로 해석할 여지가 있다.

이전고시는 정비사업상 관리처분계획의 물권적 배분에 관한 사항을 집행하는 처분으로서 추가부담금에 관한 사항과는 관련이 없다. 환지에 대한 불만이 주로 물권적인 귀속과 관련된 것이라면 관리처분계획에 대한 소송은 물권적 귀속과 금전적 부담에 대한 불만 모두가 소송의 대상이 되었다. 초기 관리처분계획 취소소송은 수분양권을 둘러싼 무허가건물 소유자의 소송을 위주로 한 것이었지만, 최근 관리처분계획은 추가부담금의 과다에 따른 불만에 의해 취소소송이 제기되는 경우가 더 일반적이다.

권리귀속의 문제는 사업이 완료되거나 입주가 끝난 후 다시 원상으로 돌리기 어려운 것이 사실인 반면, 금전적 부담의 문제는 손해배상소송처럼 이전고시와 입주 후에도 여전히 다툴 여지가 있다. 따라서 금전적 부담을 이유로 관리처분계획을 다투는 중에 이전고시가 이루어진 것은 청산금절차와 관련해서 종국적이라고 보기 어렵다. 특히 정비사업의 실무에서는 조합원 분양계약이 강제되고 그에 따른 의무 이행으로 이전고시 이전에 추가부담금이 모두 납입되는데, 이를 부당이득으로 돌려받기 위해서는 관리처분계획의 금전적 부분의 취소를 구하는 소송이 반드시 필요하다. 그러나 이전고시로 항고소송이 각하되면 관리처분계획의 금전적 부담부분도 확정되고 처분의 공정력에 의해 토지등소유자가 과다 납부한 추가부담금을 돌려받는 길은 봉쇄된다.

도입사례의 해결

조합이 재개발사업을 위해 취득한 재산은 조합의 사적인 소유의 대상에 불과한 것이 아니라 공법상 재개발사업의 성공을 위해 제공되어야 하는 재산이다. 그렇지 않다면 조합에게 수용권을 부여하는 취지는 몰각될 것이다. 조합이 취득한 재산에 대한 압류와 경매는 허용되어서는 안 되고 만약 그를 통해 소유권이 이전되었다고 해도 이는 무효이다. 이전고시 이후 조합원들과 조합이 취득한 소유권이 이에 우선하는 것은 물론이다. 대법원도 같은 취지이다(대법원 2020. 5. 28. 선고 2016다233729 판결).

제40강 토지등소유자가 시행하는 재개발사업

도입사례

갑은 토지등소유자 을이 시행하는 재개발사업구역내 공원부지에 해당하는 넓은 토지를 가지고 있는 자이다. 갑과 을은 당해 구역내 대토지 소유자였으나 의견의 불일치로 을이 사업시행자가 되고 갑의 토지는 정비계획상 공원으로 설계되었다. 갑의 토지에 대해 사업시행자가 수용재결을 신청하였는데 갑은 어떻게 이 문제를 풀어야 하는가?

1. 들어가면서

명동, 청계천, 남대문 일대에서 쉽게 볼 수 있는 높고 커다란 빌딩들은 대부분 업무시설인데, 이들 중 상당수는 대기업의 사옥으로 사용되고 있다. 이런 빌딩이 커다란 필지에 대규모로 건설될 수 있었던 것은 도시정비법의 덕분으로, 이 법이 '토지등소유자의 재개발'[256]을 허용하고 있기 때문이다. 오랜 기간

256) 2003년 도시정비법 제정 전까지는 도심재개발로, 법제정 후에는 도시환경정비사업으로 불리던 이 사업은 2018년 개정으로 '토지등소유자가 시행하는 재개발사업'으로 명칭을 바꾸었

'도심재개발'로 불리던 토지등소유자의 재개발은 도심의 낙후된 지역을 재정비한다는 명분하에 대토지소유자에게 개발사업의 주도권을 부여하는 조금 기묘한 사업이다.

토지등소유자의 재개발은 사업대상지의 약 80% 내외를 보유한 대토지소유자와 작게는 수십 명, 많게는 수백 명에 이르는 군소필지 소유자들로 구성되는 단체를 사업시행자로 삼는다. 도시정비법은 2018년부터 이들의 수를 20명으로 제한하고 있다(법 제25조 제1항 제2호). 도시정비법은 사업시행자인 이 단체를 '토지등소유자'라고 부르고 있는데, 단체의 구성원들을 지칭하는 토지등소유자와 똑같은 명칭을 사용해서 법조문을 이해하기 더욱 어렵다.

토지등소유자의 재개발은 간단히 말하면 대토지소유자가 군소필지소유자의 토지를 매수하고 매수가 어려우면 토지를 수용해서 빌딩을 짓는 사업이다. 이런 구조를 취하지 않으면 도심의 버려진 땅을 책임감 있게 개발할 주체를 찾아내기 어렵다는 점을 고려한 고육책이지만, 현재 대한민국의 헌법과 법치주의 관점에서는 공공필요를 충족하는가에 대해 의문이다.

우선 토지등소유자의 재개발이 명분상 공익을 위한 것이라 포장되지만 사업의 현장으로 가보면 빌딩을 지어 분양하고자 하는 대토지소유자가 대지를 장방형으로 만들기 위해 주변의 귀퉁이의 땅들을 사들이는 형국일 뿐이다. 그러므로 협의매수에 응하지 않아 결국 토지를 수용당하는 주민의 입장에서는 왜 자신의 땅이 수용되는지 납득하기 어렵다.

2. 사업시행자의 특수성[257)]

사업시행자인 토지등소유자

도시정비법은 정비사업을 재개발사업, 재건축사업, 토지등소유자의 재개발사업, 주거환경개선사업으로 세분하고, 세분된 사업의 종류에 따라 사업을

다. 이하에서는 약칭으로 토지등소유자의 재개발로 부른다.

257) 이하는 김종보, 도시환경정비사업에서 시행자와 사업절차의 특수성, 법학논문집 제31집제1호(중앙대학교, 2007. 8.), 663-694면을 정리한 것임.

시행할 수 있는 자를 달리 정하고 있다. 공공기관만이 사업시행자가 될 수 있는 주거환경개선사업(법 제24조)을 제외하면, 대체로 정비사업의 전형이라 할 수 있는 재개발사업, 재건축사업의 원칙적 시행자는 조합이다(법 제25조). 그러나 토지등소유자의 재개발은 재건축사업이나 재개발사업과 달리 '토지등소유자'를 사업시행자로 규정함으로써, 토지등소유자라는 또 하나의 사업시행자를 두고 있다(법 제25조 제1항 제2호).

사업시행자인 토지등소유자는 도시정비법상의 청산금부과처분(제89조), 부과금부과처분(법 제93조 제1항) 등 각종 처분을 발하는 행정주체의 지위를 보유한다.[258] 다만 조합과 달리 사업시행자인 토지등소유자는 구성단계에서 행정청의 승인을 받는 과정이 없기 때문에 사업시행인가를 신청하는 시점이 되어야 서류상 구체적으로 등장하고 사업시행인가에 의해 사업시행자의 지위가 부여되는 것으로 해석된다.

토지등소유자의 의미

정비사업에서 토지등소유자라는 용어(용어)는 다양한 의미를 갖는다. 토지등소유자는 첫째 당해 정비구역내 토지 또는 건축물을 소유한 자들로서 정비사업의 시행에 의해 권리에 영향을 받는 자들이라는 의미를 갖고(처분의 상대방), 둘째 만약 사업시행자로서 조합이 구성되면 토지등소유자는 조합의 구성원이라는 의미를 가지며(조합원), 셋째 다른 사업에서 볼 수 없는 용례이지만, 사업시행자로서 사업에 대한 권한과 책임을 지는 단체를 지칭하기도 한다(사업시행자). 전자의 두 의미는 주택재개발, 재건축 등에서도 공통되는 것이지만, 세 번째의 의미는 토지등소유자의 재개발사업에 고유한 것이다.

토지등소유자의 재개발의 특성

군소필지소유자가 수백 명씩 존재하는 주택밀집지역의 주택재개발사업과 달리 토지등소유자의 재개발은 대체로 5인 이하의 대토지소유자와 몇몇의 군소필지소유자가 존재하는 지역에서 비교적 소규모로 진행된다. 이와 같은 사업은 이해관계인이 많지 않고, 대토지소유자 위주로 사업이 진행될 수 있다는 점에서 굳이 조합을 결성할 필요성이 높지 않다.

---

258) 대법원 2002. 12. 27. 선고 2001두2799 판결(가청산금 부과처분) 등 참조.

시행자와 구성원의 관계

정비조합이 조합원과 구분되는 명칭을 갖는 것과 달리, 토지등소유자가 사업을 시행하는 경우에는 사업시행자(단체)로서 토지등소유자와 그 구성원으로서 토지등소유자가 법령에서 동일한 용어로 표현된다. 그러나 사업시행자인 토지등소유자는 조합과 대등하게 규정되어 있고, 토지등소유자가 사업을 시행하는 경우 구성원의 내부적 관계를 규율하기 위해 규약을 작성하고 총회를 개최하여 의사를 결정하는 등 조합과 유사한 제도가 마련되어 있다.

그러므로 사업시행자로서 토지등소유자는 단체의 구성원 개개인을 의미하는 것이 아니라 조합을 갈음하는 단체를 의미하는 것으로 해석해야 한다. 심지어는 토지소유권을 모두 확보하여 정비구역(또는 지구)내 1인의 대토지소유자만이 존재하고 그가 사업시행자인 토지등소유자의 유일한 구성원이라 해도 관념적으로는 두 지위가 별도로 존재하는 것이다. 다만 후술하는 바와 같이 토지등소유자의 재개발의 시행자와 대토지소유자는 사업기간 내내 중첩되거나 혼용되어 서로 구별하기 어렵다는 특징을 보인다. 사업시행자가 토지등소유자일 때 이 토지등소유자를 주식회사 형태로 만드는 사례들도 적지 않아 사업시행자의 개념을 더욱 혼란하게 만든다. 어떠한 경우에도 사업시행자는 사업구역내 토지 또는 건축물 소유자인 토지등소유자를 구성원으로 하는 단체로 구성되어야 하고 주식회사 등 다른 구성을 취하면 위법한 것이다.

조합제도의 한계

정비조합에 대해서는 추진위원회, 조합설립인가, 조합원의 자격, 조합의 운영, 조합정관, 조합임원, 총회 등에 관해 섬세한 조항들이 마련되어 있다(법 제31조 내지 제49조). 그러나 도시정비법이 토지등소유자의 재개발을 배려해서 의도적으로 마련하고 있는 조항은 시행자에 관한 조문과 규약에 대한 일부 조문에 불과하다. 물론 사업시행자라는 용어가 사용되는 도시정비법의 조항은 토지등소유자가 시행하는 토지등소유자의 재개발에도 바로 적용되지만, 조합에 대한 대부분의 조항은 토지등소유자에 바로 적용하기 어렵다.

3. 체비지와 관리처분의 절차

1) 조합원분과 일반분양분

정비사업의 진행은 사후에 완성되는 공동주택 또는 건축물의 배분을 전제로 한다. 통상 재개발이나 재건축사업의 경우에는 다수의 조합원들을 위한 공동주택이 건설되어 각 조합원에게 귀속되는 형태를 기본구조로 한다(조합원분양분). 이에 더해 사업시행의 비용을 조달하기 위해 조합원 이외의 자에게 분양될 공동주택이 추가로 건설되고 이는 사업시행자인 조합에 귀속되었다가 주택법에 의한 주택공급규칙을 매개로 일반에 분양된다(일반분양분).

그러나 소수의 대토지소유자를 전제로 하거나 심지어는 1인의 대토지소유자만이 존재하는 토지등소유자의 재개발에서는 일반분양분과 대립하는 조합원분 개념이 거의 기능을 상실하게 된다. 군소필지소유자에게 분양되는 시설(조합원분양분)은 매우 미미한 범위에 그치고 시설의 대부분이 사업시행자에 귀속되기 때문이다. 이때 건축되는 시설이 공동주택이 아니라면 사업시행자에게 귀속되는 시설은 주택법에 의한 공급통제대상도 아니어서 처분이 자유롭다.

2) 대토지소유자의 토지지분과 비용부담

도시정비법이 토지등소유자의 재개발에서 독특한 사업시행자제도를 마련한 핵심적인 목적은 바로 3/4 이상 토지지분을 가진 1인 또는 소수의 대토지소유자를 주목하고 그들에게 정비사업의 주도권을 인정하기 위해서이다. 토지등소유자의 재개발에서 사업시행자 지위의 실질적 근거는 대토지소유자가 보유하고 있는 토지지분이며, 이는 제도의 취지상 그의 개인적인 지분이라기보다 '사업시행자의 기본재산'이라는 속성을 더 강하게 보인다.

이러한 이유로 다른 정비사업들과는 달리 토지등소유자의 재개발은 그 사업과정 중에 지속적으로 대토지소유자가 군소필지소유자의 토지를 매입하여 지분을 확대하는 방향으로 진행된다. 또한 대토지소유자가 사업의 과정에서 투자하는 비용은 구성원(조합원)으로가 아니라 사업시행자의 사업시행을 위한 비용이라는 실질을 갖는다. 토지등소유자의 재개발의 시행자인 대토지소유자는 토지등소유자의 구성원이면서, 동시에 사업을 주도적으로 진행하는 지위에 있으므로 사업비용을 조달할 수 있는 유일한 주체이기 때문이다.

3) 관리처분절차의 변용

보통의 정비사업에서 사업시행자가 사업비용을 조달하고 그 대가로 받는 부분은 개발사업에서 체비지 또는 일반분양분 등으로 불리며 조합원분과 구별된다(법 제79조 제4항, 및 제7항, 제87조 제3항). 체비지 또는 일반분양분은 관리처분계획에서 비록 그 범위가 정해지지만 조합원분과 달리 분양공고나 분양신청의 대상이 아니고 관리처분의 기준(법 제76조 제1항)도 적용되지 않는다는 특성이 있다.

토지등소유자가 시행하는 토지등소유자의 재개발에서도 기본재산 및 비용부담과 대가관계에서 시행자에게 귀속되는 부분의 법적 성격은 일반분양분 또는 이에 준하는 것이다. 따라서 분양신청 등 조합원간의 권리배분을 정하는 것을 주된 목적으로 하는 관리처분의 일반적 절차규정은 사업시행자 귀속분에 대해서는 적용되지 않는다. 실무상으로도 1인의 대토지소유자만이 존재하는 토지등소유자의 재개발은 관리처분의 절차를 생략할 수 있다고 해석되고 있다.[259]

사업과정에서 매입된 토지가 대토지소유자 명의로 등기되는 것과 마찬가지로, 사업종료 후 사업시행자에게 귀속되는 부분도 역시 권리능력문제로 대토지소유자의 명의로 등기될 수밖에 없다. 비록 형식상으로 시행자귀속분이 대토지소유자의 명의로 등기된다 해도 이는 사업시행자에게 귀속되는 하나의 방법일 뿐이므로, 대토지소유자에 대해 조합원분으로 분양되는 것은 아니다.

4. 토지등소유자의 재개발과 적용법조

토지등소유자가 시행하는 토지등소유자의 재개발은 통상의 조합사업과 많은 차이를 보인다. 따라서 조합사업을 전형으로 상정하고 마련된 도시정비법

259) 건설교통부 주거환경팀 1451(2005. 11. 14.)－서울시 주거정비과 10676호(2005. 9. 16.) 질의에 대한 회신.

의 조항들도 그 사업의 법적 특성에 따라 적용될 수 있는 조항, 유추적용되어야 하는 조항, 적용이 불가능한 조항 등의 유형으로 분류될 수 있다.

명시적 적용조항

도시정비법에 사업시행자라는 용어가 사용되고 있는 조항들은 주로 사업시행인가단계부터 보이기 시작하는데, 이러한 조항들은 토지등소유자의 재개발에 대해 바로 적용되는 것으로 해석되어야 한다. 예컨대 사업시행계획서의 작성(제52조), 사업시행인가(제50조), 임시거주시설의 설치(제61조), 토지 등의 수용 또는 사용(제63조), 분양신청을 하지 아니한 자 등에 대한 조치(제73조), 정비사업의 준공인가(제83조), 이전고시(제86조), 청산금(제89조) 등이 그것이다.

유추적용조항(조합관련)

도시정비법이 조합에 대해 정하고 있는 사항들은 문구상 사업시행자인 토지등소유자에 바로 적용될 수 없다. 다만 도시정비법상의 조합은 사업시행자이면서 단체라는 점에서 토지등소유자의 재개발의 시행자인 토지등소유자와 유사하므로 이에 대해 조합의 설립과 운영 등에 관한 조항이 유추적용될 수 있다. 예컨대 조합설립을 위한 동의율과 동의방법(제35조, 제36조), 조합원의 자격(제39조), 총회개최 및 의결사항(제44조, 제45조) 등이 유추적용 가능한 것들이다. 다만 조합설립의 인가조항이나 법인격을 전제로 하는 규정, 또는 다수의 조합원을 전제로 하는 규정 등은 성질상 유추적용되기 어렵다.

적용이 완화되는 조항: 분양신청 이후

토지등소유자의 재개발의 시행자인 토지등소유자는 권리배분 단계에 이르면 단체로서의 성격을 거의 상실하고, 사실상 1인 또는 소수연합 시행의 성격을 띤다. 토지등소유자의 재개발은 도시정비법의 엄격한 관리처분의 절차와 잘 맞지 않는다. 특히 권리배분 단계로 나아가기 위한 분양공고나 분양신청 이후부터 사업시행자인 대토지소유자는 구성원으로서의 지위가 약화되고 사업시행자로서 지위가 강화된다. 이런 점을 고려하면 관리처분절차의 상당수 조항들이 변용되거나 적용이 완화되는 방식으로 해석될 수밖에 없다.

도입사례의 해결

원칙적으로 정비구역내 대토지소유자는 서로 합의하여 사업시행자를 정해야 하며, 갑도 을도 토지등소유자로서 사업시행자의 구성원이 되는 것이다. 형식적으로 갑이 보유한 토지상에 공원이 설정되어 있다고 해도 이를 행정청이 직접 시행해서 공원으로 설치하는 것은 아니고 정비사업의 과정에서 공원이 만들어지는 것이므로 갑도 역시 토지등소유자로서 분양신청권 등 정비사업시행자의 지분을 갖는 것이라 보아야 한다. 그러므로 을이 갑을 수용재결을 통해 사업에서 배제하는 것은 옳지 않다.

제41강 도시개발법

도입사례

도시개발사업의 시행자인 갑은 환지예정지 지정을 통해 체비지의 사용수익권을 을에게 이전하였다. 을은 그 지상에 주택법상 사업승인을 얻어 아파트를 건설하였고 모두 일반에 분양하여 이들이 모두 입주하였다. 도시개발사업이 준공되고 환지처분이 되자 제3자가 사업시행자 갑으로부터 소유권 이전등기를 하였다. 이 아파트 단지의 토지소유자는 누구라고 해석해야 하는가?

1. 도시개발사업의 의의

도시개발사업의 의의

도시개발법(구 토지구획정리사업법)은 1966년 국토계획법(구 도시계획법)으로부터 분리·독립된 개발사업법이다. 동법은 기존의 도시지역을 재정비하는 개발사업법 중에서는 상대적으로 온건한 방식을 채택하고 있다. 특히 도시정비법상의 재개발사업이 대상구역의 원칙적 전면수용, 전면철거를 전제로 행해지는 개발사업임에 반하여, 도시개발사업은 기존의 토지소유권 및 건축물을 가급적 그대로 유지하면서 진행되는 사업이라는 점에서 그 특색을 보인다.

일단의 주택지조성사업

2000년 토지구획정리사업법을 폐지하고 새롭게 제정된 도시개발법은 종전의 도시계획법상 '일단의 주택지조성사업 등'을 흡수하고 이를 구획정리사업과 함께 규율하고 있다. 이를 통해 국토계획법에 남아 있던 또 하나의 개발사업이 분리됨으로써 국토계획법의 성격이 더욱 선명해지게 되었다. 다만 종래 수많은 판례를 누적시킨 토지구획정리사업이라는 명칭이 폐기되고, 구 법상의 조문들이 무차별적으로 뒤섞이게 됨으로써 법적 안정성에 큰 손상을 입었다.

수용방식의 도시개발사업

도시개발법이 새로이 제정되면서 종래 구획정리사업에 더하여 '수용방식의 개발사업'이 하나 더 추가되었다(도시개발법 제22조 이하). 또한 종래 구획정리사업이라 불리던 개발사업을 '환지방식의 개발사업'(도시개발법 제11조 제1항 단서, 제3장 제3절의 제목 등)으로 칭하고 있다. 도시개발사업은 이 둘의 방식 중 하나를 선택하거나 이를 혼용하는 방법으로 시행될 수 있다(도시개발법 제21조). 실무상 사인이 사업시행자가 되는 경우에는 대부분 환지방식이 사용되며, 행정주체가 직접 시행하거나 공동시행하는 경우에 한해 수용방식이 사용되고 있다.

환지방식과 감보율

환지방식의 도시개발사업은 토지소유자에게 실질적으로 상당한 개발이익을 부여한다. 따라서 환지방식의 도시개발사업과 같은 공익사업을 시행하는 경우에는 토지소유자에게 그에 상당하는 개발이익을 환수하고 사업시행에 필요한 경비를 부담시키게 되는데, 이는 구체적으로는 환지처분으로 받게 되는 환지면적의 감소로 나타난다(감보율). 즉 토지소유자가 환지방식의 도시개발사업의 결과 받게 되는 환지는 구 토지에 비하여 일정한 비율로 감소된 면적(면적식) 또는 가액(평가식)의 토지가 되는데, 법은 이러한 방법 등을 통하여 개발이익을 환수하거나 사업비용을 충당하도록 정하고 있다.

개발계획과 구역지정

환지방식의 개발사업은 사업대상토지의 소유자에게 가장 부담이 적은 방식으로 진행되고, 사업 자체로 인하여 건축물이 철거되는 것도 아니므로 거주자들과의 마찰도 그리 크지 않다. 이 때문에 2000년 이전의 구 토지구획정리사업법은 사업대상지역을 확정하는 단계에 법적인 의미를 따로 부여하고 있지 않았다. 그러나 도시개발법은 새로운 도시개발구역의 지정(도시개발법 제3조 및 제9조)에 관한 근거조문을 만들고 그 수립절차에 관한 조문을 마련하고 있다(제6조 이하). 이는 법적 명확성의 관점에서 좋은 입법이다.

환지방식과 수용권

도시정비법은 사업시행계획의 인가로 토지수용권을 부여하지만(도시정비법 제50조), 도시개발법은 환지방식의 도시개발사업을 위해 특별히 토지수용권을 발동할 수 있는 조항을 두고 있지 않다(도시개발법 제19조 및 제21조 제3항 참조). 도시정비법은 사업구역내 토지를 모두 수용하고 건축물을 철거하여 새로운 건축물을 창출하는 것이 통상의 과정이므로 사업시행계획의 집행을 위해서 불가피하게 토지수용권이 발동되어야 한다.

그러나 환지방식의 도시개발사업은 토지의 구획정리를 주된 목적으로 하고, 건축물의 철거나 새로운 시설의 설치를 부수적인 목적으로 한다. 따라서 환지방식의 도시개발사업의 과정에서 토지의 수용이 반드시 필요한 것은 아니다.[260] 오히려 그보다는 더 약한 단계로서 토지에 대한 사용권을 시행자에게 확보하여 주는 것이 주된 관심사이다.

환지계획

도시개발법(구 토지구획정리사업법)이 가장 많은 관심을 보이고 있는 부분은 환지방식의 개발사업 이후 토지소유권 등의 분배문제이다. 환지방식의 도시개발사업은 기존의 사법상 소유권 질서를 존중하지만, 사업의 성격상 불가피하게 권리관계의 변동을 초래한다.

도시개발법과 행정소송

도시개발사업에 의한 권리관계의 변동은 공법적 수단에 의해 초래되는 것이므로 상당히 많은 부분이 공법적 원리에 의해 지배된다. 환지방식의 개발사업과 관련된 대부분의 분쟁은 사법상 권리관계에 관한 다툼으로 나타나지만,

260) 대법원 1985. 2. 8. 선고 83누353 판결; 대법원 1984. 11. 27. 선고 83누375 판결.

그 배후에 존재하는 분쟁의 실질은 환지방식의 도시개발사업으로 초래된 법적 결과의 해석을 둘러싼 당사자간의 이견이다. 공법적 처분에 의해 초래된, 사법상의 권리관계에 관한 분쟁은 공법규정을 어떻게 해석하는가에 의존하게 되므로 환지처분 등의 법적 성격이 무엇인가를 규명하는 것은 도시개발법(구 토지구획정리사업법)에 있어 매우 중요한 논점이라 할 수 있다.

이하에서는 도시개발사업 중 환지방식의 도시개발사업에 대해 중요절차와 법적 쟁점을 서술한다.

2. 환지계획

1) 환지계획의 의의

환지계획의 뜻

환지계획이란 환지방식의 도시개발사업으로 인하여 조성된 대지의 분배에 관한 계획으로 사업시행자가 작성하는 행정계획이다. 환지계획에는 환지설계, 필별로 된 환지명세, 필지별과 권리별로 된 청산대상토지명세, 체비지 또는 보류지에 관한 명세, 기타 국토부령이 정하는 사항이 포함되어야 한다(도시개발법 제28조 제1항). 환지계획은 그 인가를 통하여 구체적으로 국민의 권리의무에 영향을 미치는 처분이므로 독자적인 취소소송의 대상이 되는 것으로 해석하여야 한다. 환지계획은 도시정비법상의 관리처분계획에 대응하는 권리배분계획이다.

환지계획의 절차

환지계획은 사업시행자가 작성하며(도시개발법 제28조 제1항), 토지의 가액은 감정평가업자에 의하여 평가를 거친 후, 토지평가협의회의 심의를 거쳐야 한다.[261] 환지계획의 인가신청 전에 사업시행자가 이를 14일간 일반에 공람시키고, 이해관계인의 의견을 묻는다(동법 제29조 제3항).

261) 대법원 1992. 2. 14. 선고 90누9032 판결.

환지계획의 고시

법은 토지분배의 가장 중요한 법적 근거가 되는 환지계획의 인가고시에 대하여는 침묵하고 있다. 환지계획은 권리배분계획으로서 인가의 상대방은 형식적으로는 시행자이지만, 그 인가로 인해 사업시행지구내 토지소유자 전원의 권리의무관계가 확정되는 효과가 발생한다. 따라서 이러한 환지계획인가의 고시를 법적인 의무로 정하고 있지 않은 도시개발법은 위헌의 소지가 높다. 환지계획이 확정되면 그 내용에 따라 권리를 분배함에 불과한 환지처분도 그 공고를 효력발생의 요건으로 정하고 있는 것(도시개발법 제40조 제1항)과 비교할 때 이는 중대한 입법의 오류이다.

2) 환지계획의 내용

(1) 환지의 확정

환지계획의 기준

환지계획에서는 구 토지소유자의 소유권이 새로운 환지에 대한 소유권으로 전환되는 방식으로 권리배분이 이루어진다. 환지계획을 입안함에 있어 시행자는 종전의 토지 및 환지의 위치 · 지목 · 면적 · 토질 · 수리 · 이용상황 · 환경 기타의 사항을 종합적으로 고려하여 합리적으로 정하여야 한다(도시개발법 제28조 제2항).

감보율

감보율이란 환지방식의 개발사업에서 종전토지의 면적에 비해 종후토지의 면적이 줄어드는 비율을 말한다. 원칙적으로 감보율은 면적을 중심으로 정해지던 것이었으나, 평가식(금액식)이 도입되어 종전자산의 금액과 종후자산가액을 비교하는 방식이 사용되고 있다. 이에 따라 환지의 면적과 과부족분이 정해지므로 감보율은 매우 중요한 개념이다.

환지와 과부족분

구 토지에 대한 대가로서 소유자에게 귀속되는 것은 원칙적으로 새로운 토지인 환지이지만, 시행자는 사업을 원활히 시행하기 위하여 특히 필요한 경우에는 토지소유자의 동의를 얻어 건축물의 일부와 그 건축물이 있는 토지의 공유지분을 부여할 수 있다(도시개발법 제32조). 이를 입체환지라고 한다. 입체환지의 과정에서 발생하는 과부족분은 청산금에 의해 금전으로 보전된다(도시개발법 제41조).

청산금처분의 기초

환지에 의한 청산의 경우에도 반드시 환지만으로 법률관계가 청산되는 것은 아니고, 오히려 대부분의 경우 금전에 의한 과부족분의 조절이 뒤따르게 된다. 다만 이러한 금전적 청산이 보충적인 성격을 강하게 띤다는 점에서 후술하는 환지없는 청산과 차이를 보인다. 이러한 청산금은 원칙적으로 후속하는 환지처분시를 기준으로 산정한다(도시개발법 제41조 제2항).

(2) 체비지의 확정

체비지의 뜻

환지방식의 도시개발사업에서 사업의 경비는 임시적으로는 규약 등을 통하여 토지소유자 등이 그 사업비의 일부를 공동으로 부담하여야 하지만,[262] 이것만으로는 대규모의 개발사업이 성공적으로 시행되기 어렵다. 따라서 법에서는 환지방식의 도시개발사업의 결과 조성되는 토지의 일부를, 사업의 경비에 충당하기 위하여 시행자가 처분할 수 있는 길을 열어주고 있는데, 이를 체비지라 한다(도시개발법 제34조).

체비지의 처분

체비지 등에 관한 실시계획이나 환지계획이 인가된다 하여도 그것만으로 체비지의 소유권이 시행자에게 이전되는 것은 아니고, 환지계획의 집행행위인 환지처분의 공고에 의하여 구체적인 소유권이 확정된다. 따라서 체비지 등을 사전에 처분하여 경비를 마련할 사실상의 필요와 소유권확정시점 사이에 시간적 간격이 존재하게 되고 이에 따라 많은 분쟁이 발생한다.[263]

(3) 현금청산자의 확정

현금청산자의 뜻

환지방식의 도시개발사업에서 새로 조성된 토지는 종전 토지소유자에게 환지되는 것이 원칙이다. 그러나 법령의 규정 또는 개인의 신청에 의해 환지를 받지 않고 금전만으로 청산되는 자들도 있는데 이들을 현금청산대상자라 한

262) 대법원 1985. 5. 28. 선고 84누210 판결; 대법원 1976. 7. 13. 선고 75누29 판결.
263) 대법원 2000. 5. 12. 선고 98다12454 판결.

다. 현금청산자에 대한 규정은 토지소유자를 보호하기 위한 제도라기보다는 사업시행자에게 이들을 사업절차에서 조기에 정리할 수 있는 법적 근거를 주기 위한 것이다.

동의에 의한 현금청산

토지소유자가 환지받기를 원하지 않는 경우, 당해 토지에 관하여 임차권·지상권 기타 사용수익할 수 있는 권리를 가진 자가 있는 경우, 그 자의 동의를 얻어 환지계획에서 당해 토지의 전부 또는 일부에 대하여 환지를 정하지 아니할 수 있다(도시개발법 제30조).

과소토지

또한 시행자는 환지면적을 조절하는 과정에서 특히 필요한 경우, 면적이 협소한 과소토지를 환지대상에서 제외할 수도 있다(도시개발법 제31조). 환지대상에서 제외하는 과소토지는 용도지역별로 대지분할의 제한에 관한 규정을 기준으로 시행자가 규약·정관 또는 시행규정으로 정한다(도시개발법 제31조 제2항, 시행령 제62조 제1항).

폐지되는 공공시설용지

종전의 공공시설의 전부 또는 일부가 폐지 또는 변경되어 사용하지 못하게 될 토지에 대하여는 환지계획에 있어서 환지를 정하지 아니하며, 이를 다른 토지에 대한 환지의 대상으로 하여야 한다(도시개발법 제33조 제2항). 이러한 토지를 공공시설의 용지라 하며 이에 대하여도 당연히 금전에 의한 청산은 해야 한다.[264)]

현금청산의 시점

이처럼 소유자의 동의 또는 과소토지를 이유로 청산되는 토지소유권은 환지처분이전의 일정시점에 금전으로 청산할 수 있다(도시개발법 제46조 제1항 단서). 다만 이 경우 그 토지가액 산정시기도 환지처분시가 아닌 청산금을 교부하는 시점이다(도시개발법 제41조 제2항 단서).

(4) 공공시설 예정지

폐지되는 공공시설용지는 현금청산자를 정하는 기준에 불과하지만, 새롭게

264) 서울고등법원 1985. 4. 17. 선고 83나3463 판결.

설치될 공공시설용지는 환지설계에 명확하게 정해져 환지계획에도 반영되어야 한다. 이러한 시설에 대해서는 사업시행자가 매각하지 않고 보유하는 것이므로 세법상 보류지의 일종으로 간주된다.[265] 다만 학교는 공공시설이면서 매각되어 사업비용에도 충당되므로 체비지의 성격도 동시에 갖는다.

공공시설용지는 도시개발사업의 시행과정에서 공공시설이 설치되어야 할 부지이므로 시행자에게 시설철거권이 인정되며(도시개발법 제38조), 이에 대해서는 취득시효가 인정되지 않는다.[266] 공공시설예정지는 환지처분에 의해 자치단체 등에게 소유권이 귀속된다.[267]

3) 환지계획의 처분성

환지계획은 장차 변동하게 될 국민의 권리의무를 구속적으로 확정하는 구속적 행정계획이다. 그리고 이에 의해 정해지는 권리의무는 집행행위를 내용적으로 구속하게 된다. 이러한 행정작용은 그것이 대외적으로 고시되지 않는다 하여도 순수하게 행정내부적인 성격만을 갖는 것은 아니며, 대외적으로 국민의 권리의무에 영향을 미치는 것이다.

문제는 도시개발법이 환지계획의 인가에 관한 조문을 두면서 그 '고시(告示)에 관한 규정'을 두고 있지 않다는 점이다. 그러나 어떠한 행정작용이 국민의 권리의무에 영향을 미치는 행정처분인가 하는 것은 그 내용과 성격에 의해 결정되는 것이지 통지에 관한 조문이 있는가에 의해 결정되는 것은 아니다. 그러므로 환지계획의 처분성을 부인하는 대법원의 태도는 타당하지 않다.[268] 또한 이와 관련해서 대법원은 환지처분의 공고로 환지계획을 다툴 이익이 없다는 별개의 판결을 유지하고 있지만[269] 이 또한 의문이다.

---

265) 대법원 2006. 9. 14. 선고 2005두333 판결.

266) 대법원 1997. 2. 28. 선고 95다43136 판결.

267) 대법원 1998. 8. 21. 선고 98다1607, 1614 판결.

268) 대법원 1999. 8. 20. 선고 97누6889 판결.

269) 대법원 1999. 10. 8. 선고 99두6873 판결.

3. 환지예정지 지정

1) 환지예정지 지정의 의의

환지예정지 지정은 환지계획에서 정해진 권리관계를 현실화하는 중간단계의 집행행위이다. 환지예정지의 지정이 실무상 중요한 의미를 갖는 것은 이를 기점으로 체비지를 사실상 처분할 수 있다는 점에 있다. 물론 이렇게 처분된 체비지의 사용권이 물권에 준하는 것인가에 대해서는 많은 논란이 있다.

환지방식의 도시개발사업은 매우 오랜 시간이 걸리는 사업이고, 일정한 단계에 이르러 환지계획을 작성해도 환지처분이 있기까지는 또다시 많은 시간이 소요되는 것이 보통이다. 이 경우 토지소유자들 입장에서는 장기간 두 개의 소유권을 관념하게 되는데, 환지처분전까지 존속하는 구 토지소유권과 환지처분이 행해지면 곧 받게 될 장래의 환지소유권이 그것이다.

환지예정지 지정은 새로운 권리의무를 정하는 처분이 아니라, 단순히 환지계획이 확정한 환지를 전제로 구 토지의 사용수익권을 환지상의 사용수익권으로 이전시키는 처분이다. 따라서 환지계획의 내용과 다른 환지예정지지정을 하는 것은 허용되지 않는다.[270] 환지계획의 내용과 상이한 환지예정지지정은 당연무효가 된다. 환지예정지의 지정은 환지계획의 집행에 불과한 것이지만, 다수인의 권리의무관계에 변동을 초래하므로 이에 관하여 약간의 절차가 존재한다. 즉 시행자는 환지예정지를 지정하고자 하는 경우 일반에 14일간 공람시키고, 이해관계인의 의견을 물어야 한다(도시개발법 제35조 제2항).

2) 환지예정지 지정의 효과

환지예정지 지정의 법적 효과는 원칙적으로 새로운 사용수익권의 법적 근거를 부여하고, 구 사용수익권을 소멸시키는 데 있다.[271] 이러한 점에서 소유권에 대한 직접적인 변동을 목적으로 하는 환지처분과는 차이를 보인다.[272]

270) 대법원 1987. 3. 10. 선고 85누603 판결.

271) 대법원 1998. 9. 18. 선고 97다32734 판결.

272) 대법원 1966. 3. 22. 선고 65누176 판결.

(1) 환지의 사용수익

사용수익권의 변동

환지예정지 지정처분에 의하여 환지예정지로 정해지면 환지예정지를 분배받은 권리자는 환지예정지지정의 효력발생일로부터, 환지처분의 공고가 있는 날까지 종전 자신의 토지에서 행사하였던 사용수익권을 상실하고, 새로운 환지예정지를 사용수익할 수 있다(도시개발법 제36조 제1항).[273]

효력발생시기

환지예정지 지정의 효력발생시기에 관하여 법이 구체적으로 정하고 있지 않은데, 환지처분의 효력발생시기에 관한 규정(도시개발법 제42조 제1항)을 유추하여 처분의 통지가 있은 다음 날부터 효력을 발생하는 것으로 해석한다.[274]

구 사용수익권과의 우열

환지예정지 지정으로 새로운 사용수익권이 부여되므로, 종전 환지예정지상의 토지소유자 등은 이를 사용하거나 수익할 수 없으며, 새로운 사용수익권의 행사를 방해할 수 없다(도시개발법 제36조 제3항). 다만 구 토지소유자는 환지처분이 효력을 발생할 때까지는 토지의 소유자이므로, 환지예정지를 지정받은 자는 지정받을 당시의 토지형상을 존중해서 사용수익할 수 있을 뿐이며,[275] 토지소유자의 소유권을 해하지 아니하는 한도에서 그 사용수익의 권한이 있다고 보아야 할 것이다.

현금청산자의 지위

환지 없이 청산되는 토지의 소유자는 환지를 받지 않고 금전으로 청산되는 것이므로, 환지예정지도 당연히 지정받지 못한다. 환지예정지를 지정받지 못하는 자의 사용수익권은 이전되지도, 소멸하지도 않는다. 그러므로 예컨대 환지없는 청산대상자의 토지상에 환지예정지지정으로 새롭게 옮겨오는 사용수익권이 없으면, 그는 자신의 토지를 환지처분시까지 사용수익할 수 있다.

---

273) 대법원 1968. 6. 4. 선고 68다359 판결; 대법원 1962. 2. 15. 선고 4294민상488 판결; 대법원 1961. 12. 28. 선고 4293행상89 판결; 대법원 1968. 4. 30. 선고 68다390 판결; 대법원 1962. 9. 20. 선고 62다398 판결; 대법원 1961. 11. 9. 선고 4293민상473 판결.

274) 대법원 1962. 5. 17. 선고 62누10 판결.

275) 대법원 1978. 4. 11. 선고 77다1831 판결; 대법원 1970. 4. 28. 선고 70다334 판결; 대법원 1966. 10. 18. 선고 66다1678 판결.

(2) 보류지 · 체비지의 지정과 처분

체비지의 지정

체비지는 환지방식의 도시개발사업의 경비를 충당하기 위한 토지로 사업시행의 결과로서 시행자에게 귀속되는 토지이다. 이는 사업시행지구내의 토지로 예정되어 있지만, 계획시행의 단계에서는 실재하는 것이 아니며, 환지처분에 의해 비로소 법적인 실체가 완성된다.

환지예정지지정단계에서 보류지 · 체비지를 환지예정지로 지정할 수 있는데,[276] 시장 · 군수 또는 구청장은 주택법에 의하여 국민주택의 건설을 촉진하기 위하여 필요하다고 인정할 때에는 이 중 일부를 같은 지역안에 집단으로 정하게 할 수도 있다(도시개발법 제34조 제2항)[277]. 이를 통해 체비지가 공동주택을 위한 주택용지로 성립하게 된다.

체비지 지정의 효과

체비지에 대한 환지예정지 지정처분에 의하여 당해 토지상 사용수익권이 사업시행자에게 부여되며(도시개발법 제36조 제4항), 제3자에게 이를 사용수익하게 하는 권한까지 부여된다. 이러한 지정도 예정지지정의 일종이므로, 환지처분으로 그 소유권을 취득하게 될 시행자가 체비지로 지정된 토지상의 사용수익권을 획득하게 된다. 법은 이에서 한 걸음 더 나아가, 체비지 등에 관하여 환지예정지 지정이 있게 되면 이를 처분할 수 있는 권한도 부여하고 있는데, 다만 체비지의 처분에는 조합총회의 결의가 필수적이다.[278]

체비지의 처분

체비지 등은 환지처분에 의해 비로소 소유권이 확정되는 토지이므로, 환지예정지지정의 단계에서는 소유권의 대상이 될 수 없다. 그러나 그 처분을 명시적으로 허용하고 있는 도시개발법(제36조 제4항)의 취지에 비추어 처분되는 시행자의 권리는 소유권에 유사한 권리이고, 이는 적당한 공시방법에 의하여 이전될 수 있는 것으로 해석할 수밖에 없다.[279] 이러한 법적 지위는 환지처분

276) 대법원 1970. 1. 27.선고 66누10 판결.

277) 대법원 1981. 10. 6. 선고 80누464 판결.

278) 대법원 2001. 3. 23. 선고 2000다72671 판결.

279) 부산고등법원 1991. 7. 5. 선고 90나6156 판결.

후 등기를 함으로써 소유권으로 전환된다(도시개발법 제42조 제5항).

4. 환지처분

1) 환지처분의 의의와 절차

환지처분의 뜻

환지처분은 공사의 완료 후 환지계획의 집행으로서, 시행지구내 기존 토지에 대한 소유권을 소멸시키고, 법률상 전혀 새로운 것으로 간주되는 토지상에 새로운 권리의무관계를 창설하는 시행자의 처분이다. 이러한 처분의 본래적 효과는 구 토지상에 존재하던 소유권을 환지로 이전하는 것이지만, 다른 한편으로는 현금청산자들의 소유권이 이에 의해 종국적으로 소멸되고, 체비지 등에 대하여는 시행자에게 새로운 소유권이 부여된다(도시개발법 제42조).

환지처분과 토지수용

그러므로 환지처분을 통하여 모든 토지의 소유권이 일시 수용되었다가, 토지소유자의 일부에게는 환지가 부여되고, 시행자에게는 체비지의 소유권이 부여된다. 그리고 현금청산자는 환지처분에 의하여 종국적으로 물권적 권리관계로부터 배제된다. 이처럼 환지처분은 환지를 지정받지 못하는 이해관계인에 대하여는 토지수용과 동일한 효과를 발생시킨다. 다만 수용의 절차 및 효과가 토지보상법의 적용을 받지 않는 독특한 방식으로 진행된다는 점에 차이가 있을 뿐이다.[280]

환지계획과 환지처분

환지처분은 후술하는 바와 같이 엄격한 절차에 의하여 진행되기는 하지만, 그 본질에 있어서는 환지계획의 집행적 처분이다. 즉 환지처분은 환지계획의 내용에 따라서 행해져야 하고, 그에 반하는 경우 그 효력이 부인된다.[281] 그러므로 환지처분으로 인한 권리의무관계의 변동이 환지계획에서 유래한 것이라면, 환지계획에 대하여 다투어야 하고, 환지처분의 일부만을 취소하기 위한

---

280) 대법원 1993. 3. 26. 선고 92다16904 판결.

281) 대법원 2000. 2. 25. 선고 97누5534 판결; 대법원 1993. 5. 27. 선고 92다14878 판결; 대법원 1967. 10. 6. 선고 67다1668 판결.

소송은 인정될 수 없다.[282] 다만 환지처분이 환지계획의 내용에 위반하여 행해지거나 중대 · 명백한 하자가 있는 경우라면, 무효등확인소송의 대상은 될 수 있을 것이고, 환지처분이 무효임을 전제로 민사소송을 진행할 수도 있다.[283]

환지처분의 공고

사업시행자는 환지계획에서 정한 사항을 토지소유자에게 통지하고, 이를 공고한 후에 환지처분을 한다(동조 제5항). 환지처분의 공고가 있으면 그 다음 날부터 효력을 발생하는데 그 효력은 토지소유자, 사업시행자, 공공시설 등에 대하여 각각 다르게 나타난다.

2) 환지처분의 효과[284]

환지를 받는 토지소유자는 환지처분의 공고가 있은 다음날 환지에 대한 소유권을 취득하고, 구 토지에 대한 소유권을 상실한다(도시개발법 제42조 제1항). 다만 행정상 또는 재판상의 처분으로서 종전의 토지에 전속하는 것에 대하여는 영향을 미치지 않는다(동조 제2항). 환지를 받지 않고 금전으로 청산되는 자의 구 토지상 소유권은 환지공고가 있은 다음날 소멸한다. 이러한 자들에 대하여는 환지가 부여되지 아니하므로, 그 권리소멸에 대한 대가로서 금전이 지급되어야 한다.[285] 이들에 대한 청산금산정의 기준시도 원칙적으로 환지처분시이다.

체비지 등에 대한 효과

환지처분의 공고로 체비지에 대하여는 사업시행자가, 보류지에 대하여서는 환지계획에 정한 자가 공고의 다음날 그 소유권을 취득하게 된다. 사업시행자 등이 취득하는 소유권은 새로운 소유권으로, 이를 취득하는 것은 원시취득이다.

282) 대법원 1990. 9. 25. 선고 88누2557 판결.

283) 대법원 1998. 2. 13. 선고 97다49459 판결.

284) 환지처분의 효과에 대해 자세히는 김종보, 토지구획정리사업법상 환지처분의 실질, 행정법연구 제5호, 1999. 4. 181-198면 참조.

285) 대법원 1980. 7. 8. 선고 79누160 판결.

체비지의 소유권취득시기

구법하에서는 체비지를 환지예정지 지정처분 이후에는 처분할 수 있었고, 소유권 취득에 관해 별도의 조문이 없었으므로 체비지를 환지처분 이전에 양수한 제3취득자의 소유권 취득시기는 환지처분 이전에 대금을 완납한 때로 해석되었다.[286] 그러나 현행 도시개발법은 체비지의 사전처분에 관한 근거조문과 모순되게 체비지의 소유권은 원칙적으로 사업시행자에게 귀속되고 이를 제3취득자가 이전등기해야 소유권을 취득하는 것으로 정하고 있다(도시개발법 제42조 제5항 단서).

도시개발사업이 장기간의 사업이고, 체비지상에 이미 아파트 등이 건설되어 있을 수 있다는 점에 비추면 과도한 입법일 수 있다. 체비지가 환지예정지 지정 이후 적법하게 처분된 경우라면 양수인이 환지처분에 의해 소유권을 취득하는 것으로 하는 등의 방안이 강구되어야 한다.

도입사례의 해결

도시개발법에서 가장 어려운 주제가 체비지의 소유권 취득문제이며 체비지는 도시개발사업의 중간에 제3자에게 사실상 매각되어 그 지상에 아파트가 지어지는 경우가 대부분이다. 이렇게 체비지의 사용수익권이 이전되어 아파트가 건설되는 것과 모순되게 도시개발법은 체비지는 환지처분에 의해 일단 사업시행자가 취득하고 제3취득자는 이전등기에 의해 소유권을 취득하는 것으로 정하고 있다(도시개발법 제42조 제5항). 현재 이 두 개의 절차는 서로 정면으로 모순되어 해결하기 어렵고 다만 사업시행자에게 체비지를 취득시키는 제도는 잘못된 것으로 가급적 약하게 해석해야 한다.

286) 대법원 2003. 11. 28. 선고 2002두6361 판결; 대법원 1999. 9. 17. 선고 98두11519 판결; 대법원 1998. 10. 23. 선고 98다36207 판결; 대법원 1988. 2. 9. 선고 87다카1149 판결.

제42강 주택법

>> **도입사례**

지구단위계획에 의해 2블럭과 3블럭으로 분리되어 있는 토지를 분양받은 갑은 두 개의 블럭을 합해서 하나의 아파트 단지로 만들고자 사업계획을 신청하였다. 시청에서는 당해 사업지구는 지구단위계획으로 분할되어 있는 토지들이므로 지구단위계획의 변경이 필요하다고 행정지도를 받았다. 갑이 향후 진행해야 하는 절차는 어떤 것이 될까?

1. 주택법의 이해

1) 주택법의 의의

주택법의 내용

주택법은 주택이 없는 국민의 주거생활의 안정을 도모하기 위한 목적으로 제정된 법으로(주택법 제1조) 효율적인 주택의 공급을 위하여 필요한 사항을 정한다. 주택법은 주택의 건설 이외에도 그 건축을 위한 재원, 건설사업자의 자격, 주택조합, 주택공급에 관한 사항, 주택건설기준 등에 관한 사항 등을 광범위하게 규율하고 있다. 다만 여기서는 주택법의 개발사업법으로서의 성격을 감안하여, 건설법적 규정을 중심으로 설명하기로 한다. 오랜 기간 주택법에 존재하던 공동주택의 관리에 대한 규정들은 공동주택관리법의 제정으로 주택법에서 분리되었다.

주택법의 적용범위

주택법은 형식상으로는 일정한 호수(30호), 또는 세대(30세대) 이상의 주택을 건설하는 경우 그에 대해 사업승인을 받도록 정하고 있지만(주택법 제15조 제1항, 주택법시행령 제27조 제1항), 사실상 여러 세대가 건물설비의 전부 또는 일부를 공동으로 사용하는 공동주택, 그중에서도 특히 아파트건설을 위한 특별법이라 할 수 있다.

아파트의 뜻

주택법상의 아파트는 주택법에 의해 건설, 공급 및 관리가 규율되는 5층 이상의 '주택단지'를 말하며, 층수에 의하여 4층 이하의 연립주택 · 다세대주택과 구분된다(주택법 제2조 제3호). 또 주택법상 사업승인의 대상인 아파트는 세대수를 기준으로 해서 30세대 이상인 공동주택을 의미하므로, 예컨대 5층 이상의 공동주택이라 하여도 30세대에 미달하는 경우에는 주택법상의 사업승인대상에는 해당되지 않는다. 이에 대해서는 건축법이 규율하게 된다.

주택단지

'건축법'이 규정하는 아파트는 한 동의 건물 안에 다수의 가구가 독립하여 생활을 영위하며, 건축시설의 일부를 공동으로 사용하는 한 개의 고층건축물을 의미한다. 그러나 '주택법'이 생각하는 아파트라는 관념은 한 동의 건축물을 지칭하지 않고, 여러 동의 공동주택으로 구성된 주택단지라는 의미로 사용된다. 따라서 주택법상 공동주택에 대한 정의 규정은 수정될 필요가 있다.

주택법은 공동주택을 "건축물의 벽 · 복도 · 계단이나 그 밖의 설비 등의 전부 또는 일부를 공동으로 사용하는 각 세대가 하나의 건축물 안에서 각각 독립된 주거생활을 할 수 있는 구조로 된 주택"으로 정의하고 있지만, "각 세대가 하나의 건축물 안에서 독립된 주거생활을 하되 복도, 계단 등 공동부분을 공유하는 구조의 주택과 그 부대시설 등을 내용으로 사업승인을 받은 단지"로 정의하는 것이 더 정확한 것이다. 주택법은 단지로서의 아파트개념을 채택하고 있기 때문이다.[287)]

주상복합과 건축허가

실질적으로는 30세대 이상의 공동주택인 경우에도 주택법이 정하는 특례에 해당하는 주상복합 건축물은 사업승인의 대상에서 제외된다. 즉 상업지역 또는 준주거지역에서 300세대 미만의 주택과 주택외의 시설을 동일건축물로 건축하는 경우로서 주택의 면적이 90% 미만인 경우에는 건축법상 건축허가의 대상이 된다(주택법 제15조 제1항 단서 및 주택법시행령 제27조 제4항).

---

287) 대법원 2005. 6. 24. 선고 2003다55455 판결.

주택법상 다단계 행정계획

주택법에는 구역지정의 단계가 없이 사업승인이 발급되는 시점에 입지선정과 같은 도시계획적 판단이 함께 이루어진다. 주택법에 의한 주택은 일반에 공급되는 것이 원칙이므로 권리의 배분에 관한 절차도 원칙적으로 없다. 주택조합을 통하여 주택을 건축하고 공급하는 경우에도 법은 이를 조합의 문제로 규율하므로 권리배분계획이 전면에 부각되지는 않는다.

개발사업과 주택공급

주택공급에 대한 제한은 주택법에 한정적으로 정해져 있는 제도이지만, 개발사업법들이 대부분 주택의 건설을 포함하므로 주택법의 주택공급과 관련된 조항들이 자동적으로 적용된다. 따라서 주택법과 하위법령에 존재하는 주택의 공급과 관련된 제도는 개발사업법의 총칙적 측면을 갖는다. 주택법의 개정이 부동산 시장에 강력한 영향을 미치는 것도 이 때문이다.

2) 주택법과 건축법의 관계

주택법이 건축물로서 아파트의 허가절차를 정하고, 그 허가요건을 정하고 있는 한도에서 주택법은 건축법의 특별법으로 기능한다. 다만 주택법이 마련하고 있는 조문들이 완결적인 구조를 이루지 못하여 건축법의 규정들이 보충적으로 적용되어야 한다.

대체로 건축허가절차에 관한 조문은 주택법의 적용에 의해 배제되는 것으로 해석하고, 이러한 허가절차에 위반한 행위에 대한 감독규정 · 행정형벌 등도 주택법만의 규정에 의할 것으로 해석한다. 다만 건축허가요건 및 바닥면적 · 용적률 같은 조항들은 개별적인 건축물과 공동주택에 공히 적용된다고 할 것이므로, 건축법 · 국토계획법 등의 조문이 주택법과 중첩적으로 적용된다.

2. 주택법의 법적 성격

1) 법적 성격 일반

주택법의 이중성

주택법은 주택, 즉 주거용건축물의 건축에 관하여 규율하고 있으므로 건축법의 특별규정으로서의 성격을 띠지만, 다른 한편으로는 일단의 주거단지를 개발하는 것이므로 면적위주의 개발사업을 규율하는 측면이 있다. 한편으로는 주택법에 의한 사업승인이 건축허가와 유사한 것으로 평가되기도 하고, 개별적 건축허가에 의한 건축물과 달리 집단적인 주거단지로서 아파트건설은 일종의 '마을'을 만들어내는 행위라는 점에서 도시계획적 판단이 중요한 기능을 하기도 한다.[288]

2) 도시계획으로서 사업승인

아파트는 건설로 인한 개발이익이 많고, 긴박한 주거수요를 감당하기에 대단히 적합한 건축물이지만, 단독주택으로 구성된 주거지역에 아파트가 건설되면 교통문제 · 조망권문제를 포함하여, 기존 주거지역의 단일성이 파괴되어 그 지역 정체가 아파트단지화 될 가능성이 높아지게 된다. 이러한 점들을 감안한다면, 아파트건설사업을 구역지정 없이 가능하도록 하고 있는 현행 주택법의 태도는 매우 비합리적인 것이다.

급속한 도시화와 서울집중을 경험하는 과정에서 제정되었던 주택건설촉진법(현행의 주택법)은 신속한 아파트건설을 위해 입지선정과 관련된 도시계획적 판단을 배제하도록 특권을 부여했다. 이러한 특권이 주택정책이 변화된 현행의 주택법에도 이어져 주택건설사업이 갖고 있는 개발사업법으로서의 의미가 부각되지 않는다. 현재 주택법이 마치 건축허가와 유사하게 손쉬운 주택건설사업을 허용하고 있는 것도 도시계획변경 없는 주택건설사업을 허용하고 있기 때문이다.

주택단지가 조성되어 공급되는 판교나 일산 같은 신도시에서 주택단지의 조성은 이미 도시계획사업에 의해 이루어진 것이기 때문에 그 지상에 아파트를 건설할 때 사업승인에만 의존하는 것으로 부족하지 않다. 그러나 도시내 주거지역에서 이루어지는 민영주택건설사업, 관리지역에서 이루어지는 아파트건설사업 등은 그 도시계획적 기능에도 불구하고 도시계획에 의한 적절한 통제를 받지 못했다는 점에서 유감스러운 것이었다.

---

288) 대법원 2002. 3. 29. 선고 2000두1393 판결.

3) 사업승인과 계획재량

건축허용성(개발가능성)의 부여

주택법에 의해 사업승인을 받는 경우 주택단지로 묶이는 일단의 토지에 대해 아파트건설이 허용된다. 이는 단순히 건축물로서의 아파트가 허용된다는 의미를 넘어 당해 토지의 건축허용성이 전면적으로 부여된다는 이중적인 의미를 갖는다.[289] 아파트단지로 묶이는 일단의 토지 중 지목이 전, 답인 토지가 있어도, 당해 토지의 법적 성격이 별도의 토지형질변경허가(개발행위허가) 없이 개발가능지로 변경되기 때문이다.[290]

주택법의 도시정비기능

현행법상 주택건설사업은 부분적으로 기존의 주택단지를 재정비하는 기능을 담당하기도 한다(현행 주택법의 리모델링, 구법하의 재건축제도). 또한 법이 명시적으로 예정한 것은 아니지만 실무에서 지역조합사업의 형태로 일정 지역을 개발하거나 정비하는 역할을 담당하고 있다.

사업계획승인과 도시계획시설결정

아파트를 건설하기 위해 승인을 받아야 하는 사업계획은 개발사업법에서 말하는 전형적인 행정계획의 일종이다. 이러한 사업계획의 승인은 앞서 개발사업법에서 설명한 바와 같이 그 명칭에 "계획"이라는 표현이 사용되고, 승인을 고시(告示)한다는 점 등에서 여타의 개발사업법과 규정방식이 동일하다. 또한 주택법상의 사업승인은 아파트단지개발을 위한 설계도의 기능을 담당하면서, 동시에 아파트단지와 연결되는 진입도로 등을 개설하기 위한 도시계획시설결정을 포함하는 경우가 적지 않다.

사업승인과 재량성

판례가 일관하여 판시하고 있는 바와 같이 사업계획의 승인은 재량행위이고,[291] 그것이 재량행위라는 결론에 이르게 된 주된 근거는 사업계획승인 속에 존재하는 광범위한 형량요소와 의제되는 행위의 실질을 감안한 것이다.[292]

---

289) 대법원 2001. 10. 23. 선고 99두8770 판결.

290) 대법원 2004. 12. 24. 선고 2002두9780 판결.

291) 대법원 1997. 10. 24. 선고 96누12917 판결; 대법원 1996. 10. 11. 선고 95누9020 판결; 대법원 1997. 3. 14. 선고 96누16698 판결 등.

주택법에서 준용하고 있는 국토계획법, 도시정비법, 토지보상법(주택법 제27조) 등은 주택법의 개발사업법적 성격을 반영한 것이다.[293]

3. 주택조합

등록사업자

주택건설사업의 원칙적인 사업시행자는 등록사업자이다. 통상적인 개발사업에서 토지소유자가 결성하는 조합이 사업시행자가 되는 것과는 달리, 주택건설사업은 토지소유권을 확보한 등록사업자에게 사업승인을 발급하는 구조를 취하고 있다. 물론 건설산업기본법에 의한 건설업자도 사업시행자가 될 수 있다. 주택법은 사업시행자라는 개념대신 '사업주체'로 표현하고 있지만 사업시행자와 동일한 의미로 이해되어도 좋다.

주택법상 사업시행자의 특수성

주택법은 통상적인 건축주, 시공자의 관계와는 달리 건설사(등록사업자 또는 건설업자)에게 토지소유자로서의 지위와 시공자로서의 지위를 중복시키는 것을 원칙으로 한다. 이는 1970년대 주택건설촉진법 시절의 유산인데 당시 주택건설을 촉진하기 위해 서울시 등이 보유하고 있는 공동주택용지를 건설사에게 매각하고 그 지상에 아파트를 지어 분양하도록 하는 방식이 건설사들에게 가장 유리했기 때문이다.

주택조합의 뜻

주택법이 정하는 바에 따라 예외적으로는 주택조합이나 토지소유자도 등록사업자와 공동으로 사업시행자가 될 수 있다. 물론 주된 사업시행자는 등록사업자 등으로 해석되는 것이 옳다.[294] 많은 수의 구성원이 주택을 마련하거나 리모델링하기 위하여 주택조합을 설립하려는 경우 시장·군수·구청장의 허가를 받아야 한다(주택법 제11조 제1항). 주택조합은 법인격이 인정되지 않는다는 점에서 정비조합이나, 도시개발조합과는 차이를 보이지만, 부분적으로 사

292) 대법원 1998. 11. 24. 선고 97다47651 판결.

293) 예컨대 대법원 1997. 10. 24. 선고 96누12917 판결.

294) 대법원 1995. 11. 28. 선고 95누9419 판결; 대법원 1995. 12. 12. 선고 94누8440 판결.

단의 성격을 갖는다는 점에서는 동일하다.

주택조합의 종류

주택조합은 다시 지역조합, 직장조합, 리모델링주택조합으로 구분되며(주택법 제2조 제11호), 조합의 종류에 따라 조합원의 자격, 조합원의 법적 지위 등이 약간씩 달라진다. 지역조합은 동일한 시 · 군에 거주하고 있는 주민이 주택을 마련하기 위해 설립한 조합이며, 직장조합은 동일한 직장의 근로자가 주택을 마련하기 위하여 설립한 조합을 말한다. 재건축조합이 주택조합에서 분리된 후 리모델링조합이 새롭게 주택조합에 추가되었는데, 이론상 리모델링제도는 도시정비법으로 이전하는 것이 옳다.

주택조합과 주택공급

주택조합이 사업을 시행하는 경우 조합원에게 주택이 공급되므로 조합원 자격에 대한 통제가 중요한 의미를 갖는다. 또한 주택조합이 사업시행자가 되는 경우 조합원의 수보다 많은 주택을 건설하여 일반에 공급할 수 있는가 하는 문제가 있다. 해석상 이는 허용되기 어렵다고 보이지만, 실무에서는 일반공급분을 포함한 사업승인이 폭넓게 발급되고 있다.[295)]

4. 사업계획의 승인

사업계획승인의 내용

사업승인을 얻고자 하는 자는 주택과 그 부대시설 및 복리시설의 배치도, 대지조성공사 설계도서 등 대통령령으로 정하는 서류를 첨부하여 승인권자에게 제출하여야 한다(동조 제2항). 승인권자가 사업계획을 승인한 경우 이에 관한 사항을 고시하여야 한다(동조 제6항). 사업계획의 승인대상은 30호 또는 30세대 이상의 단독 · 공동주택이며(주택법시행령 제27조 제1항), 동일한 사업주체가 수 개의 공구로 구분하여 시행하는 경우에는 전체규모를 기준으로 판단한다.[296)]

사업계획의 승인권자

사업승인권은 주택건설사업 또는 대지조성사업의 면적이 10만 제곱미터가

---

295) 대법원 2002. 9. 10. 선고 2000다96 판결.

296) 대법원 1994. 12. 22. 선고 93누2483 판결.

넘으면 광역자치단체장에게 전속된다. 만약 10만 제곱미터 미만인 경우라면 광역시에서는 동일하고, 그 외의 지역에서는 기초자치단체장이 된다(주택법 제15조 제1항).

협의와 고시

사업계획을 승인함에 있어 사업계획으로 의제되는 사항에 관하여는 관계기관의 장과 협의를 거쳐야 한다(주택법 제19조). 사업계획승인권자는 제1항 또는 제3항에 따라 사업계획을 승인하였을 때에는 이에 관한 사항을 고시하여야 한다(주택법 제15조 제6항). 이러한 절차는 사업계획변경의 경우에도 거쳐야 한다.

사업승인의 재량성

사업계획도 일종의 행정계획이므로 행정청에게는 사업승인에 관한 광범위한 재량이 부여된다. 따라서 사업승인을 할 것인지의 여부는 행정청이 주거수요, 환경문제 등을 고려하여 종합적으로 판단하여야 할 것이고, 이를 계획재량이라 한다. 승인권자는 그 승인에 있어 법령에 근거가 없는 입지심사 등의 절차를 거치게 하거나,[297] 법령에 근거가 없는 사유를 들어서도 거부할 수 있고,[298] 심지어는 도시계획결정이 아직 내려지지 않아 법적으로는 전혀 구속력을 발생하지 않고 있는 경우에도 행정청은 이를 고려하여 사업계획의 승인을 거부할 수 있다.[299]

재량과 부관

사업계획의 승인여부에 대하여 재량을 갖는 행정청은 사업계획의 승인에 대하여 부관을 부가할 수 있다.[300] 그러나 부관을 붙이는 경우에도 비례원칙 등에 적합한 부관만이 가능한 것이며 그 한계를 넘는 것은 위법한 부관이 된다.[301] 주택법은 최근 과도한 기부채납을 금지하는 조항을 명시적으로 도입

297) 대법원 1987. 9. 8. 선고 87누411 판결.

298) 대법원 2007. 5. 10. 선고 2005두13315 판결; 대법원 2005. 4. 15. 선고 2004두10883 판결; 대법원 1997. 10. 24. 선고 96누12917 판결; 대법원 1996. 10. 11. 선고 95누9020 판결; 대법원 1997. 3. 14. 선고 96누16698 판결.

299) 대법원 1997. 12. 9. 선고 97누4999 판결.

300) 대법원 1997. 3. 14. 선고 96누16698 판결; 대법원 1996. 1. 23. 선고 95다3541 판결.

301) 대법원 1994. 1. 25. 선고 93누13537 판결.

하였다(제17조: 2016년 전부개정).

주택건설기준

주택법은 아파트를 건설하는 경우, 주택, 부속시설, 복리시설 등의 설치기준을 대통령령에 위임하고 있으며(주택법 제35조 제1항) 이에 따라 '주택건설기준 등에 관한 규정'이 마련되어 있다.[302] 동 규정에 마련된 기준으로 주택의 복리시설, 부대시설 등에 관한 조항은 사업승인의 허가요건이 된다. 동시에 주택건설기준들 중 일부는 주택의 건설 이후에도 공동주택의 운영을 위해 유지되어야 하므로 주택의 관리제도와 밀접하게 연결된다.

사용검사

공동주택건설은 사업이 완료되면, 주택 · 부대시설 · 복리시설 및 대지에 대하여 국토부령이 정하는 바에 따라 사용검사를 받아야 한다(주택법 제49조). 사용검사는 완성된 주택이 사업계획 승인내용에 따라 적법하게 시공되었는가를 확인한다. 사용검사를 받으면 건축법상의 사용승인이 의제된다(주택법 제49조 제2항). 따라서 사용검사가 이루어지면 주택에 대한 입주가 가능해진다. 사용검사 이후에는 공간정보법이 정하는 바에 따라 지적정리절차가 진행되는데(공간정보법 제80조 제2항), 이러한 절차진행행위는 새로운 권리의무를 부과하는 것이 아니므로 취소소송의 대상이 되지 못한다. 사용검사는 소유권의 귀속과는 원칙적으로 관련이 없다.[303]

도입사례의 해결

갑은 주택법에 의해 지구단위계획을 의제받는 방법을 사용할 수 있으며 사업승인을 신청할 때 2블럭과 3블럭을 통합하는 내용의 지구단위계획변경을 포함하여 승인권자에게 제출하면 사업승인에 의해 지구단위계획의 변경이 의제된다(주택법 제19조 제1항 제5호). 이 경우 지구단위계획의 변경을 위한 국토계획법의 절차는 거의 생략된다.

---

302) 대법원 2007. 6. 15. 선고 2004다37904, 37911 판결; 서울고등법원 1990. 3. 29. 선고 89구9090 판결.

303) 대법원 1998. 9. 22. 선고 98다26194 판결.

MEMO

MEMO

저자 소개

- 서울대학교 법과대학과 동대학원 졸업(법학박사)
- 서울대학교 법학전문대학원 교수

저 서

- 건설법의 이해, 피데스, 2018.
- 행정법 입문, 피데스, 2019.
- 새로운 재건축 · 재개발이야기(2인 공저), 도시개발연구포럼, 2010.
- (법학자의 눈으로 본) 도시와 건축, 피데스, 2010.
- 생활속의 건축법, 피데스, 2005.

주요활동

- 국민권익위원회 위원(2014~2017)
- 중앙토지수용위원회 위원(2016~2019. 8.)
- 한국토지주택공사 미래계획위원회 위원(2014. 10.~2016. 9.)
- 서울대학교 건설법센터장(2011~)
- 행정법이론실무학회장(2012)
- 변호사시험(제1회) 출제위원(2012)
- 국무총리행정심판위원회 위원(2008)
- 법무부 행정소송법 개정위원회 위원(2006)

건설법 入門

1판 1쇄 인쇄 2021년 1월 25일
1판 1쇄 발행 2021년 2월 1일

저 자 김 종 보
펴낸이 신 창 동
펴낸곳 fides 도서출판
주 소 서울 관악구 봉천로 485 삼우B/D 3층
전 화 (02)876-2246
팩 스 (02)876-2237
홈페이지 cafe.naver.com/fidesbook
e-mail fidesbook@naver.com
등 록 1997년 11월 28일, 제320-2001-44호

ISBN 978-89-6479-517-0 93360
정 가 25,000원